普通高等教育计算机类课改系列教材

数据结构(C 语言版)

徐英卓 李小和 编著

西安电子科技大学出版社

内 容 简 介

本书根据普通高等院校数据结构课程的发展需求及研究生入学考试大纲要求而编写，全书以专业基础能力培养为目标，以实际应用为驱动，通过应用实例引入数据结构，逐步展开数据结构的存储表示、基本操作的实现及其应用的详细介绍，以达到理论与应用紧密结合的教学目的。

全书共分为8章，内容包括绪论，线性表，栈和队列，串、数组和广义表，树与二叉树，图，查找以及排序等。本书内容丰富，难度适中，知识点翔实，讲解简洁、透彻，实例丰富，实用性强。每章均附有丰富的习题。全书采用C语言作为数据结构和算法的描述语言。

本书既可作为计算机类及相关专业数据结构课程的教材，也可作为计算机专业考研的复习教材，还可供从事计算机工程与应用开发的技术人员参考。

图书在版编目(CIP)数据

数据结构：C语言版 / 徐英卓，李小和编著. —西安：西安电子科技大学出版社，2021.9
(2022.4 重印)
ISBN 978-7-5606-6114-8

Ⅰ.①数… Ⅱ.①徐… ②李… Ⅲ.①数据结构—高等学校—教材 ②C语言—程序设计—高等学校—教材 Ⅳ.①TP311.12 ②TP312.8

中国版本图书馆CIP数据核字(2021)第134935号

策划编辑 高 樱
责任编辑 高 樱
出版发行 西安电子科技大学出版社(西安市太白南路2号)
电　　话 (029)88202421 88201467　　邮　　编 710071
网　　址 www.xduph.com　　电子邮箱 xdupfxb001@163.com
经　　销 新华书店
印刷单位 咸阳华盛印务有限责任公司
版　　次 2021年9月第1版 2022年4月第2次印刷
开　　本 787毫米×1092毫米 1/16 印张 17
字　　数 402千字
印　　数 1001～3000册
定　　价 46.00元
ISBN 978-7-5606-6114-8 / TP

XDUP 6416001-2

前　言

数据结构是计算机学科各专业的核心基础课，学好该课程不仅对进一步学习后续专业课程有很大帮助，还可为以后从事软件开发工作打下坚实的基础。

本书在总结编者长期教学经验的基础上，本着实用的原则而编写。各章将数据结构和算法设计的理论知识融入实际问题的求解中，深入分析各种数据结构的存储表示和基本操作的实现，从而达到理论和实际应用密切结合的教学目的。为了方便学生理解与掌握各算法，提高其算法设计与实现能力，书中对每个算法的思想进行了详细阐述，其算法步骤与用C语言描述的算法实现相对应。

全书共分为8章，第1章为绪论，介绍了数据结构的基本概念、抽象数据类型以及算法分析方法；第2～6章分别介绍了线性表、栈、队列、串、数组、广义表、树与二叉树以及图等基本的数据结构，详细讨论了各自的存储结构、基本操作的实现方法以及应用实例；第7、8章分别讨论了查找和排序算法。各章章末设计了大量习题(其中包含历年研究生统考真题)，覆盖了本章的主要教学内容。全书采用C语言作为数据结构和算法的描述语言。

本书由徐英卓、李小和共同编写。徐英卓编写了第1～4章和第7章并负责全书的统稿工作，李小和编写了第5、6、8章，刘烨参加了本书初稿的讨论并提供了一些宝贵的建议和素材，冯晨霄参与了本书的校对工作，多名研究生参与了算法调试与绘图。在编写过程中，胡宏涛教授对本书提出了宝贵的建议。

由于编者水平有限，书中难免有不足之处，敬请广大读者批评指正。

编　者

2021年5月

目　　录

第 1 章　绪论 1

1.1　实例引入 1

1.2　数据结构的概念及分类 2

1.2.1　基本概念和术语 2

1.2.2　数据结构的分类 3

1.3　数据类型和抽象数据类型 5

1.4　算法和算法分析 7

1.4.1　算法的定义和特性 7

1.4.2　算法描述 7

1.4.3　算法的评价标准 10

1.4.4　算法性能分析 10

习题 1 13

第 2 章　线性表 17

2.1　实例引入 17

2.2　线性表的定义和基本操作 17

2.2.1　线性表的定义 17

2.2.2　线性表的基本操作 18

2.3　线性表的顺序存储和实现 18

2.3.1　顺序表 18

2.3.2　顺序表操作的实现 19

2.4　线性表的链式存储和实现 24

2.4.1　单链表的存储结构 24

2.4.2　单链表操作的实现 26

2.4.3　循环链表 35

2.4.4　双向链表 36

2.4.5　静态链表 39

2.5　顺序表与链表的比较 39

2.6　线性表的应用——有序表的合并 40

2.7　实例分析与实现 42

习题 2 45

第 3 章　栈和队列 50

3.1　实例引入 50

3.2　栈 51

3.2.1　栈的定义和基本操作 51

3.2.2　栈的顺序存储和实现 52

3.2.3　栈的链式存储和实现 54

3.3　栈与递归 56

3.3.1　具有递归特性的问题 57

3.3.2　递归工作栈 59

3.4　队列 61

3.4.1　队列的定义和基本操作 61

3.4.2　循环队列 61

3.4.3　链队列 66

3.5　实例分析与实现 68

习题 3 79

第 4 章　串、数组和广义表 84

4.1　实例引入 84

4.2　串 84

4.2.1　串的基本概念 84

4.2.2　串的抽象数据类型 85

4.2.3　串的存储结构 86

4.2.4　串的模式匹配算法 88

4.3　数组 95

4.3.1　数组的定义 95

4.3.2　数组的顺序存储 96

4.3.3　特殊矩阵的压缩存储 97

4.3.4　稀疏矩阵的压缩存储 98

4.4　广义表 101

4.4.1　广义表的定义 101

4.4.2　广义表的存储结构 102

4.5 实例分析与实现 104
习题 4 105
第 5 章 树与二叉树 109
5.1 实例引入 109
5.2 树的基本概念 110
5.2.1 树的定义、基本术语及性质 110
5.2.2 树的表示方法 111
5.2.3 树的抽象数据类型 112
5.2.4 树的存储结构 113
5.3 二叉树 115
5.3.1 二叉树的定义与基本操作 115
5.3.2 二叉树的性质 116
5.3.3 二叉树的存储结构 117
5.4 二叉树遍历 119
5.4.1 二叉树的遍历方法 119
5.4.2 二叉树遍历的递归实现 120
5.4.3 二叉树遍历的非递归实现 121
5.4.4 二叉树遍历的应用 124
5.4.5 由遍历序列确定二叉树 128
5.5 线索二叉树 129
5.5.1 线索二叉树的基本概念 129
5.5.2 二叉树线索化 130
5.5.3 线索二叉树的遍历 133
5.6 哈夫曼树及其应用 134
5.6.1 哈夫曼树的基本概念 134
5.6.2 哈夫曼树的构造 135
5.6.3 哈夫曼编码 137
5.7 树与森林 139
5.7.1 树、森林与二叉树的转换 139
5.7.2 树和森林的遍历 142
5.8 实例分析与实现 142
习题 5 145
第 6 章 图 149
6.1 实例引入 149
6.2 图的基本概念 150
6.2.1 图的定义 150
6.2.2 图的基本术语 151
6.3 图的存储结构 154
6.3.1 邻接矩阵 154
6.3.2 邻接表 157
6.3.3 其他存储结构 159
6.4 图的遍历 161
6.4.1 深度优先搜索 161
6.4.2 广度优先搜索 165
6.5 图的应用 167
6.5.1 最小生成树 167
6.5.2 最短路径 172
6.5.3 拓扑排序 179
6.5.4 关键路径 182
6.6 实例分析与实现 188
习题 6 189
第 7 章 查找 197
7.1 查找的基本概念 197
7.2 基于线性表的查找 198
7.2.1 顺序查找 198
7.2.2 折半查找 199
7.2.3 索引查找 203
7.3 基于树的查找 204
7.3.1 二叉排序树 204
7.3.2 平衡二叉树 212
7.3.3 B-树和 B+树 214
7.4 哈希表的查找 221
7.4.1 哈希表的基本概念 221
7.4.2 哈希函数的构造方法 222
7.4.3 哈希冲突的解决方法 223
7.4.4 哈希表查找 226

习题 7 229
第 8 章　排序 235
8.1　排序的基本概念 235
8.2　插入排序 236
8.2.1　直接插入排序 237
8.2.2　折半插入排序 238
8.2.3　希尔排序 239
8.3　选择排序 241
8.3.1　简单选择排序 241
8.3.2　堆排序 243
8.4　交换排序 248
8.4.1　冒泡排序 248
8.4.2　快速排序 250
8.5　归并排序 253
8.6　基数排序 256
8.7　排序算法性能比较 259
习题 8 259
参考文献 264

第 1 章 绪 论

早期的计算机主要用于数值计算，随着计算机科学的发展，当今计算机中应用更多的是处理字符、表格、图或树等具有一定结构的数据。这类数据存在什么内在联系，如何合理地组织并高效地进行处理，就是数据结构主要研究的问题。

本章主要介绍有关数据结构的基本概念、抽象数据类型以及算法分析方法。

1.1 实例引入

用计算机解决一个具体问题时通常需要经过以下几个步骤：

(1) 分析问题，抽象出数学模型。

(2) 设计解此数学模型的算法。

(3) 编写程序，运行并调试程序，直至得到最终结果。

在此过程中寻求数学模型的实质是分析问题，从中提取操作的对象并找出这些对象之间的关系，然后用数学语言加以描述。有些问题的数学模型可以用具体的数学方程来描述(通常为数值计算问题)。例如，求解梁架结构中应力的数学模型为线性方程组，预测人口增长情况的数学模型为常微分方程。然而更多的实际问题是无法用数学方程来描述的非数值计算问题，此类问题抽象出的数学模型通常是表、树、图等结构。下面引入几个实例来说明。

【例 1-1】 学生学籍信息管理系统。

高等院校利用计算机对全校学生的信息实行统一管理。学生的基本信息包括学生的学号、姓名、性别、专业等。所有学生的信息按照学号顺序依次存放于学生基本信息表中，如表 1-1 所示。利用计算机处理此表，实现学生信息的查找、添加、删除或修改等功能。计算机操作的对象是各个学生的基本信息——记录，所有记录按顺序排列，构成了线性序列。因此，各记录之间的关系可采用线性结构来描述。线性结构也称为表结构或线性表结构。

表 1-1 学生基本信息表

学 号	姓 名	性 别	专 业
01605070304	陈建武	男	计算机科学与技术
01605070312	赵玉凤	女	计算机科学与技术
01605070316	王 泽	男	计算机科学与技术
01605070323	薛 荃	男	计算机科学与技术

【例 1-2】 计算机中磁盘文件的目录结构。

在磁盘文件目录中，每一个磁盘包含一个根目录和若干个子目录(文件夹)或文件，在子目录中又包含若干个下一级子目录(文件夹)或文件，如此类推下去就构成了多级目录结构，如图 1-1 所示。此目录结构如同一棵倒长的树，上下级之间存在着一对多的层次关系，这类结构称为树形的数据结构。

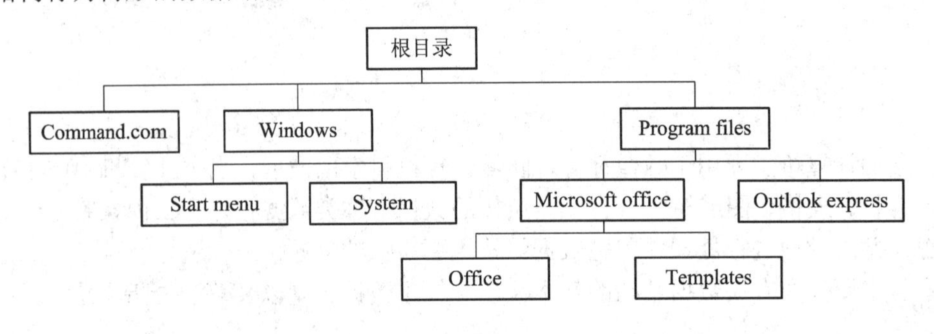

图 1-1 文件目录结构图

【例 1-3】 最短路径问题。

快递员要从 A 地出发送快递至 B 地，有多条路径可以选择，但每条路径的距离不同，如何选择一条线路能最快到达目的地呢？这类问题的解决方法是将问题抽象为图的最短路径问题。如图 1-2 所示，图中的顶点表示地点，边上的权值代表两地之间的距离，求解 A 地至 B 地的最短路径，即从图中 A 点至 B 点的多条路径中寻找一条各边权值之和最小的路径。

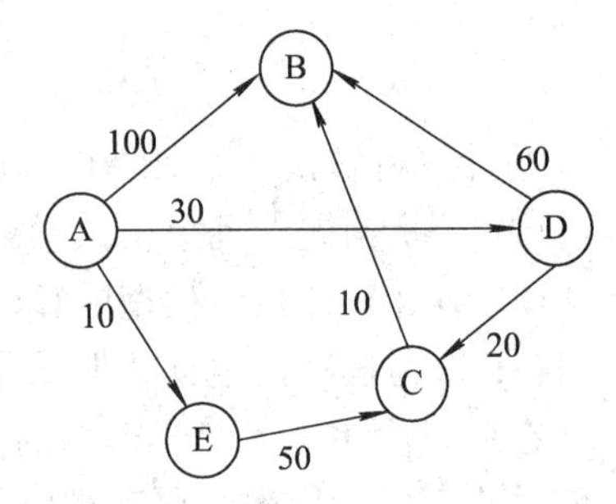

图 1-2 最短路径问题

最短路径问题抽象出的数学模型是图结构，这种结构中各顶点之间是多对多的网状关系，这类结构称为图状的数据结构。

综上可以看出，描述非数值计算问题的数学模型不是数学方程，而是线性表、树和图之类的数据结构。用计算机求解非数值计算类问题时，需要分析涉及哪些数据，这些数据之间存在什么关系，然后解决数据的组织和处理(即操作)，这就是数据结构所研究的问题。因此，简单地说，数据结构是一门研究非数值计算程序设计中所处理的数据和数据之间的关系及其操作实现方法的学科。

1.2 数据结构的概念及分类

为了方便后续章节的讲解，下面首先介绍数据结构的一些基本概念、术语及分类。

1.2.1 基本概念和术语

数据(Data)是描述客观事物的数值、字符以及能输入计算机且能被处理的各种符号集合。换句话说，数据是对客观事物采用计算机能够识别、存储和处理的形式所进行的描述。数据不仅包括整型、实型、布尔型等数值型数据，还包括字符、声音、图形、图像等符号集合。

数据元素(Data Element)是组成数据的基本单位，在计算机中通常作为一个整体进行考虑和处理。一个数据元素可由一个或多个数据项组成。例如，学生基本信息表中的每一个学生的记录就是一个数据元素。

数据项(Data Item)是组成数据元素的、有独立含义的、不可分割的最小单位。例如，学生基本信息表中的学号、姓名、性别、专业等都是数据项。

数据对象(Data Object)是性质相同的数据元素的集合，是数据的一个子集。例如，整数数据对象是集合 **N** = {0, ±1, ±2, …}，字母字符数据对象是集合 C = {'A', 'B', …, 'Z'}。表 1-1 所示的学生基本信息表也可看作一个数据对象。由此可看出，不论数据元素是无限集(如整数集)、有限集(如字符集)，还是由多个数据项组成的复合数据元素(如学生基本信息表)，只要性质相同，就属于同一个数据对象。

数据结构(Data Structure)是指相互之间存在一种或多种特定关系的数据元素集合。换句话说，数据结构是带结构的数据元素的集合，结构指的是数据元素之间存在的关系。

1.2.2　数据结构的分类

数据结构分为逻辑结构和存储结构。

1. 逻辑结构

数据的逻辑结构是数据元素之间逻辑关系的描述。它与数据的存储无关，是独立于计算机的，可以看作从具体问题抽象出来的数学模型。根据数据元素之间关系的不同特性，数据的逻辑结构通常有四种基本结构：集合结构、线性结构、树形结构和图结构，如图 1-3 所示。

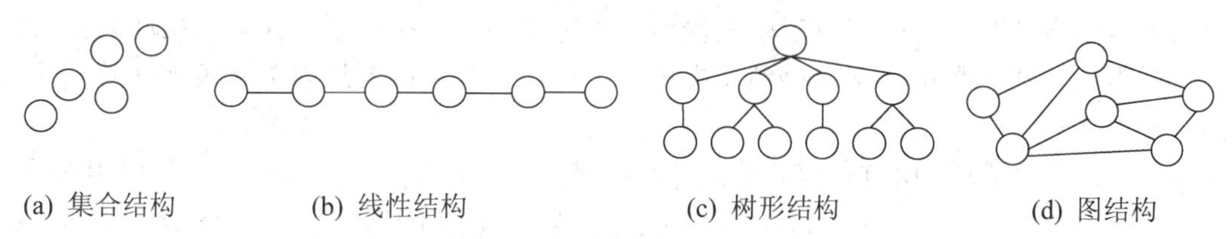

图 1-3　四类基本逻辑结构示意图

(1) 集合结构：结构中的数据元素之间除了同属于一个集合的关系外，无任何其他关系。例如，确定一名学生是否为某班级成员，只需将此班级看作一个集合。

(2) 线性结构：结构中的数据元素之间存在着一对一的线性关系。例如，学生基本信息表中的数据是按照学号顺序排列的，组成了一个线性结构。

(3) 树形结构：结构中的数据元素之间存在着一对多的层次关系。例如，学校的组织机构中，通常一个学校下面设立多个机构(包括教学机构、教辅机构和职能部门等)，每个机构下包含多个部门，从而构成了树形结构。

(4) 图结构：结构中的数据元素之间存在着多对多的任意关系。例如，多个地点之间的路径选择问题中，任何两个地点都可能是连通的，从而构成了图结构。图结构也称为网状结构。

在以上四种基本结构中，集合结构中的数据元素之间只有同属于的关系，组织非常松散，通常可用其他结构代替它。因此，数据的逻辑结构可分为两大类，即线性结构和非线性结构，线性结构包括线性表、栈、队列、串、数组和广义表，非线性结构包括树和图。

2. 存储结构

计算机在处理数据时，必须将数据存储在计算机中。数据的存储结构(又称物理结构)是数据在计算机中的存储表示，是逻辑结构在计算机中的实现，当把数据存储到计算机中时，通常要求既要存储每一个数据元素，又要存储数据元素之间的逻辑关系。数据在计算机中通常有两种存储结构，分别是顺序存储结构和链式存储结构。

(1) 顺序存储结构：采用一组连续的存储单元依次存储数据元素，数据元素之间的逻辑关系由元素的存储位置来表示。其特点是两个逻辑上相邻的数据元素在存储器中的位置也相邻，数据间的逻辑关系表现在数据元素存储位置的关系上，通常借助程序设计语言的数组来描述。

图 1-4 所示为线性结构数据元素 $a_0, a_1, \cdots, a_{n-1}$ 的顺序存储结构示意图。其中，0, 1, 2, …, n−1 既是数据元素的编号，也是存储的数据元素 $a_0, a_1, \cdots, a_{n-1}$ 的下标(即位置序号)。

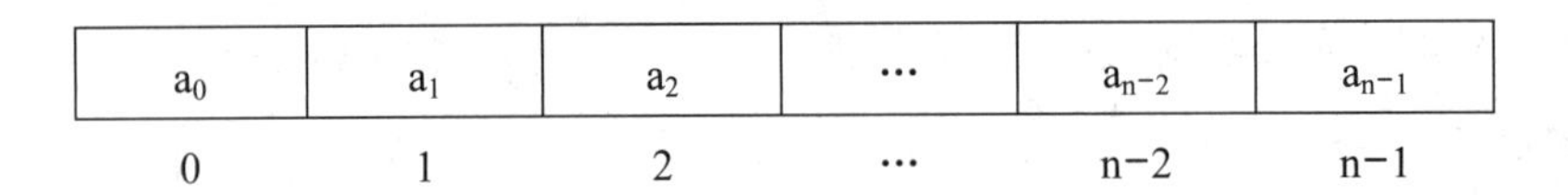

图 1-4　顺序存储结构示意图

(2) 链式存储结构：借助每个元素的指针来表示数据元素之间的逻辑关系。每个数据元素在存储时均由两部分组成：一部分用于存放数据元素值，另一部分用于存放后继元素的存储地址。因此，采用链式存储结构时无须为数据元素分配连续的存储单元，每个元素可以存储在任何可用位置，只需通过指针把相互直接关联的元素链接起来。其特点是逻辑上相邻的数据元素在存储器中不一定相邻，数据间的逻辑关系表现在数据元素的链接关系上。

例如，对表 1-1 采用链式存储结构进行存储，假定每个数据元素(学生记录)占用 50 个存储单元，元素从 0 号单元开始存储，各元素最后附加一个后继元素的首地址，则得到如表 1-2 所示的链式存储结构。从表中可以看出，4 个数据元素不是连续存储的。为了表示各元素之间的逻辑关系，在存储每个数据元素时，同时存储了其后继元素的首地址，即指向后继元素的指针。

表 1-2　链式存储结构

地址	学 号	姓名	性别	专业	后继元素的首地址
0	01605070304	陈建武	男	计算机科学与技术	100
100	01605070312	赵玉凤	女	计算机科学与技术	350
350	01605070316	王　泽	男	计算机科学与技术	150
150	01605070323	薛　荃	男	计算机科学与技术	∧

为了更直观地描述链式存储结构，可以采用图来表示。例如，学生基本信息表的链式存储结构可用图 1-5 所示的方式来表示。

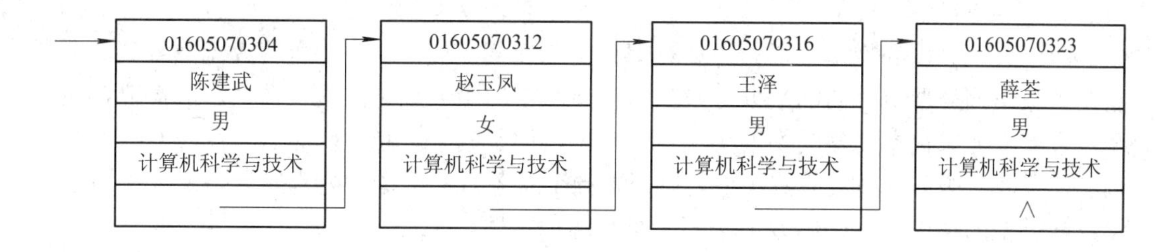

图 1-5　链式存储结构示意图

1.3　数据类型和抽象数据类型

1. 数据类型

数据类型(Data Type)是一组性质相同的值集和定义在这个值集上的一组操作的总称。在程序设计语言中，每个数据都属于某种数据类型，数据类型显式或隐式地规定了数据的取值范围和允许进行的运算。例如，C 语言中的整型变量，其值集为整数集合，定义在其上的操作为加、减、乘、除和取模等算术运算。因此，高级程序设计语言中的数据类型实际上就是该语言中已经实现的数据类型的实例。

按值的不同特性，高级程序设计语言中的数据类型可分为两大类：一类是非结构的原子类型，其值是不可分解的，如 C 语言中的标准类型(整型、实型和字符型等)及指针类型；另一类是结构类型，其值是由若干成分按某种结构组成的，因此是可以分解的，并且其成分可以是非结构的，也可以是结构的，如 C 语言中的结构体类型。

数据类型和数据结构的概念是密切相关的，如顺序存储结构可以借助程序设计语言的数组类型来描述，链式存储结构可以借助指针类型来描述。

2. 抽象数据类型

抽象就是抽取出实际问题的本质，而忽略非本质的细节。在计算机中使用的是二进制数，汇编语言中则可给出各种数据的十进制表示，它是二进制数的抽象，程序设计人员可以在编程中直接使用，不必考虑实现细节。在高级语言中，则给出更高一级的数据抽象，出现了数据类型，如整型、实型、字符型等。可以进一步利用这些类型构造出线性表、栈、队列、树、图等复杂的抽象数据类型。

抽象数据类型(Abstract Data Type，ADT)通常是指由用户定义的表示应用问题的数学模型以及定义在这个模型上的一组操作。ADT 可理解为对数据类型的抽象。数据类型与 ADT 的区别在于：数据类型指的是高级程序设计语言支持的基本数据类型，而 ADT 指的是在基本数据类型支持下用户自定义的数据类型。

一个抽象数据类型定义了一个数据对象、数据对象中各元素间的结构关系以及一组处理数据的操作。抽象数据类型包括定义和实现两方面，其中定义是独立于实现的。定义仅给出一个ADT的逻辑特性，不必考虑其如何在计算机中实现。ADT的特点是将使用与实现分离，实行封装和信息隐藏。也就是说，在设计抽象数据类型时，类型的定义与实现是分离的。

抽象数据类型的物理实现作为私有部分封装在其实现模块内，所有者无法看到，也不能直接操作该类型所存储的数据，只能通过界面中的服务来访问这些数据。从实现者的角度来看，将抽象数据类型的物理实现封装起来，便于编码、修改及测试。在修改数据结构时，只要界面服务的使用方式不变，则只需改变抽象数据类型的物理实现，所有使用该抽象数据类型的程序均无须修改，提高了系统的稳定性。

抽象数据类型是近年来计算机科学中提出的最重要的概念之一，它集中体现了程序设计中最基本的原则：分解、抽象和信息隐藏。一个抽象数据类型确定了一个数学模型，但将模型的实现细节隐藏起来；它定义了一组操作，但将操作的实现过程隐藏起来。可以利用抽象数据类型来指导问题求解的过程。

抽象数据类型的定义格式如下：

ADT<抽象数据类型名>

{

数据对象：<数据对象的定义>

结构关系：<数据关系的定义>

基本操作：<基本操作的定义>

} ADT <抽象数据类型名>

其中，数据对象和数据关系的定义采用数学符号和自然语言描述；基本操作的定义包括操作名称、参数表、初始条件和操作结果四部分，其定义格式为

<操作名称>(参数表)

初始条件：<初始条件描述>

操作结果：<操作结果描述>

例如，一个线性表的抽象数据类型的描述如下：

ADT Linear_list

{

数据对象：所有a_i属于同一数据对象，$i = 1, 2, \cdots, n$，$n \geq 0$；

结构关系：所有数据元素a_i $(i = 1, 2, \cdots, n-1)$存在次序关系$<a_i, a_{i+1}>$，a_1无前趋，a_n无后继；

基本操作：设L为Linear_list；

Initial(L)：初始化空线性表；

Length(L)：求线性表的表长；

Get(L, i)：取线性表的第i个元素；

Insert(L, i, b)：在线性表的第i个位置插入元素b；

Delete(L, i)：删除线性表的第i个元素。

} ADT Linear_list

上述抽象数据类型很明显是抽象的，数据元素所属的数据对象没有局限于一个具体的整型、实型或其他类型；所具有的操作也是抽象的数学特性，并没有具体到某种计算机语言指令与程序编码。

1.4　算法和算法分析

著名的计算机科学家 Niklaus Wirth 曾提出一个著名的公式：

算法 + 数据结构 = 程序

可以看出，算法和数据结构是程序设计的两大要素，二者相辅相成、缺一不可。

1.4.1　算法的定义和特性

算法(Algorithm)是解决问题的一系列操作步骤的集合。

一个算法必须满足下列 5 个基本特性。

(1) 有穷性：一个算法必须能在执行有穷步骤之后结束，且每一步都必须在有穷时间内完成。

(2) 确定性：算法的每一步必须有确切的定义，不会产生二义性，使算法的执行者或阅读者都能够明确其含义及执行方法。

(3) 可行性：算法中的所有操作都可以通过已经实现的基本操作运算执行有限次来实现。

(4) 输入：一个算法有零个或多个输入。它们是算法所需的初始量或被加工对象的表示。

(5) 输出：一个算法有一个或多个输出，以反映对输入数据加工后的结果。没有输出的算法是没有意义的。

1.4.2　算法描述

常用的算法描述方法有自然语言、流程图、高级程序设计语言和伪代码。自然语言简单，但易于产生二义性；流程图直观，但不擅长表达数据的组织结构；高级程序语言描述算法具有严格、准确的特点，但也有语言细节过多的缺点。因此，一般采用类语言描述算法。

类语言接近于高级语言，但又不是非常严格，它具有高级语言的一般语句格式，忽略语言中的细节，以便把注意力主要集中在算法处理步骤本身的描述上。伪代码用介于自然语言和计算机语言之间的文字和符号来描述算法。它采用某程序设计语言的基本语法，如操作指令可以结合自然语言来设计，没有固定的语法和格式，书写方便，具有很大的随意性，便于向程序过渡。

本书采用类 C 语言来描述算法。类 C 语言是介于伪代码和 C 语言之间的一种描述工具，其语法基本上取自标准 C 语言，因此易于转换成 C 或 C++ 程序，但它是简化的、不严格的，不能直接在计算机上运行。

下面对类 C 语言做简要说明。

(1) 预定义常量和类型：

```
#define TRUE 1
#define FALSE 0
#define MAXSIZE 100
```

```
#define OK 1
#define ERROR 0
```

(2) 函数的表示形式：

```
[数据类型] 函数名([形式参数及说明])
{
    内部数据说明;
    执行语句组;
}  /*函数名*/
```

(3) 赋值语句：

① 简单赋值：

```
<变量名> = <表达式>;
```

② 串联赋值：

```
<变量 1> = <变量 2> = <变量 3> = … = <变量 k> = <表达式>;
```

③ 成组赋值：

```
(<变量 1>, <变量 2>, <变量 3>, …, <变量 k>)
 = (<表达式 1>, <表达式 2>, <表达式 3>, …, <表达式 k>);
<数组名 1>[下标 1][下标 2] = <数组名 2>[下标 1][下标 2];
```

④ 条件赋值：

```
<变量名> =<条件表达式>? <表达式 1>: <表达式 2>;
```

(4) 条件选择语句：

① 条件语句 1：

```
if(<表达式>)语句;
```

② 条件语句 2：

```
if(<表达式>)语句 1;
else 语句 2;
```

③ 开关语句：

```
switch(<表达式>)
{
    case 判断值 1:
        语句组 1;
        Break;
    case 判断值 2:
        语句组 2;
        Break;
    …
    case 判断值 n:
        语句组 n;
        Break;
    [default:
```

```
        语句组;
        Break;]
}
```

(5) 循环语句：

① for 语句：

```
for(<表达式 1>; <表达式 2>; <表达式 3>)
    {循环体语句; }
```

② while 语句：

```
while(<条件表达式>)
    {循环体语句; }
```

③ do-while 语句：

```
do{
    循环体语句;
}while(<条件表达式>);
```

(6) 输入、输出函数：输入用 scanf 函数实现，输出用 printf 函数实现。

(7) 其他语句：

① 函数结束语句：

```
return <表达式>
```

或

```
return
```

② 跳出循环或情况语句：

```
break
```

③ 结束本次循环，进入下一次循环过程语句：

```
continue
```

④ 异常结束语句：

```
exit
```

⑤ 注释语句：

```
/*字符串*/
```

或

```
//字符串
```

(8) 基本函数：

① 求最大值函数：

```
max(表达式 1, 表达式 2, …, 表达式 n)
```

② 求最小值函数：

```
min(表达式 1, 表达式 2, …, 表达式 n)
```

③ 求绝对值函数：

```
abs(表达式)
```

④ 判定文件结束函数：

```
eof(文件名)
```

⑤ 判断文本行结束函数：

eoln

1.4.3 算法的评价标准

判断一个算法的优劣主要有以下几个标准。

(1) 正确性：算法能够满足具体问题的需求，即对于任何合法的输入，算法都会得出正确的结果。

(2) 可读性：一个好的算法，首先应便于人的理解和相互交流，其次要便于机器执行。可读性强的算法有助于人们对算法的理解，晦涩难懂的算法易于隐藏错误，难以调试和修改。

(3) 健壮性：当输入非法数据时，算法应能识别并做出适当的处理，而不是产生不可预料的输出结果。

(4) 高效性：包括时间和空间两个方面。时间高效是指算法设计合理，执行效率高，可以用时间复杂度来度量；空间高效是指算法占用存储空间合理，可以用空间复杂度来度量。时间复杂度和空间复杂度是衡量算法优劣的两个主要指标。

1.4.4 算法性能分析

算法性能分析的目的是判定算法实际是否可行。当给定的问题存在多种算法时，可进行时间性能和空间性能上的比较，以便从中挑选出较优的算法。

通常衡量算法性能的方法有 2 类，即事后统计法和事前分析估算法。事后统计法必须实际运行依据算法编制的程序，然后测算其时间和空间开销。这种方法存在两个缺陷：一是必须先编写程序实现算法；二是时空开销的测算结果依赖于计算机的软硬件等环境因素，这容易掩盖算法本质。而事前分析估算法利用数学方法对算法的时间和空间开销进行分析，无须实际运行程序。所以，对算法性能分析通常采用事前分析估算法，通过计算算法的渐进复杂度来衡量算法的效率。

1. 时间复杂度

同一个算法用不同的语言实现，或者用不同的编译程序进行编译，或者在不同的计算机上运行时，效率均不相同。撇开与计算机软硬件有关的因素，影响算法时间效率的最主要因素是问题规模。**问题规模**是指算法求解问题的输入量的多少，是问题大小的本质表示，通常用整数量 n 表示。问题规模 n 对不同的问题其含义不同。例如，对矩阵运算而言，n 为矩阵的阶数；对多项式运算而言，n 是多项式的项数；对图的有关运算而言，n 是顶点数或边数；对集合运算而言，n 是集合中元素的个数。显然，问题规模 n 越大，算法的执行时间越长。

一个算法的执行时间是指算法中所有语句的执行时间的总和，每条语句的执行时间等于该条语句的重复执行次数和执行一次所需时间的乘积。一条语句的重复执行次数称作**语句频度**。

由于语句的执行要由源程序经编译程序翻译成目标代码，目标代码经装配后再执行。因此，语句执行一次实际所需的具体时间是与机器的软、硬件环境(如机器速度、编译程序质量等)密切相关的。也就是说，很难精确地表示算法的执行时间。为了客观地反映一个算法的执行时间，可用算法中基本语句的执行次数(即频度)之和来度量算法的工作量。**基本语句**是重复执行次数与整个算法的执行时间成正比的语句，它对算法运行时间的贡献最大。

通常，算法的执行时间是随着问题规模的增长而增长的，因此对算法时间效率的评价通常只考察其随问题规模的增长趋势。换言之，只考察当问题规模充分大时，算法中基本语句的执行次数在渐近意义下的阶，这里的阶称作算法的渐近时间复杂度，简称**时间复杂度**(Time Complexity)。时间复杂度通常用“O”来表示。

一般情况下，算法中基本语句重复执行次数是问题规模 n 的某个函数 f(n)，算法的时间复杂度 T(n)是该算法的时间度量，记作

$$T(n) = O(f(n))$$

它表示随问题规模 n 的增大，算法执行时间的增长率与 f(n)的增长率相同。

数学符号“O”的严格定义如下：

若 T(n)和 f(n)是定义在正整数集上的两个函数，则 $T(n) = O(f(n))$表示存在正的常数 C 和 n_0，使得当 $n \geq n_0$ 时都满足 $0 \leq T(n) \leq Cf(n)$。

该定义说明了函数 T(n)和 f(n)具有相同的增长趋势，且 T(n)的增长至多趋同于函数 f(n)的增长。符号“O”用来描述增长率的上限，它表示当问题规模 $n > n_0$ 时，算法的执行时间最大不会超过 f(n)，其含义如图 1-6 所示。

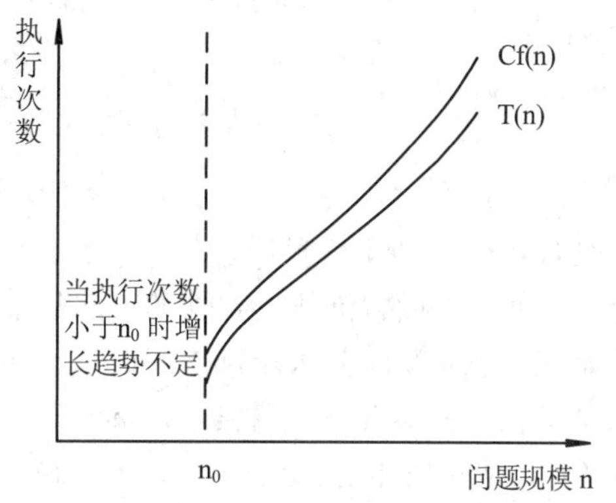

图 1-6 符号“O”的含义

下面举例说明如何求算法的时间复杂度。

【例 1-4】 常数阶示例。

```
{x++; sum = 0; }
```

上面两条语句的频度均为 1，算法的执行时间是一个与问题规模 n 无关的常数，因此算法的时间复杂度为 $T(n) = O(1)$，我们称之为常数阶。如果算法的执行时间不随问题规模 n 的增大而增长，则算法中语句频度是某个常数，即使这个常数很大，这类算法的时间复杂度也是 O(1)。

【例 1-5】 线性阶示例。

```
for(i = 1; i <= n; i++) {x ++; sum+= x; }
```

循环体内两条基本语句的频度均为 $f(n) = n$，因此算法的时间复杂度为 O(n)，我们称之为线性阶。

【例 1-6】 平方阶示例。

对数组 a 中 n 个整型的数据元素(a[0]～a[n−1])采用冒泡排序法进行排序，求该算法的时间复杂度。

```
void BubbleSort(int a[], int n)
{
    int i, j, flag = 1;
    int temp;
    for(i = 1; i < n && flag = = 1; i++)
    {
        flag = 0;
        for(j = 0; j < n-i; j++)
        {
            if(a[j] > a[j+1])
            {
                flag = 1;
                temp = a[j];
                a[j] = a[j+1];
                a[j+1] = temp;
            }
        }
    }
}
```

这个算法有 2 个结束条件：i = n 或某次排序过程中没有任何两个数组元素交换位置，后者说明该序列已经有序。因此，上面冒泡排序算法的时间复杂度随待排序数据的初始状态的不同而不同，它在初始序列已是从小到大全部有序时达到最小值，而在初始序列从大到小全部逆序时达到最大值。在这种情况下，通常以最坏情况下的时间复杂度为准。

设基本语句的频度为 f(n)，则在最坏情况下有 $f(n) \approx n + 4n^2/2$，所以算法的时间复杂度为 $T(n) = O(n^2)$，称为平方阶。

【例 1-7】 立方阶示例。

设表示 n 阶矩阵的数组 a 和 b 已被赋值，求两个 n 阶矩阵相乘运算的时间复杂度。

```
for(i = 0; i < n; i++ )
    for(j = 0; j < n; j++ )
    {
        c[i][j] = 0;                                  //基本语句 1
        for(k = 0; k < n; k++ )
            c[i][j] = c[i][j] + a[i][k]*b[k][j];      //基本语句 2
    }
```

一般情况下，对循环语句只需考虑循环体内基本语句的频度，而忽略该语句中终值判别、控制转移等成分。上面算法中只有 2 条基本语句，其执行次数分别为 n^2 和 n^3，则算法中所有基本语句的频度为 $f(n) = n^2 + n^3$，所以算法的时间复杂度为 $T(n) = O(n^3)$，称为立方阶。

当有若干个循环语句嵌套时，算法的时间复杂度是由最深层循环内的基本语句的频度 f(n)决定的。

【例 1-8】 对数阶示例。

```
for(i = 1; i <= n; i = 2*i)
    printf("%d", i);
```

设循环体内两条基本语句的频度为 f(n)，则有 $2^{f(n)} \leqslant n$，即有 $f(n) \leqslant \text{lb } n$。所以该算法的时间复杂度 $T(n) = O(\text{lb } n)$，称为对数阶。

按数量级递增排列，常见的时间复杂度有常数阶 $O(1)$，对数阶 $O(\text{lb } n)$，线性阶 $O(n)$，线性对数阶 $O(n \text{ lb } n)$，平方阶 $O(n^2)$，立方阶 $O(n^3)$，…，k 次方阶 $O(n^k)$，指数阶 $O(2^n)$。随着问题规模 n 的不断增大，上述时间复杂度也不断增大，相反算法的执行效率不断降低。

2. 空间复杂度

与时间复杂度类似，采用渐近空间复杂度作为算法所需存储空间的量度。渐近空间复杂度简称**空间复杂度**(Space Complexity)，记作

$$S(n) = O(f(n))$$

算法在执行过程中所需的存储空间包括以下 3 部分：

(1) 输入的初始数据所占的存储空间。

(2) 算法程序本身占用的空间。

(3) 执行算法需要的辅助空间。

其中，输入数据所占空间只取决于问题本身，与算法无关，这样只需分析除输入和算法程序之外所需要的辅助空间。

如果算法执行时所需要的辅助空间相对于输入数据量来说是常数，则称此算法为原地(或就地)工作，辅助空间为 O(1)。

对于一个算法，其执行时间的耗费和所占存储空间的耗费往往是矛盾的，难以兼得，即算法执行时间上的节省通常是以增加空间存储为代价的，反之亦然。不过，鉴于存储空间较充足，常常以算法的时间复杂度作为衡量算法优劣的主要指标。

习 题 1

一、单项选择题

1. 在数据结构中，从逻辑上可以把数据结构分成( )。

A. 动态结构和静态结构　　B. 紧凑结构和非紧凑结构

C. 线性结构和非线性结构　　D. 内部结构和外部结构

2. 与数据元素本身的形式、内容、相对位置、个数无关的是数据的( )。

A. 存储结构　B. 存储实现　C. 逻辑结构　D. 运算实现

3. 通常要求同一逻辑结构中的所有数据元素具有相同的特性，这意味着( )。

A. 数据具有同一特点
B. 不仅数据元素所包含的数据项的个数要相同，而且对应数据项的类型要一致
C. 每个数据元素都一样
D. 数据元素所包含的数据项的个数要相等

4. 以下说法正确的是(　　)。
A. 数据元素是数据的最小单位
B. 数据项是数据的基本单位
C. 数据结构是带有结构的各数据项的集合
D. 一些表面上很不相同的数据可以有相同的逻辑结构

5. 算法的时间复杂度取决于(　　)。
A. 问题的规模　　B. 待处理数据的初态
C. 计算机的配置　　D. A和B

6. 以下数据结构中，(　　)是非线性数据结构。
A. 树　　B. 字符串　　C. 队列　　D. 栈

7. 数据在计算机存储器内表示时，物理地址与逻辑地址不相同的这种结构称为(　　)。
A. 存储结构　　B. 逻辑结构
C. 链式存储结构　　D. 顺序存储结构

8. 数据在计算机内有链式和顺序两种存储方式，在存储空间使用的灵活性上，链式存储比顺序存储要(　　)。
A. 低　　B. 高　　C. 相同　　D. 不确定

9. 顺序存储结构中数据元素之间的逻辑关系是由(　　)表示的。
A. 线性结构　　B. 非线性结构　　C. 存储位置　　D. 指针

10. 链式存储结构中的数据元素之间的逻辑关系是由(　　)表示的。
A. 线性结构　　B. 非线性结构　　C. 存储位置　　D. 指针

11. 以下与数据的存储结构有关的术语是(　　)。
A. 有序表　　B. 链表　　C. 有向图　　D. 树

12. 抽象数据类型的三个组成部分分别为(　　)。
A. 数据对象、数据关系和基本操作　　B. 数据元素、逻辑结构和存储结构
C. 数据项、数据元素和数据类型　　D. 数据元素、数据结构和数据类型

13. 算法是(　　)。
A. 计算机程序　　B. 解决问题的计算方法
C. 排序算法　　D. 解决问题的有限运算序列

14. 【2011年统考真题】设n是描述问题规模的非负整数，下面程序段的时间复杂度是(　　)。

```
x = 2;
while(x < n/2)
    x = 2*x;
```

A. O(lb n)　　B. O(n)　　C. O(n lb n)　　D. $O(n^2)$

15. 【2012年统考真题】求整数n(n≥0)的阶乘的算法如下，其时间复杂度是(　　)。

```
int fact(int n) {
    if(n <= 1) return 1;
    return n*fact(n-l);
}
```

A. O(lb n)　　B. O(n)　　C. O(nlb n)　　D. $O(n^2)$

16. 【2014 年统考真题】下面程序段的时间复杂度是(　　)。

```
count = 0;
for(k = l; k <= n; k* = 2)
    for(j = l; j <= n; j++ )
        count++;
```

A. O(lb n)　　B. O(n)　　C. O(nlb n)　　D. $O(n^2)$

17. 【2017 年统考真题】下列函数的时间复杂度是(　　)。

```
int func(int n){
    int i = 0， sum = 0;
    while(sum < n) sum += ++i;
    return i;
}
```

A. O(lb n)　　B. $O(n^{1/2})$　　C. O(n)　　D. O(nlog n)

二、应用题

1. 简述下列概念：数据、数据元素、数据项、数据对象、数据结构、逻辑结构、存储结构、抽象数据类型。

2. 试举一个数据结构的例子，叙述其逻辑结构和存储结构两方面的含义和相互关系。

3. 试举一例，说明对相同的逻辑结构，同种运算在不同的存储方式下实现时，其运算效率不同。

4. 试分析下面各程序段的时间复杂度。

```
(1)  x = 90; y = 100;
     while(y > 0)
       if(x > 100)
          {x = x-10; y--; }
       else x++;
(2)  for(i = 0; i<n; i++)
       for(j = 0; j < m; j++)
          a[i][j] = 0;
(3)  s = 0;
       for(i = 0; i < n; i++)
          for(j = 0; j < n; j++)
             s += B[i][j];
       sum = s;
```

(4)
```
i = 1;
while(i <= n)
  i = i*3;
```

三、算法设计题

1. 设计一个从三个整数类型数据中求得最大数和次大数的算法。

2. 设计一个求数组 A[1…n]中所有数据元素之和的算法。

3. 设计一个求解下面问题的算法，并给出算法的时间复杂度：

在数组 A[1…n] 中查找值为 x 的元素，若找到则输出其位置 i(1≤i≤n)，否则，输出 0 作为标志。

第 2 章　线　性　表

线性表是一种最简单、最基本的线性结构。本章将介绍线性表的概念、逻辑结构、存储结构和相关操作的实现，最后给出实例分析和实现。

2.1　实例引入

【例 2-1】 约瑟夫环问题。

约瑟夫环问题是由古罗马的史学家约瑟夫(Josephus)提出的。问题描述为：设编号为 1，2，…，n 的 n 个人围坐在一张圆桌周围，每人持有一个正整数密码。开始时任选一个正整数作为报数上限值 m，从编号为 1 的人开始按顺时针方向自 1 起报数，报到 m 时停止报数，报 m 的那个人出列，将其密码作为新的 m 值，再从他的下一个人开始重新从 1 报数，报到 m 的那个人又出列，如此下去，直到圆桌周围的人全部出列为止。

要实现约瑟夫环问题，可以将其抽象为一个环状线性表，每个人的信息作为线性表的一个元素，然后采用适当的存储结构来表示这种线性表，并设计完成有关的功能算法，求出 n 个人的出列次序。在学完本章的循环单链表后，该问题很容易就能实现。

2.2　线性表的定义和基本操作

2.2.1　线性表的定义

线性表是 n 个(n≥0)类型相同的数据元素的有限序列，对 n＞0，除第一个元素无直接前驱、最后一个元素无直接后继外，其余每个元素有且仅有一个直接前驱和直接后继。线性表中数据元素的个数 n 称为线性表的长度。n = 0 时称为空表。一个非空线性表通常记为$(a_1, a_2, \cdots, a_n)$。其中，a_i (1≤i≤n)称为数据元素，下标 i 表示该元素在线性表的位置或序号，a_1 称为第一个元素，a_n 称为最后一个元素。

对于 a_i，当 1＜i≤n 时，它有一个直接前驱 a_{i-1}；当 1≤i＜n 时，它有一个直接后继 a_{i+1}。例如，26 个英文字母的字母表(A, B, C, …, Z)是一个线性表，表中的每个字母是一个数据元素，其类型是字符型。在稍复杂的线性表中 ，一个数据元素可以包含若干个数据项。例如第 1.1 节的学生基本信息表中，每个学生为一个数据元素，包括学号、姓名、性别、专业等数据项。

可以看出，线性表具有以下特点：

(1) 同一性：线性表由同类数据元素组成，每个 a_i 必须属于同一数据对象。

(2) 有穷性：线性表由有限个数据元素组成，表长度就是表中数据元素的个数。

(3) 有序性：线性表中相邻数据元素之间存在着序偶关系$<a_i, a_{i+1}>$。

2.2.2　线性表的基本操作

对于线性表中的数据元素，可以进行查找、插入、删除等操作。线性表有以下基本操作，其中 L 是指定线性表。

(1) ListInitiate(L)：初始化线性表，构造一个空的线性表 L。

(2) ListLength(L)：求线性表的长度，返回线性表 L 当前数据元素的个数。

(3) ListGet(L, i, x)：用 x 返回线性表 L 中第 i 个数据元素的值。

(4) LcationElemt(L, x)：按值查找，确定数据元素 x 在 L 中的位置。

(5) ListInsert(L, i, x)：在线性表 L 中第 i 个位置前插入一个新元素 x，L 的长度加 1。

(6) ListDelete(L, i, x)：删除线性表 L 中第 i 个元素用 x 返回，L 的长度减 1。

(7) ListEmpty(L)：判断线性表 L 是否为空，空表返回 TRUE，否则返回 FALSE。

(8) ClearList(L)：将已知的线性表 L 置为空表。

(9) DestroyList(L)：销毁线性表 L。

2.3　线性表的顺序存储和实现

2.3.1　顺序表

线性表的顺序存储是指用一组地址连续的存储单元依次存储线性表中的各个元素。采用顺序存储结构的线性表称为**顺序表**。顺序表中逻辑上相邻的数据元素在物理存储位置上也是相邻的，如图 2-1 所示。假设线性表中有 n 个元素，每个元素需占用 k 个存储单元，第一个元素的存储地址为 $Loc(a_1)$，则元素 a_i 的存储地址为

$$Loc(a_i) = Loc(a_1) + (i-1) \times k \qquad (1 \leqslant i \leqslant n)$$

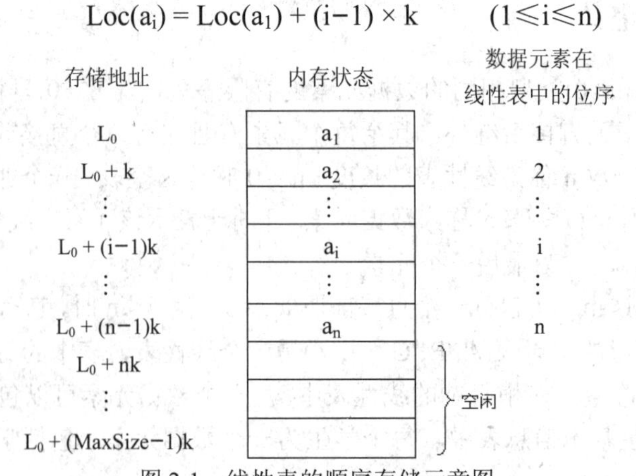

图 2-1　线性表的顺序存储示意图

线性表的这种机内表示称为线性表的顺序存储结构。只要确定了存储线性表的起始位置(即基地址)，线性表中任一数据元素就可随机存储，即顺序表是一种随机存储结构。

线性表的顺序存储结构(即顺序表)通常借助高级程序设计语言中的一维数组来表示，也就是线性表中相邻的元素存储在数组中相邻的位置，从而使数据元素的序号与存放它的数组下标之间具有一一对应关系，如图 2-2 所示。

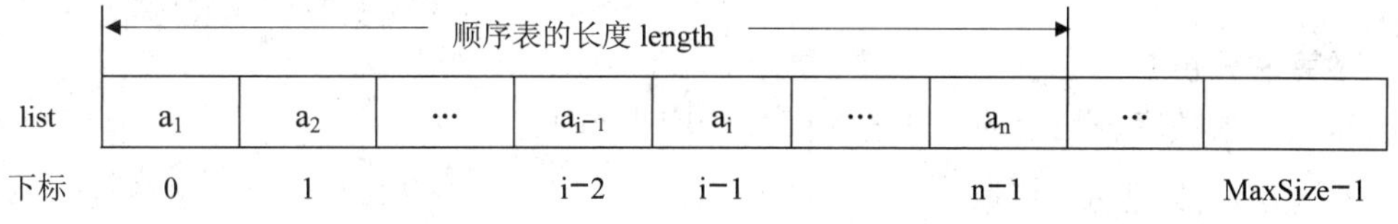

图 2-2　顺序表的数组表示示意图

其中，list 表示用于存储顺序表数据元素的数组，MaxSize 表示数组 list 的最大存储单元的个数，length 表示顺序表当前存储的数据元素个数。

顺序表的存储结构可用 C 语言描述如下：

```
#define MaxSize<顺序表可能达到的最大长度>
typedef struct
{
    DataType list[MaxSize];          //存放数据元素的数组
    int length;                      //当前顺序表长度
} SeqList;
```

由于 C 语言中数组的下标是从 0 开始的，而顺序表数据元素的位置序号是从 1 开始的，因此需注意区分元素的位序和该元素在数组中的下标位置之间的对应关系。如数据元素 a_1 的位序为 1，而其对应存放的数组 list 的下标为 0。

2.3.2　顺序表操作的实现

下面讨论顺序表的初始化、求顺序表的长度、顺序表的插入、删除数据元素、取数据元素、按值查找等基本操作的实现方法。

1. 顺序表的初始化

顺序表的初始化操作即构造一个空的顺序表。

【算法思想】

顺序表的初始化即将表的当前长度设为 0。

【算法描述】

```
void ListInitiate(SeqList *L)
{
    L-> length = 0;                  //将初始数据元素个数置为 0
}
```

2. 求顺序表的长度

【算法思想】

在顺序表的存储结构描述中，由于其结构体成员 length 保存了顺序表的长度，因此，要求顺序表的长度，只需返回 length 的值即可。

【算法描述】

```
int ListLength(SeqList L)
{
    return L.length;
}
```

【算法分析】

显然，求顺序表长度的算法的时间复杂度为 O(1)。

3. 顺序表的插入

顺序表的插入操作是指在表的第 i 个位置插入一个值为 x 的数据元素，插入后使表长为 n 的表$(a_1, a_2, \cdots, a_{i-1}, a_i, \cdots, a_n)$变成表长为 n + 1 的表：

$$(a_1, a_2, \cdots, a_{i-1}, x, a_i, \cdots, a_n)$$

在顺序表中，由于逻辑上相邻的数据元素在物理位置上也相邻，因此在第 i(1≤i≤n + 1)个位置插入一个元素 x 时，需从表中最后一个元素(即第 n 个元素)开始至第 i 个元素，依次向后移动一个位置，空出第 i 个位置，然后在该位置插入元素 x。

例如，图 2-3 所示为一个顺序表在插入前后数据元素在存储空间的位置变化。为了在第 4 个位置插入值为 13 的数据元素，需将第 4 个至第 6 个元素依次向后移动一个位置。

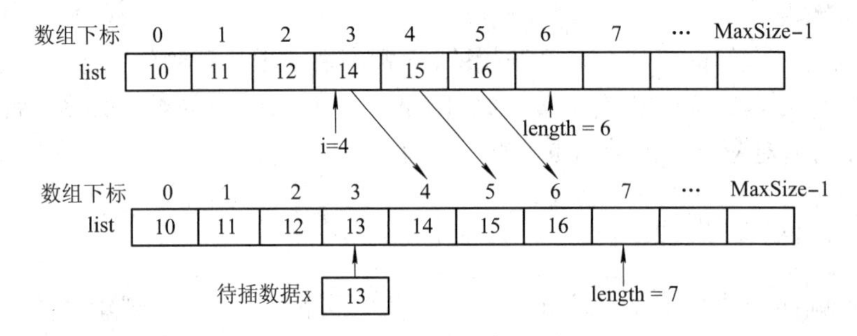

图 2-3　顺序表插入元素前后

【算法思想】

顺序表插入操作的具体实现步骤如下：

(1) 判断顺序表的存储空间是否已满，若满则输出表的上溢信息，返回 0。

(2) 判断插入位置 i 是否合法(i 值的合法范围为 1≤i≤n + 1)，若不合法则输出错误信息，返回 0。

(3) 将第 n 个至第 i 个位置的元素依次向后移动一个位置，空出第 i 个位置(i = n + 1 时无须移动)。

(4) 将要插入的元素 x 写到第 i 个位置。

(5) 表长加 1。

【算法描述】

```
int ListInsert(SeqList *L, int i, DataType x)
{    //在顺序表 L 的第 i(1≤i≤length+1)个位置之前插入数据元素值 x
```

```
    //插入成功返回 1，插入失败返回 0
    int j;
    if(L->length >= MaxSize)
    {
        printf("顺序表已满无法插入! \n");
        return 0;
    }
    else if(i < 1|| i > L->length +1)
    {
        printf("参数 i 不合法! \n");
        return 0;
    }
    else
    {
        for(j = L->length; j >= i; j--)          //j 表示元素序号
            L->list[j] = L->list[j-1];            //插入位置及之后的元素后移
        L->list[i-1] = x;                         //将新元素插入第 i 个位置
        L->length++;                              //表长加 1
        return 1;
    }
}
```

【算法分析】

在顺序表中某个位置上插入一个数据元素时，其时间主要耗费在移动数据元素上，而移动元素的个数取决于插入元素的位置。

设 E_{is} 为在长度为 n 的顺序表中插入一个元素所需移动元素的平均次数，p_i 是在第 i 个元素之前插入一个元素的概率，假设在任何位置上插入元素都是等概率的，即 $p_i = 1/(n+1)$，则有

$$E_{is}=\sum_{i=1}^{n+1}p_i(n-i+1)=\frac{1}{n+1}\sum_{i=1}^{n}(n-i+1)=\frac{n}{2}$$

由此可知，在顺序表中插入一个数据元素的平均时间复杂度为 O(n)。

4. 删除数据元素

顺序表的删除操作是指将表的第 i 个元素删除，将表长为 n 的表$(a_1, a_2, \cdots, a_{i-1}, a_i, \cdots, a_n)$变成表长为 n−1 的表$(a_1, a_2, \cdots, a_{i-1}, a_{i+1}, \cdots, a_n)$。

删除后数据元素 a_{i-1} 和 a_{i+1} 之间的逻辑关系发生了变化，为了在存储结构上反映这个变化，同样需要移动元素。因此当要删除第 i $(1\leqslant i\leqslant n)$个元素时，需将第 i+1 个至第 n 个(共 n−i 个)元素依次向前移动一个位置(当 i = n 时无须移动)。

例如，图 2-4 所示为一个顺序表在删除前后数据元素在存储空间的位置变化。为了删除第 4 个位置的数据元素，需将第 5 个至第 7 个元素依次向前移动一个位置。

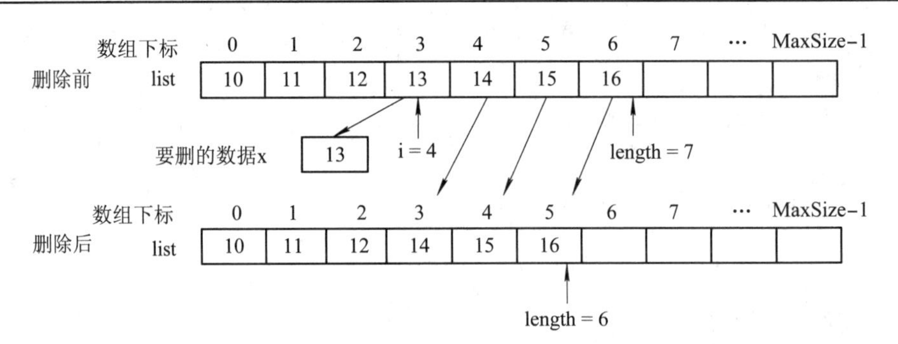

图 2-4　顺序表删除元素前后

【算法思想】

顺序表删除操作的具体实现步骤如下：

(1) 判断顺序表是否空，若空则输出表已空信息，返回 0。

(2) 判断删除位置 i 是否合法(i 值的合法范围为 1≤i≤n)，若不合法则输出错误信息，返回 0。

(3) 返回待删除的元素值。

(4) 将第 i + 1 个至第 n 个位置的元素依次向前移动一个位置(当 i = n 时无须移动)。

(5) 表长减 1。

【算法描述】

```
int ListDelete(SeqList *L, int i, DataType *x)
{   //删除顺序表 L 中第 i (1≤i≤length)个元素，并将元素值存放至参数 x 中
    //删除成功返回 1，删除失败返回 0
    int j;
    if(L->length = = 0)
    {
        printf("顺序表已空无数据元素可删! \n");
        return 0;
    }
    else if(i < 1 || i > L->length)
    {
        printf("参数 i 不合法");
        return 0;
    }
    else
    {
        *x = L->list[i−1];                    //保存待删除的元素值到 x 中
        for(j = i; j < L->length; j++)
            L->list[j-1] = L->list[j];        //依次前移
        L->length--;                          //数据元素个数减 1
        return 1;
```

```
    }
}
```

【算法分析】

在顺序表中删除某个位置上的一个数据元素时，其时间主要耗费在移动数据元素上，而移动元素的个数取决于删除元素的位置。

设 E_{dl} 为在长度为 n 的顺序表中删除一个元素所需移动元素的平均次数，q_i 为删除第 i 个元素的概率，假设在任何位置上删除元素都是等概率的，即 $q_i = 1/n$，则有

$$E_{dl} = \sum_{i=1}^{n} q_i (n-i) = \frac{1}{n}\sum_{i=1}^{n}(n-i) = \frac{n-1}{2}$$

由此可知，顺序表删除一个数据元素的平均时间复杂度为 O(n)。

5. 取数据元素

取数据元素操作是根据指定的位置序号 i，获取顺序表中第 i 个数据元素的值。由于顺序表可以随机存取，因此可以直接通过数组下标定位得到，list[i−1]单元存储第 i 个数据元素。

【算法思想】

顺序表取数据元素操作的具体实现步骤如下：

(1) 判断指定的位置 i 是否合法(i 值的合法范围为 1≤i≤n)，若不合法则输出错误信息，返回 0。

(2) 若 i 值合法，则将第 i 个数据元素赋给参数 x。

【算法描述】

```
int ListGet(SeqList L, int i, DataType *x)
{   //取顺序表 L 中第 i 个数据元素的值存于 x 中，成功则返回 1，失败返回 0
    if(i < 1 || i > L.length)                    //判断 i 值是否合法
    {
        printf("参数 i 不合法! \n");
        return 0;
    }
    else
    {
        *x = L.list[i-1];                        //第 i 个数据元素的值存于 x 中
        return 1;
    }
}
```

【算法分析】

顺序表取数据元素算法的时间复杂度为 O(1)。

6. 按值查找

顺序表中按值查找操作是指根据指定的值 x，查找顺序表中第 1 个与 x 相等的元素。若查找成功，则返回该元素在表中的位置序号；否则返回查找失败的标志 0。

【算法思想】

顺序表按值查找操作的具体实现步骤如下：

(1) 从第一个元素开始依次和 x 比较，若找到与 x 相等的元素，则查找成功，返回该元素序号。

(2) 若查遍整个顺序表都没有找到，则查找失败，返回 0。

【算法描述】

```
int ListLocate(SeqList L, DataType x)
{//在顺序表 L 中查找值为 x 的数据元素，成功则返回其序号，失败返回 0
    for(i = 0; i < L.length; i++)
        if(L.list[i] = = x) return i+1;            //查找成功，返回序号
    return 0;                                      //查找失败，返回 0
}
```

【算法分析】

在顺序表中查找一个数据元素时，其时间主要耗费在数据的比较上，而比较的次数取决于被查元素在顺序表中的位置。若顺序表中的第一个元素是 x，只需比较一次，这是最好的情况；若顺序表中的最后一个元素是 x，则需比较 n 次，这是最坏的情况；假设数据是等概率分布，则平均比较次数为(n+1)/2。因此，顺序表按值查找算法的时间复杂度与表长有关，也为 O(n)。

2.4 线性表的链式存储和实现

由 2.3 节可知，顺序表能随机存取数据元素，但在进行插入或删除操作时需要移动大量元素，运行效率低，且顺序表需要预先分配存储空间，若表长 n 变化较大时，存储规模难以事先确定，估算过大会造成存储空间的浪费。本节介绍线性表的链式存储结构及其基本操作的实现方法。线性表的链式存储结构通过链建立数据元素之间的逻辑关系，这种采用链式存储的线性表称为**链表**。在链表上做插入、删除操作不需要移动数据元素。

2.4.1 单链表的存储结构

线性表的链式存储是指用一组任意的存储单元存储线性表的数据元素，这组存储单元可以连续，也可以不连续。因此，为了表示每个数据元素 a_i 与其直接后继数据元素 a_{i+1} 之间的逻辑关系，对每个数据元素 a_i，除了存储其本身的信息外，还需存储指示其直接后继存储位置的信息，这两部分信息组成数据元素 a_i 的存储映像，称为**结点**。每个结点包括两个域：用于存储数据元素信息的域称为**数据域**；存储直接后继的存储地址的域称为**指针域**。指针域中存储的信息称作**指针**或**链**。链式存储结构的线性表称为**链表**。由于此链表的每个结点中只包含一个指针域，因此又称为**单链表**。

根据链表结点的指针数和指针连接方式的不同，链表可分为单链表、循环链表和双向链表。本节主要讨论单链表。单链表中每个结点的结构如图 2-5 所示。

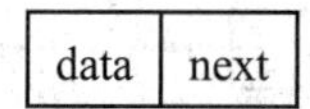

图 2-5　单链表结点的结构

由于单链表中每个结点的存储地址存放在其前趋结点的指针域中，而第一个结点无前趋，因此应设一个头指针 head 指向第一个结点。同时，由于单链表中最后一个结点没有直接后继，因此单链表中最后一个结点的指针为空(NULL)。这样整个链表的存取必须从头指针开始。图 2-6 所示为线性表(A, B, C, D, E, F, G, H)的单链表存储结构，整个链表的存取需从头指针开始进行，依次顺着每个结点的指针域找到线性表的各个元素。

一般情况下，使用链表时只关心链表中结点间的逻辑顺序，并不关心每个数据元素在存储器中的实际位置。通常用箭头表示链域中的指针，因此链表可直观地画成用箭头相链接的结点序列。图 2-6 所示的单链表可表示为如图 2-7 所示的形式。

头指针 head: 31

存储地址	数据域	指针域
1	D	43
7	B	13
13	C	1
19	H	NULL
25	F	37
31	A	7
37	G	19
43	E	25

图 2-6　线性表(A, B, C, D, E, F, G, H)的单链表存储

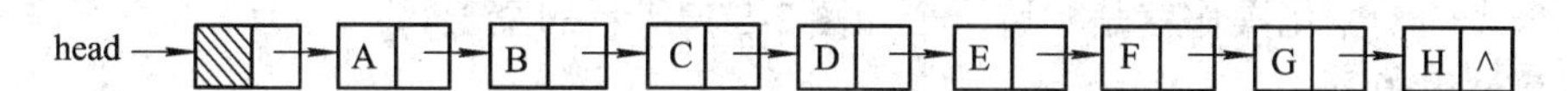

图 2-7　线性表(A, B, C, D, E, F, G, H)的单链表结构

单链表结点的定义如下：

```
typedef struct Node
{
    DataType data;              //数据域
    struct Node *next;          //指针域
}SLNode, *SLinkList;            // SLinkList 为指向结构体 SLNode 的指针类型
```

其中，data 域用来存放数据元素，next 域用来存放指向下一个结点的指针。SLinkList 与 SLNode*同为结构体指针类型，两者本质上是等价的。通常习惯上用 SLinkList 定义单链表，强调定义的是某个单链表的头指针；用 SLNode*定义指向单链表中任意结点的指针变量。例如，若定义 SLinkList head，则 head 为单链表的头指针；若定义 SLNode *p，则 p 为指向单链表中某结点的指针变量。

一般情况下，为了操作方便，在单链表的第一个结点之前附设一个结点，我们称之为**头结点**。头结点的数据域可以存储线性表的长度、标题等附加信息，也可以不存储任何信息。其指针域存储第一个结点的首地址，如果单链表为空表，则头结点的指针域为空，如图 2-8 所示。加上头结点后，无论单链表是否为空，头指针始终指向头结点。

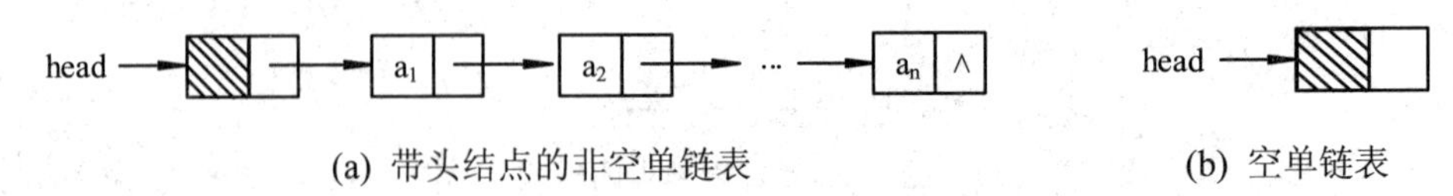

(a) 带头结点的非空单链表　　(b) 空单链表

图 2-8　带头结点的单链表

在单链表中增加一个头结点的作用如下：

(1) 便于首元结点的处理。

增加头结点后，首元结点(即第一个数据元素结点)的地址保存在头结点的指针域中，则对单链表的第一个数据元素的操作和其他数据元素相同，无须进行特殊处理。

(2) 便于空表和非空表的统一处理。

当单链表不设头结点时，头指针指向首元结点，则当单链表为空表时，头指针为空(NULL)。增加头结点后，无论单链表是否为空，头指针都是指向头结点的非空指针，因此统一了空表和非空表的处理过程。

在单链表中，由于每个结点只包含一个指向直接后继结点的指针，当访问过一个结点后只能顺着访问它的后继结点，而无法访问它的前驱结点，因此单链表是非随机存取的存储结构，要取得第 i 个数据元素必须从头指针出发顺链进行寻找，通常也称之为顺序存取的存储结构，其基本操作的实现方法与顺序表不同。

2.4.2　单链表操作的实现

下面讨论带头结点的单链表基本操作的实现方法。

1. 单链表的初始化

单链表的初始化操作就是构造一个如图 2-8(b)所示的空表。

【算法思想】

(1) 生成新结点作为头结点，用头指针 head 指向它。

(2) 头结点的指针域置空。

【算法描述】

```
void ListInitiate(SLinkList *head)
{
    *head = (SLNode *)malloc(sizeof(SLNode));          //生成头结点，用 head 指向它
    (*head)->next = NULL;                              //头结点的指针域置空
}
```

2. 求单链表的长度

【算法思想】

设 head 是带头结点单链表的头指针，求单链表长度的实现过程如图 2-9 所示。具体步骤如下：

(1) 定义一个指针 p 和计数器 size，初始化使 p 指向头结点，size = 0。

(2) 判断 p 所指结点是否还有直接后继结点，若有后继则执行步骤(3)，否则执行步骤(4)。

(3) p 向后移动，计数器加 1(单链表长度不包括头结点)，循环执行步骤(2)。

(4) 退出循环，返回计数器值 size。

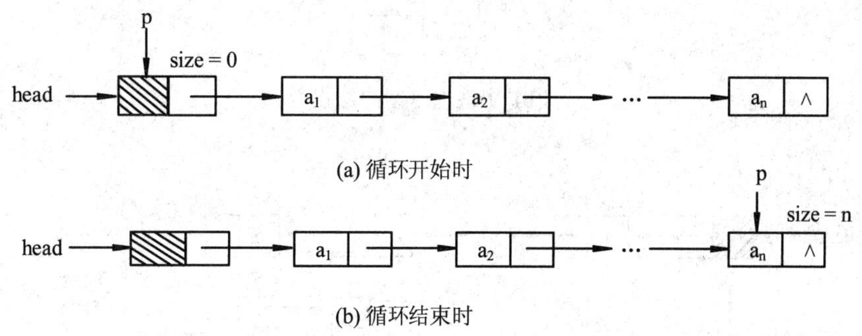

图 2-9　求单链表长度的实现过程

【算法描述】

```
int ListLength(SLinkList head)
{
    SLNode *p = head;              //p 指向头结点
    int size = 0;                  //size 初始为 0
    while(p->next != NULL)
    {
        p = p->next;
        size ++;                   //循环计数
    }
    return size;
}
```

【算法分析】

算法中 while 循环执行的次数为表长 n，因此，求单链表长度的算法时间复杂度为 O(n)。

3. 单链表的插入

【算法思想】

单链表的插入操作是将值为 x 的新结点插入到单链表的第 i 个结点位置上，即插入到 a_{i-1} 与 a_i 之间。具体插入过程如图 2-10 所示，实现步骤如下：

(1) 查找第 i−1 个结点并由指针 p 指向该结点。

(2) 生成一个新结点并由指针 q 指向它。

(3) 将新结点的 data 域置为 x。

(4) 将新结点的 next 域指向结点 a_i。

(5) 将结点 a_{i-1} 的 next 域指向新结点。

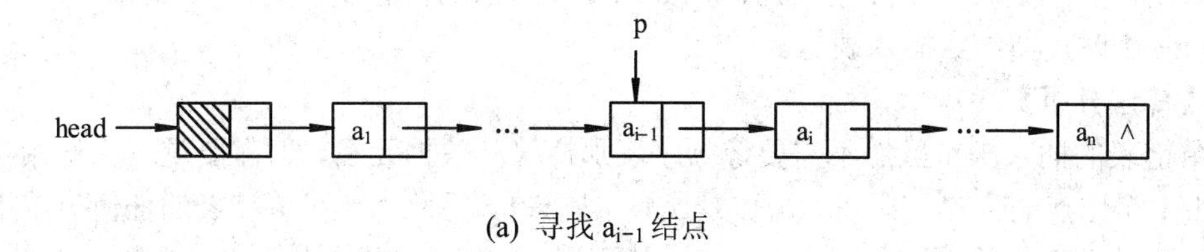

(a) 寻找 a_{i-1} 结点

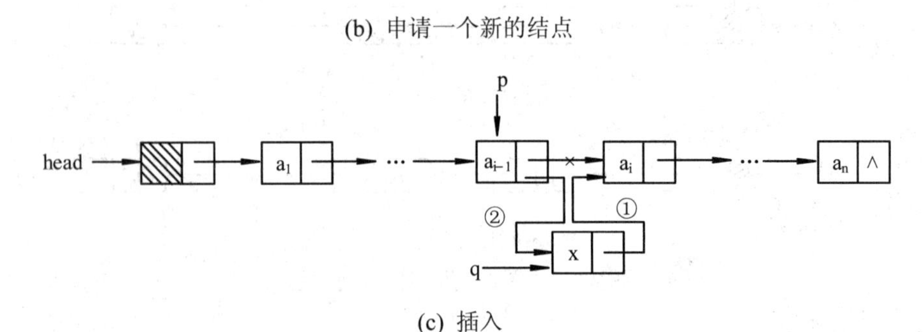

(b) 申请一个新的结点

(c) 插入

图 2-10　在带头结点的单链表第 i 个位置前插入一个新结点的过程

【算法描述】

```
int ListInsert(SLinkList head，int i，DataType x)
{   //在带头结点的单链表 head 中第 i (1≤i≤n+1)个结点前插一个值为 x 的新结点
    SLNode *p, *q;
    int j;
    p = head;   j = 0;
    while(p->next != NULL && j < i-1)          //查找第 i−1 个结点，p 指向该结点
    {
        p = p->next;
        j++;
    }
    if(j!= i-1)                                //第 i−1 个结点不存在，不能插入
    {
        printf("插入位置 i 不合理！");
        return 0;
    }
    q = (SLNode *)malloc(sizeof(SLNode));      //生成新结点并由指针 q 指向它
    q->data = x;                               //新结点 data 域置为 x
    q->next = p->next;                         //新结点的 next 域指向 ai
    p->next = q;                               //将结点 p 的 next 域指向新结点
    return 1;
}
```

说明：若单链表中有 n 个结点，则插入操作合法的位置有 n + 1 个，即 $1 \leqslant i \leqslant n+1$。当 $i = n + 1$ 时，新结点插入表尾。

【算法分析】

单链表的插入操作虽然不需要像顺序表那样移动数据元素，但需要从表头开始顺链查找第 i-1 个结点的位置，其基本操作是比较 j 与 i-1。因此，当在单链表的任何位置上插入数据元素的概率相等(即 $p_i = 1/(n + 1)$)时，插入一个数据元素的平均比较次数为

$$E_{is}=\sum_{i=1}^{n+1}p_i(i-1)=\frac{1}{n+1}\sum_{i=1}^{n+1}(i-1)=\frac{n}{2}$$

所以单链表中插入一个数据元素的时间复杂度为 O(n)。

4. 单链表的删除

单链表的删除操作是将第 i 个结点删除。因单链表中第 i 个结点 a_i 的存储地址在其前驱结点 a_{i-1} 的指针域中，因此同插入操作一样，首先必须找到前驱结点 a_{i-1}。如图 2-11 所示，在单链表中删除结点 b 时，应先找到其前驱结点 a，并让指针 p 指向它，然后修改 p 的指针域使其指向 a_i 的后继结点。修改指针的语句如下：

```
p->next = p-> next-> next;
```

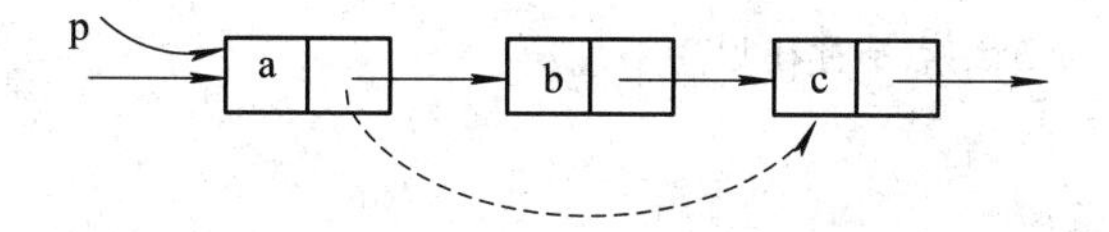

图 2-11 在单链表中删除结点时指针的变化情况

此外，在删除结点 b 的同时还需释放结点 b 所占空间。因此在修改 p 的指针域之前应引入另一个指针 s，临时保存 b 的地址以备释放。

【算法思想】

删除单链表第 i (1≤i≤n)个结点 a_i 的过程如图 2-12 所示，具体实现步骤如下：

(1) 查找第 i−1 个结点 a_{i-1} 并由指针 p 指向该结点。

(2) 临时保存待删除结点 a_i 的地址于 s 中，以备释放。

(3) 通过参数返回待删除结点的值。

(4) 修改 p 的指针域使其指向 a_i 的直接后继结点。

(5) 释放被删结点 a_i 的空间。

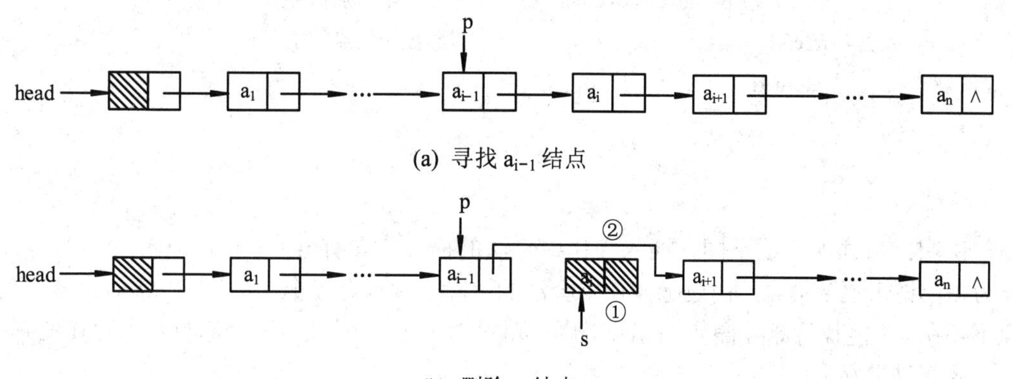

图 2-12 在带头结点单链表中删除第 i 个结点的过程

【算法描述】

```
int ListDelete(SLinkList head, int i, DataType *x)
{  //在带头结点的单链表 head 中删除第 i 个结点，并将其 data 域值由 x 带回
   SLNode *p, *s;
```

```
    int j;
    p = head;
    j = 0;
    while(p->next != NULL && j< i-1)          //查找第 i−1 个结点，p 指向该结点
    {
        p = p->next;
        j++;
    }
    if(j!= i-1)
        {
        printf("第 i-1 个结点不存在！ ");
        return 0;
        }
    else{
        if(p->next == NULL)
        {
            printf("第 i 个结点不存在！ ");
            return 0;
        }
        else
        {
            s = p->next;                  //临时保存被删结点的地址
            *x = s->data;                 //被删结点的值赋予 x
            p->next = p->next->next;      //修改前驱结点指针域
            free(s);                      //释放被删结点的空间
            return 1;
        }
    }
}
```

说明：与插入算法不同，插入操作中合法的插入位置有 n + 1 个，当 i = n + 1 时，则认为在单链表尾部插入。而删除操作中合法的删除位置只有 n 个，当 i = n + 1 时，该位置结点不存在，不能执行删除操作。因此，删除算法中增加了一个对第 i 个结点是否存在的判断。

【算法分析】

类似于插入算法，删除算法也需要从表头开始顺链查找第 i−1 个结点的位置，其基本操作是比较 j 与 i−1。因此，删除单链表中一个数据元素的平均比较次数为

$$E_{dl} = \sum_{i=1}^{n} q_i(i-1) = \frac{1}{n}\sum_{i=1}^{n}(i-1) = \frac{n-1}{2}$$

所以单链表中删除一个数据元素的时间复杂度为 O(n)。

5. 取数据元素

与顺序表不同，单链表不能随机存取，因此取数据元素操作只能根据给定的结点位置序号 i (1≤i≤n)，从链表的头结点出发顺着链域 next 逐个结点进行访问。

【算法思想】

(1) 将指针 p 指向头结点，j 作计数器并赋初值为 0。

(2) 从头结点开始顺着链域 next 逐个结点访问，只要后继结点不为空且未到达第 i 个结点，则循环执行以下操作：

① p 指向下一个结点；

② 计数器 j 加 1。

(3) 退出循环时，若 j 不等于 i，说明给定的序号 i 值不合法(i≤0 或 i>n)，输出错误信息并返回 0；否则取数据元素成功，p 指向的结点即为待找的第 i 个结点，用参数 x 保存该结点的 data 域，返回 1。

【算法描述】

```
int ListGet(SLinkList head, int i, DataType *x)
{   //在带头结点的单链表 head 中取第 i (1≤i≤n)个数据元素，用 x 返回其值
    SLNode *p;
    int j;
    p = head;                              //p 指向头结点
    j = 0;                                 //计数器 j 赋初值为 0
    while(p->next != NULL && j < i)        //顺链寻找第 i 结点
    {
        p = p->next;                       // p 指向下一结点
        j++;                               //计数器 j 加 1
    }
    if(j != i)                             // i 值不合法
    {
        printf("取元素位置参数错！");
        return 0;
    }
    *x = p->data;                          //取第 i 个结点的 data 域
    return 1;
}
```

【算法分析】

与插入、删除算法类似，需要从表头开始顺链查找第 i 个结点。因此，取数据元素算法的时间复杂度仍为 O(n)。

6. 按值查找

按值查找是从单链表中查找是否有值等于 x 的结点。查找过程是从单链表的首元结点出发，顺链逐个将结点值和给定值 x 进行比较，返回查找结果。

【算法思想】

(1) 用指针 p 指向首元结点。

(2) 从首元结点开始顺着链域 next 向后查找。只要当前结点的指针 p 不为空，并且 p 所指结点的 data 域不等于给定值 x，则循环执行以下操作：p 指向下一个结点。

(3) 若查找成功，则返回该结点的指针 p；否则返回空。

【算法描述】

```
SLNode   *ListLocate(SLinkList head, DataType x)
{  //在带头结点的单链表 head 中查找值为 x 的元素
    SLNode *p = head->next;                    //p 指向首元结点
    while(p != NULL && p->data != x)           //顺链域查找数据域等于 x 的结点
        p = p->next;                           //p 指向下一结点
    return p;
}
```

【算法分析】

该算法与单链表取数据元素算法类似，其时间复杂度为 O(n)。

7. 建立单链表

单链表的建立有两种方法：头插法和尾插法，默认情况下单链表均带有头结点。

1) *头插法*

头插法是通过在链表的头部(头结点之后)插入新结点来建立单链表，每次申请一个新结点，读入数据元素(假设数据元素的类型是整型)值，然后将新结点插入到头结点之后。

【算法思想】

(1) 创建一个只有头结点的空单链表。

(2) 循环执行以下操作 n(n 为数据元素个数)次：

① 生成一个新结点 s；

② 输入元素值赋给新结点 s 的 data 域；

③ 将新结点 s 插入到头结点之后。

图 2-13 所示为线性表(1, 3, 5, 7)的单链表建立过程，因为是链表的头部插入，所以读入数据的顺序为 7、5、3、1，数据读入顺序与线性表中的逻辑顺序正好相反。

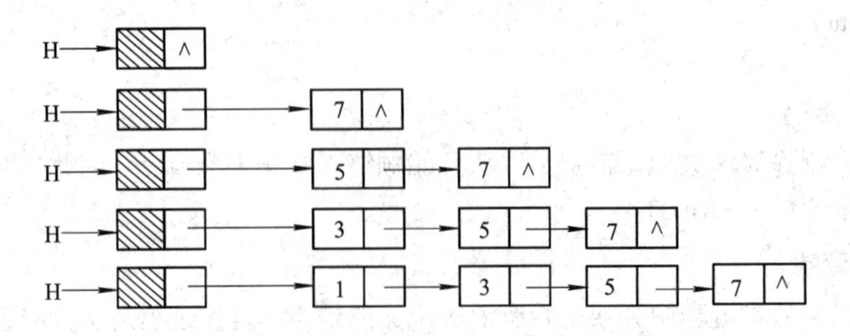

图 2-13　头插法建立单链表的过程示意图

【算法描述】

```
void CreateList1(SLinkList *head, int n)
{
    *head = (SLNode *) malloc(sizeof(SLNode));       //生成头结点，用 head 指向它
    (*head)->next = NULL;                             //空表
    SLNode *s;
    int i, x;
    for(i = 0; i < n; i++)
    {
        s = (SLNode *) malloc(sizeof(SLNode));        //生成新结点 s
        scanf("%d", &x);                              //输入数据元素值
        s -> data = x;                                //将元素值赋给新结点 s 的 data 域
        s -> next = head -> next;                     //将新结点 s 插入到头结点之后
        head -> next = s;
    }
}
```

显然头插法建立单链表算法的时间复杂度为 O(n)。

2) *尾插法*

尾插法是通过将新结点插入到单链表的表尾来建立单链表。同头插法一样，每次申请一个新结点，读入数据元素(假设数据元素的类型是整型)值。不同的是，为了使新结点能够插入到表尾，需增加一个尾指针 r 使其始终指向单链表的尾结点。

【算法思想】

(1) 创建一个只有头结点的空单链表。

(2) 初始化尾指针 r，使它指向头结点。

(3) 循环执行以下操作 n(n 为数据元素个数)次：

① 生成一个新结点 s；

② 输入元素值赋给新结点 s 的 data 域；

③ 将新结点 s 插入到尾结点 r 之后；

④ 尾指针 r 指向新的尾结点。

图 2-14 所示为线性表(1, 3, 5, 7)的单链表建立过程，读入数据的顺序为 1、3、5、7，数据读入顺序与线性表中的逻辑顺序相同。

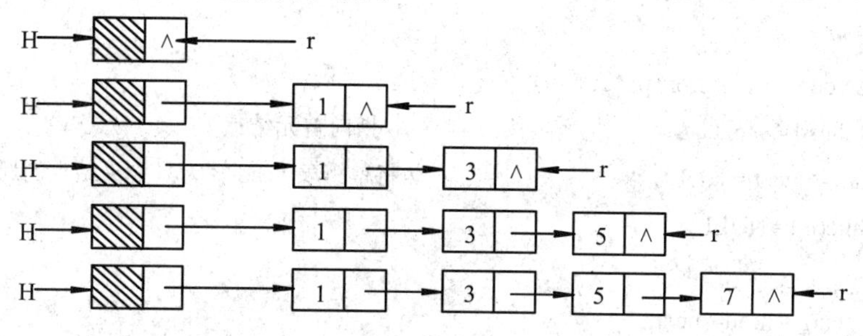

图 2-14　尾插法建立单链表的过程示意图

【算法描述】

```
void CreateList2(SLinkList *head, int n)
{
    *head = (SLNode *) malloc(sizeof(SLNode));     //生成头结点，用 head 指向它
    (*head) -> next = NULL;                        //空表
    SLNode *s, *r = head;
    int i, x;
    for(i = 0; i < n; i++)
    {
        s = (SLNode *) malloc(sizeof(SLNode));     //生成新结点 s
        scanf("%d", &x);                           //输入数据元素值
        s -> data = x;                             //将元素值赋给新结点 s 的 data 域
        r -> next = s;                             //将新结点 s 插入到尾结点 r 之后
        r = s;                                     //r 指向新的尾结点
    }
    r -> next = NULL;
}
```

显然，尾插法建立单链表算法的时间复杂度也为 O(n)。

为了帮助读者进一步理解单链表的操作，下面讨论单链表中的两个典型算法。

【例 2-2】 已知带头结点的单链表 head，编写算法将其数据元素按照递增有序的顺序进行就地排序。

说明：单链表的就地排序是指在不增加新结点基础上，通过修改原单链表的指针域值来达到排序目的。

【算法思想】

先定义指针 p 指向单链表首元结点，将单链表 head 置空成新表(即仅包含一个头结点)，把去掉头结点的单链表(即由 p 指向首元结点的表)中逐个结点重新插入 head 所指的新表中。每次插入时从新表的首元结点开始，逐个比较它与 p 所指结点的 data 域值，当前者小于或等于后者时，用新表的下一个结点进行比较；否则即找到了插入结点的合适位置，将 p 所指结点取下给 q 并插入到该合适位置，p 后移至下一结点。如此下去，直至 p 为空。

【算法描述】

```
Void LinListSort(SLinkList head)
{
    SLNode *curr, *pre, *p, *q;
    p = head -> next;                  //p 指向首元结点
    head -> next = NULL;               //将单链表 head 置为只含头结点的新空表
    while(p != NULL)
    {
        curr = head->next;
        pre = head;
```

```
        while(curr != NULL && curr -> data <= p->data )
        { //定位插入位置，退出循环时 pre 指向要插入结点的位置
            pre = curr;
            curr = curr ->next;
        }
        q = p;                          // q 指向要插入的结点
        p = p->next;                    // p 指向下一结点
        q->next = pre->next;            //将 q 所指结点插入 pre 所指结点后
        pre->next = q;
    }
}
```

【例 2-3】 设计一个算法，删除一个单链表 head 中元素值最大的结点(假设最大值结点唯一)。

【算法思想】

在单链表中删除一个结点需先找到它的直接前驱结点，用指针 p 扫描整个单链表，pre 指向其前驱结点，扫描时用 maxp 指向 data 域值最大的结点，maxpre 指向 maxp 的前驱结点。当单链表扫描完毕后，通过 maxpre 所指结点删除其后的结点，即删除了结点值最大的结点。

【算法描述】

```
void DelmaxNode(SLinkList head)
{
    SLNode *p = head->next, *pre = head, *maxp = p, *maxpre = pre;
    while(p != NULL)                    //用 p 扫描整个单链表，pre 指向其前驱结点
    {
        if(maxp->data < p->data)        //若找到一个更大的结点
        {
            maxp = p;                   //更改 maxp
            maxpre = pre;               //更改 maxpre
        }
        pre = p;                        //p 和 pre 同步后移一个结点
        p = p->next;
    }
    maxpre->next = maxp->next;          //删除*maxp 结点
    free(maxp);                         //释放*maxp 结点
}
```

2.4.3 循环链表

循环链表是另一种形式的链式存储结构，其特点是链表中最后一个结点的指针域指

向头结点，整个链表形成一个环。由此从表中任意结点出发均可找到表中其他结点。图 2-15 所示为单链的循环链表，称为单循环链表或循环单链表。类似地，还有多重链的循环链表。

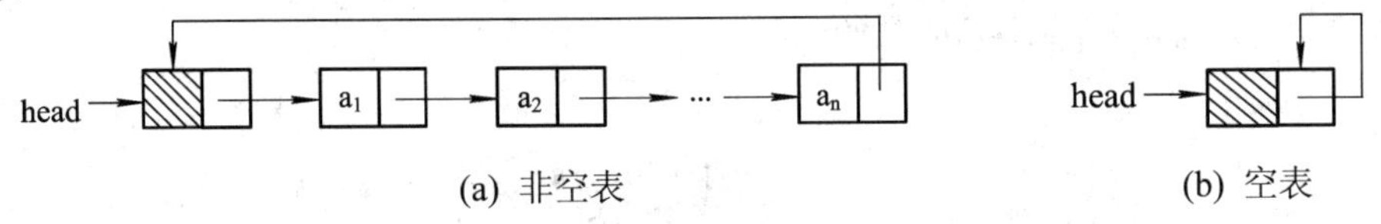

(a) 非空表　　(b) 空表

图 2-15　带头结点的单循环链表

带头结点的循环单链表的操作与带头结点的单链表类似，差别仅在于当遍历链表时当前指针 p 是否指向表尾结点的判别条件不同。在单链表中，判别条件为 p != NULL 或 p->next != NULL，而循环单链表的判别条件为 p != head 或 p->next != head。

在用头指针表示的循环单链表中，查找开始结点 a_1 的时间复杂度是 O(1)，然而要查找表尾结点则需要从头指针开始遍历整个链表，其时间复杂度是 O(n)。在很多实际问题中，链表的操作常常是在表的首、尾位置进行，此时头指针表示的循环单链表显得不够方便。若设立尾指针 rear 来表示循环单链表，则查找开始结点 a_i 和终端结点 a_n 都很方便，它们的存储位置分别是 rear->next->next 和 rear，显然查找时间复杂度都是 O(1)。因此，实际应用中多采用尾指针表示循环单链表。

例如，将两个循环单链表 H_1、H_2 进行合并操作时，如图 2-16(a)所示，只需将 H_2 的第一个元素结点链接到 H_1 的尾结点之后，H_2 的尾指针指向 H_1 的头结点，然后释放 H_2 的头结点。上述操作的时间复杂度为 O(1)，合并后的链表见图 2-16(b)。

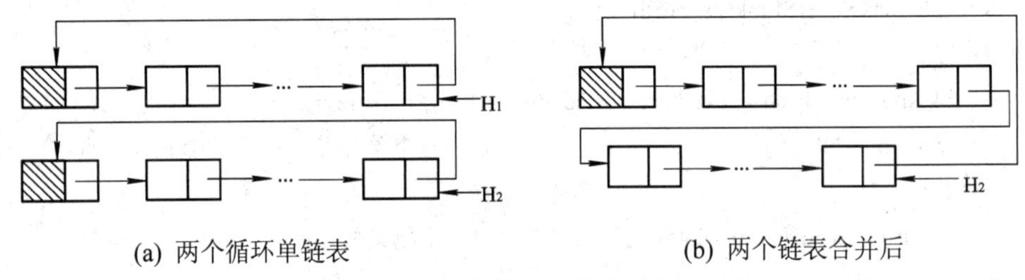

(a) 两个循环单链表　　(b) 两个链表合并后

图 2-16　两个用尾指针标识的循环单链表合并

主要实现语句如下：

```
p = H1->next;                  //保存 H1 的头结点指针
H1->next = H2->next->next;     //H2 的第一个元素结点链到 H1 的尾结点之后
free(H2->next);                //释放链表 H2 的头结点
H2->next = p;                  //组成循环链表
```

2.4.4　双向链表

前面讨论的单链表结点中只有一个指向其直接后继结点的指针域，因此从某个结点出发只能顺链向后寻找其他结点。若需找结点的直接前驱结点，则必须从链表的头指针开始，其时间复杂度为 O(n)。如果希望从表中快速确定任意结点的前驱结点，可在单链表的每个结点中再增加一个指向直接前驱的指针域，这样就形成了**双向链表**。双向链表的结点结构如图 2-17(a)所示。

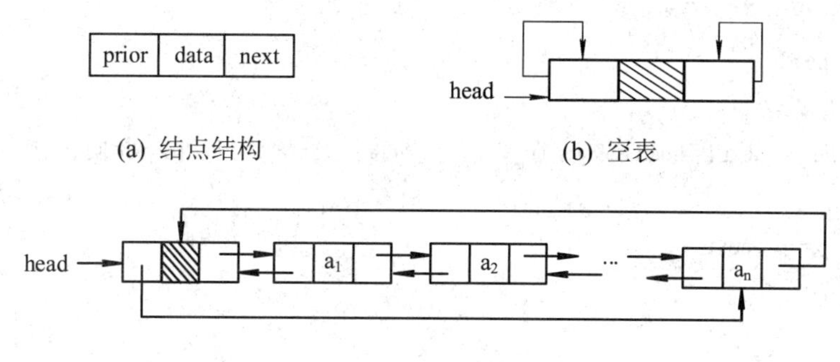

(c) 非空表

图 2-17　带头结点的双向循环链表

双向链表结点的定义如下：

```
typedef struct Node
{
    DataType data;          //数据域
    struct Node *next;      //直接前驱
    struct Node *prior;     //直接后继
}DLNode，*DLinkList;
```

与单链表类似，双向链表也可以有循环和非循环两种结构。循环结构的双向链表(称为双向循环链表)更为常用，图 2-17(b)和(c)所示为带头结点的双向循环链表。

在双向链表中，那些仅涉及后继指针的操作，如求表长度、取数据元素、按值查找等，其实现算法与单链表的操作相同；但对于涉及前驱与后继两个方向指针的操作(如插入、删除操作等)，则与单链表中的实现算法不同。下面主要介绍双向链表的插入、删除操作的实现方法。

1. 双向链表的插入

【算法思想】

双向链表的插入操作指在第 i 个结点之前插入一个值为 x 的新结点。与单链表不同，插入时指针 p 直接指向第 i 个结点，而不需要指向第 i−1 个结点(即直接前驱结点)，具体插入过程如图 2-18 所示。

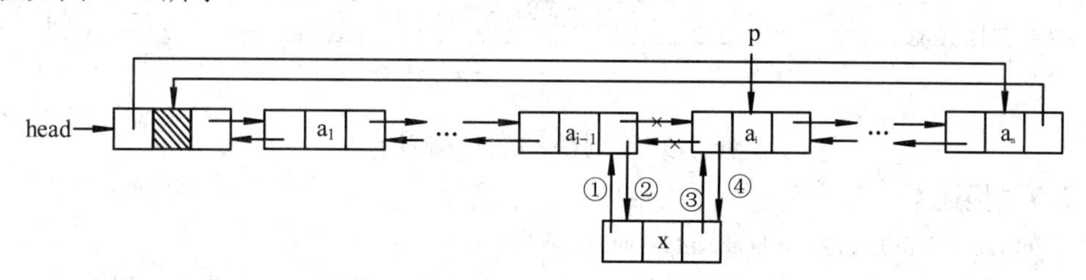

图 2-18　双向循环链表的插入操作

【算法描述】

```
int ListInsert(DLinkList head, int i, DataType x)
{   //在带头结点的双向循环链表 head 中第 i(1≤i≤n+1)个结点前插元素 x
    DLNode *p, *s;
```

```
    int j;
    p = head;
    j = 0;
    while(p->next != head && j < i)              //查找第 i 个结点，由 p 指向它
    {
        p = p->next;
        j++;
    }
    if(j != i)                                   //第 i 个结点不存在，不能插入
    {
        printf("插入位置参数出错!");
        return 0;
    }
    s = (DLNode *)malloc(sizeof(DLNode ));       //生成新结点并由指针 s 指向它
    s->data = x;
    s->prior = p->prior;                         //对应图 2-18①
    p->prior->next = s;                          //对应图 2-18②
    s->next = p;                                 //对应图 2-18③
    p->prior = s;                                //对应图 2-18④
    return 1;
}
```

2. 双向链表的删除

【算法思想】

与单链表不同，双向循环链表的删除操作指针 p 直接指向第 i 个结点，而不需要指向第 i−1 个结点(即直接前驱结点)，具体删除过程如图 2-19 所示。

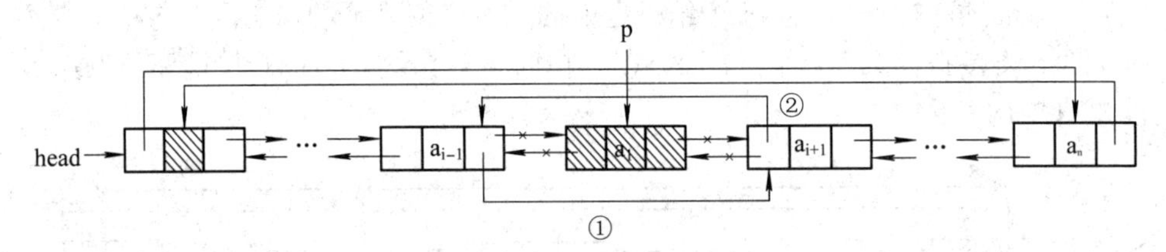

图 2-19　双向循环链表的删除操作

【算法描述】

```
int ListDelete(DLinkList head, int i, DataType *x)
{   //删除带头结点的双向循环链表 head 中第 i 个结点，并将其 data 域值由 x 带回
    DLNode *p;
    int j;
    p = head;
    j = 0;
```

```
    while(p->next != head && j<i)         //寻找第 i 个结点，由 p 指向它
    {
        p = p->next;
        j++;
    }
    if(j != i)
    {
        printf("删除位置参数出错!");
        return 0;
    }
    *x = p->data;                          //将删除元素的值赋给参数 x
    p->prior->next = p->next;              //对应图 2-19①
    p->next->prior = p->prior;             //对应图 2-19②
    free(p);
    return 1;
}
```

2.4.5 静态链表

前面介绍的链表都是由指针实现的，链表中结点空间的分配和回收都是动态的，称为动态链表。有时为了方便解决具体问题，会使用静态链表。静态链表是用数组实现的，每个数据元素除了存储数据信息外，还需存储下一个数据元素在数组中的位置。

图 2-20 所示为一个静态链表的例子，它表示线性表(A, B, C, D, E)的存储结构。其中，数组的 data 域存放数据元素值，数组的 next 域为该元素的后继元素在数组中的下标值，称为静态指针，因此称这种链表为静态链表。

静态链表可使用结构体数组描述如下：

```
typedef struct
{   DataType data;
    int next;
}SNode;                    //结点类型
SNode StaticList[MaxSize];
```

	data	next
0	A	2
1	E	−1
2	B	4
3	D	1
4	C	3
⋮	⋮	
MaxSize−1		

图 2-20 静态链表示意图

静态链表不仅可以存储线性结构，也可以存储如树、二叉树、图等非线性结构。当静态链表用于存储非线性结构时，通常需一个及以上的静态指针。

2.5 顺序表与链表的比较

前面介绍了线性表的 2 种存储结构：顺序表和链表，它们各有优缺点。不能笼统地说哪种存储结构更好，应该根据具体问题进行具体分析，通常从时间性能和空间性能两个方面进行比较分析。

1. 时间性能比较

顺序表是由数组实现的，它是一种随机存取结构，指定表中任意位置 i 均可在 O(1)时间内直接存取该位置的数据元素；而链表是一种顺序存取结构，按位置访问第 i 个元素时，只能从表头开始依次向后扫描，直到找到第 i 个位置上的元素，时间复杂度为 O(n)。因此若线性表的操作主要是进行查找，很少做插入和删除操作时，宜采用顺序表作为存储结构。

对于链表，当确定插入或删除位置后，插入或删除操作只需修改指针，无须移动数据元素，时间复杂度为 O(1)；而对于顺序表，进行插入或删除操作时，平均要移动表中近一半的结点，时间复杂度为 O(n)。尤其是当每个结点的信息量较大时，移动结点的时间开销就相当可观。因此，对于频繁进行插入或删除操作的线性表，宜采用链表作为存储结构。

2. 空间性能比较

顺序表的存储空间是预先分配的，在程序执行之前必须明确规定其存储规模。若线性表的长度 n 变化较大，则存储规模难于预先确定，估计过大将造成空间浪费，过小造成溢出。而链表无须为其预先分配空间，只要内存空间允许，则链表中的元素个数没有限制。

但链表的存储密度较低。**存储密度**是指一个结点中数据元素本身所占的存储单元数与整个结点结构所占的存储单元数之比。显然，顺序表的存储密度为 1，链表的存储密度小于 1。

因此，当线性表的长度变化不大，易于事先确定其大小时，为了节约存储空间，宜采用顺序表作为存储结构。

2.6　线性表的应用——有序表的合并

若线性表中的数据元素按值非递减或非递增有序排列，则称该线性表为有序表。

【例 2-4】 求解有序集合的并集问题。

有序集合是指集合中的元素有序排列。已知两个有序集合 A 和 B，数据元素按值非递减有序排列，现需求新的集合 C = A∪B，使集合 C 中的数据元素仍按值非递减有序排列。

例如：设 A = (3, 5, 7, 9)，B = (2, 4, 6, 8, 10, 12, 14)，则 C = (2, 3, 4, 5, 6, 7, 8, 9, 10, 12, 14)。

集合 A 和 B 可利用两个线性表 La 和 Lb 来分别表示，即线性表中的数据元素为集合中的成员。设 La 和 Lb 两个表长分别为 m 和 n，则合并后的新表 Lc 的表长应该为 m + n。Lc 中的数据元素或是 La 中的元素，或是 Lb 中的元素，因此只需逐个扫描并比较两个表中对应元素的大小，将 La 或 Lb 中的元素逐个插入到 Lc 中即可。

根据上述分析，下面分别给出有序表顺序存储结构和链式存储结构的合并算法的实现方法。

1. 顺序有序表的合并

【算法思想】

依次扫描 La 和 Lb 的元素，比较当前两个元素的值大小，取较小者插入 Lc 中，如此下去直到一个线性表扫描完毕；然后将未扫描完的线性表中剩余元素插入到 Lc 的后面即可。表 Lc 的容量必须能容纳 La、Lb 两个线性表中所有元素。

【算法描述】

```
void MergeSq(SeqList La, SeqList Lb, SeqList *Lc)
{ //合并有序顺序表 La 与 Lb 成为一个新的有序顺序表 Lc
    int i = 0, j = 0, k = 0;
    while(i<La.length && j<Lb.length)
    { //循环两两比较，小者存入 Lc 表
        if(La.list[i] <= Lb.list [j])
            Lc.list[k++] = La.list[i++];
        else Lc.list[k++] = Lb.list[j++];
    }
    while(i < La.length)                    //还剩一个没有比较完的顺序表
        Lc.list[k++] = La.list[i++];
    while(j < Lb.length)
        Lc.data[k++] = Lb.data[j++];
    Lc.length = La.length + Lb.length;
}
```

【算法分析】

若两个表长分别为 m 和 n，则合并算法循环执行的总次数最多为 m + n，因此算法的时间复杂度为 O(m + n)。在合并时，因需要开辟新的辅助空间，所以空间复杂度为 O(m + n)。

2. 链式有序表的合并

设两个线性表 La 和 Lb 采用链式存储结构的单链表头指针分别为 La 和 Lb，现要合并 La 和 Lb 到单链表 Lc。因为链表结点之间的关系是通过指针指向建立起来的，所以对链表进行合并时无须开辟新的存储空间，可以直接利用 La 和 Lb 两个表原来的存储空间，对其结点重新进行链接即可。

【算法思想】

为实现两个单链表的合并，需设立 3 个指针 pa、pb 和 pc，其中 pa 和 pb 分别指向 La 和 Lb 中当前元素结点(初始时指向表中首元结点)，pc 指向 Lc 中当前最后一个结点(Lc 的头结点设为 La 的表头结点)，初始时指向 Lc 的头结点。通过依次比较指针 pa 和 pb 所指向元素的值，选取两者较小值的结点插入到 Lc 的最后，当其中一个表为空时，只需将另一个表的剩余部分链接到 pc 所指结点之后即可，最后释放 Lb 的头结点。

【算法描述】

```
void MergeList(SLinkList La, SLinkList Lb, SLinkList *Lc)
{   //已知单链表 La 和 Lb 的元素按值非递减排列
    //归并 La 和 Lb 得到新的单链表 Lc，Lc 的元素也按值非递减排列
    SLNode *pa, *pb, *pc;
    pa = La->next; pb = Lb->next;   //pa 和 pb 分别指向两个表的第一个结点
    Lc = La;                        //用 La 的头结点作为 Lc 的头结点
    pc = Lc;                        //pc 的初值指向 Lc 的头结点
```

```
    while(pa && pb)
    { // La 和 Lb 均未到达表尾，依次摘取两表中值较小的结点插入到 Lc 的最后
        if(pa->data <= pb->data)      //摘取 pa 所指结点
        {
            pc->next = pa;            //将 pa 所指结点链接到 pc 所指结点之后
            pc = pa;                  //pc 指向 pa
            pa = pa->next;            //pa 指向下一结点
        }
        else                          //摘取 pb 所指结点
        {
            pc->next = pb;            //将 pb 所指结点链接到 pc 所指结点之后
            pc = pb;                  //pc 指向 pb
            pb = pb->next;            //pb 指向下一结点
        }
    }
    pc->next = pa?pa:pb;              //将非空表的剩余结点插入到 pc 所指结点之后
    free(Lb);                         //释放 Lb 的头结点
}
```

【算法分析】

可以看出，上述算法的时间复杂度和顺序有序表的合并算法的时间复杂度相同，但空间复杂度不同。两个链表合并为一个时，不需要另建新表的结点空间，而只需将原来两个链表中的结点关系解除，重新按元素值非递减的关系将所有结点链接成一个链表即可，所以空间复杂度为 O(1)。

2.7 实例分析与实现

在本章 2.1 节中引入了实例约瑟夫环问题，下面对该实例做进一步分析并给出其实现算法。

【实例分析】

由于约瑟夫环问题本身具有循环的特点，故采用循环单链表的数据结构，即将链表的尾元素指针指向头结点。每个结点的数据域包含一个人的编号和所持有的密码两部分信息。

实现该问题的算法基本思想如下：

(1) 建立 n 个元素的带头结点的循环单链表。

(2) 从链表的首元结点开始循环计数，寻找第 m 个结点。

(3) 输出该结点的编号值，将该结点的密码作为新的 m 值，删除该结点。

(4) 根据新的 m 值从下一结点开始重新循环计数，如此下去，直到链表空时循环结束。

约瑟夫环问题的实现算法如下：

【算法描述】

```
#include <stdio.h>
#include <stdlib.h>
typedef struct
{
    int id;                              //编号
    int password;                        //密码
} DataType;                              //个人信息的数据类型
typedef struct node
{
    DataType data;
    struct node *next;
} SCLNode;                               //链表结点结构定义
void SCLLInitiate(SCLNode **head)        //初始化循环单链表
{
    *head = (SCLNode *) malloc(sizeof(SCLNode));
    (*head)->next = *head;
}
int SCLLInsert(SCLNode *head, int i, DataType x)
{   /*链表中第 i 个位置前插入一个值为 x 的结点*/
    SCLNode *p, *q;
    int j;
    p = head; j = 0;
    while(p != head && j < i-1)
    {
        p = p->next;    j++;
    }
    if(j != i-1)
    {
        printf("插入位置参数错！");
        return 0;
    }
    q = (SCLNode *)malloc(sizeof(SCLNode));
    q->data = x;
    q->next = p->next;
    p->next = q;
    return 1;
}
int SCLLNotEmpty(SCLNode *head)
```

```
{ /*链表非空否*/
    if(head->next = = head)    return 0;
    else return 1;
}
void SCLLDeleteAfter(SCLNode *p)      //删除 p 指针所指结点的下一个结点
{
    SCLNode *q = p->next;
    p->next = p->next->next;
    free(q);
}
void JesephRing(SCLNode *head, int m)
{/*带头结点单循环链表 head，初始值为 m 的约瑟夫环问题实现函数*/
    SCLNode *pre, *curr;
    int i;
    pre = head;
    curr = head->next;
    while(SCLLNotEmpty(head) == 1)
    {
        for(i = 1; i < m; i++)
        {
            pre = curr;
            curr = curr->next;
            if(curr == head)
            {
                pre = curr;
                curr = curr->next;
            }
        }
        //输出出列人的信息
        printf(" %3d%7d \n", curr->data.id, curr->data. password);
        m = curr->data.password;            //将出列人手中的密码赋给 m
        curr = curr->next;
        if(curr == head) curr = curr->next;
        SCLLDeleteAfter(pre);               //删除 pre 所指结点的直接后继，即有人出列
    }
}
void main(void)
{
    DataType test[7] = {{1, 3}, {2, 1}, {3, 7}, {4, 2}, {5, 4}, {6, 8}, {7, 4}};
```

```
    int n = 7, m = 20, i;
    SCLNode *head;
    SCLLInitiate(&head);                    //初始化
    for(i = 1; i <= n; i++)                 //循环插入建立单循环链表
        SCLLInsert(head, i, test[i-1]);
    JesephRing(head, m);                    //调用约瑟夫环问题实现函数
}
```

测试数据为：n = 7，七个人的密码依次为 3, 1, 7, 2, 4, 8, 4，初始报数上限值 m = 20。

程序运行结果如下：

```
6    8
1    3
4    2
7    4
2    1
3    7
5    4
```

习 题 2

一、单项选择题

1. 顺序表中第一个元素的存储地址是 100，每个元素的长度为 2，则第 5 个元素的存储地址是(　　)。

A. 110　　　B. 108　　　C. 100　　　D. 120

2. 在 n 个元素的顺序表中，算法的时间复杂度是 O(1)的操作是(　　)。

A. 访问第 i 个元素(1≤i≤n)和求第 i 个元素的直接前驱(2≤i≤n)

B. 在第 i 个元素后插入一个新元素(1≤i≤n)

C. 删除第 i 个元素(1≤i≤n)

D. 将 n 个结点从小到大排序

3. 向一个有 127 个元素的顺序表中插入一个新元素并保持原来顺序不变，平均要移动的元素个数为(　　)。

A. 8　　　B. 63.5　　　C. 63　　　D. 7

4. 链式存储的存储结构所占存储空间(　　)。

A. 分两部分：一部分存放结点值，另一部分存放表示结点间关系的指针

B. 只有一部分，存放结点值

C. 只有一部分，存储表示结点间关系的指针

D. 分两部分：一部分存放结点值，另一部分存放结点所占单元数

5. 线性表若采用链式存储结构时，要求内存中可用存储单元的地址(　　)。

A. 必须是连续的　　　B. 部分地址必须是连续的

C. 一定是不连续的　　D. 连续或不连续都可以

6. 线性表 L 在(　　)情况下适用于使用链式结构实现。

A. 需经常修改 L 中的结点值　　B. 需不断对 L 进行删除插入

C. L 中含有大量的结点　　D. L 中结点结构复杂

7. 将两个各有 n 个元素的有序表归并成一个有序表，其最少的比较次数是(　　)。

A. n　　B. 2n−1　　C. 2n　　D. n−1

8. 在一个长度为 n 的顺序表中，在第 i 个元素($1 \leqslant i \leqslant n+1$)之前插入一个新元素时必须向后移动(　　)个元素。

A. n−i　　B. n−i+1　　C. n−i−1　　D. i

9. 线性表 L = (a_1, a_2, …, a_n)，下列说法正确的是(　　)。

A. 每个元素都有一个直接前驱和一个直接后继

B. 线性表中至少有一个元素

C. 表中诸元素的排列必须是由小到大或由大到小

D. 除第一个和最后一个元素外，其余每个元素都有一个且仅有一个直接前驱和直接后继

10. 创建一个包括 n 个结点的有序单链表的时间复杂度是(　　)。

A. O(1)　　B. O(n)

C. $O(n^2)$　　D. O(n lb n)

11. 在单链表中，要将 s 所指结点插入到 p 所指结点之后，其语句应为(　　)。

A. s->next = p+1; p->next = s;

B. (*p).next = s; (*s).next = (*p).next;

C. s->next = p->next; p->next = s->next;

D. s->next = p->next; p->next = s;

12. 在双向链表存储结构中，删除 p 所指的结点时修改指针的操作是(　　)。

A. p->next->prior = p->prior; p->prior->next = p->next;

B. p->next = p->next->next; p->next->prior = p;

C. p->prior->next = p; p->prior = p->prior->prior;

D. p->prior = p->next->next; p->next = p->prior->prior;

13. 在双向循环链表中，在 p 指针所指的结点后插入 q 所指向的新结点，其修改指针的操作是(　　)。

A. p->next = q; q->prior = p; p->next->prior = q; q->next = q;

B. p->next = q; p->next->prior = q; q->prior = p; q->next = p->next;

C. q->prior = p; q->next = p->next; p->next->prior = q; p->next = q;

D. q->prior = p; q->next = p->next; p->next = q; p->next->prior = q;

14.【2013 年统考真题】已知两个长度分别为 m 和 n 的升序链表，若将它们合并为一个长度为 m+n 的降序链表，则最坏情况下的时间复杂度是(　　)。

A. O(n)　　B. O(min)　　C. O(min(m，n))　D. O(max(m, n))

15.【2016 年统考真题】已知表头元素为 c 的单链表在内存中的存储状态如图 2-21 所示。

地址	元素	链接地址
1000H	a	1010H
1004H	B	100CH
1008H	C	1000H
100CH	D	NULL
1010H	e	1004H
1014H		

图 2-21　表头元素为 C 的单链表在内存中的存储状态

现将 f 存放于 1014H 处并插入到单链表中，若 f 在逻辑上位于 a 和 e 之间，则 a，e，f 的链接地址依次是(　　)。

A. 1010H，1014H，1004H　　B. 1010H，1004H，1014H

C. 1014H，1010H，1004H　　D. 1014H，1004H，1010H

二、应用题

1. 在顺序表中插入和删除一个结点需平均移动多少个结点？具体的移动次数取决于哪两个因素?

2. 在单链表和双向链表中，能否从当前结点出发访问到任一结点?

3. 在线性表的链式存储结构中，说明头指针与头结点之间的根本区别，头结点与首元结点的关系。

4. 为什么在循环单链表中设置尾指针比设置头指针更好?

5. 在单链表、双向链表和循环单链表中，若仅知道指针 p 指向某结点，不知道头指针，能否将指针 p 所指结点从相应的链表中删去? 若可以，则其时间复杂度各为多少?

三、算法设计题

1. 设计一个高效算法，将顺序表 L 的所有元素逆置，要求算法的空间复杂度为 0(1)。

2. 对长度为 n 的顺序表 L，找出该顺序表中值最小的数据元素。

3. 在带头结点的单链表 L 中，删除所有值为 x 的结点，并释放其空间，假设值为 x 的结点不唯一，试编写算法实现上述操作。

4. 设 L 为带头结点的单链表，编写算法实现从尾到头反向输出每个结点的值。

5. 将两个递增的有序链表合并为一个递增的有序链表。要求结果链表仍使用原来两个链表的存储空间，不另外占用其他的存储空间。表中不允许有重复的数据。

6. 将两个非递减的有序链表合并为一个非递增的有序链表。要求结果链表仍使用原来两个链表的存储空间，不另外占用其他的存储空间。表中允许有重复的数据。

7. 已知两个链表 A 和 B 分别表示两个集合，其元素递增排列。请设计算法求出 A 与 B 的交集，并存放于 A 链表中。

8. 已知两个链表 A 和 B 分别表示两个集合，其元素递增排列。请设计算法求出两个集合 A 和 B 的差集(即仅由在 A 中出现而不在 B 中出现的元素所构成的集合)，并以同样的形式存储，同时返回该集合的元素个数。

9. 设计算法将一个带头结点的单链表 A 分解为两个具有相同结构的链表 B、C，其中

B 表的结点为 A 表中值小于零的结点，而 C 表的结点为 A 表中值大于零的结点(链表 A 中的元素为非零整数，要求 B、C 表利用 A 表的结点)。

10. 设计一个算法，通过一趟遍历在单链表中确定值最大的结点。

11. 设计一个算法，删除递增有序链表中值大于 mink 且小于 maxk 的所有元素(mink 和 maxk 是给定的两个参数，其值可以和表中的元素相同，也可以不同)。

12. 已知 p 指向双向循环链表中的一个结点，其结点结构为 data、prior、next 三个域，写出算法 change(p)，交换 p 所指向的结点和它的直接前驱结点的顺序。

13. 已知长度为 n 的线性表 A 采用顺序存储结构，请写一时间复杂度为 O(n)、空间复杂度为 O(1)的算法，该算法删除线性表中所有值为 item 的数据元素。

14. 【2009 年统考真题】 已知一个带有表头结点的单链表，结点结构如下：

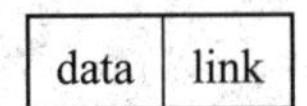

假设该链表只给出了头指针 list，在不改变链表的前提下，请设计一个尽可能高效的算法，查找链表中倒数第 k 个位置上的结点(k 为正整数)。若查找成功，算法输出该结点的 data 域的值，并返回 1；否则，只返回 0。要求：

(1) 描述算法的基本设计思想。

(2) 描述算法的详细实现步骤。

(3) 根据设计思想和实现步骤，采用程序设计语言描述算法(使用 C、C++ 或 Java 语言实现)，关键之处请给出简要注释。

四、上机实验题

1. 实现顺序表的各种基本操作的算法。

实验目的：

领会顺序表存储结构和掌握顺序表的各种基本操作的算法设计。

实验内容：

编写实现顺序表 L 的各种基本操作和建表的算法，并在此基础上设计一个主函数完成以下功能：

(1) 依次插入元素 a、b、c、d、e。

(2) 输出顺序表 L 及其长度。

(3) 输出顺序表 L 的第 3 个元素。

(4) 在第 4 个元素位置上插入元素 f。

(5) 输出顺序表 L。

(6) 删除顺序表 L 的第 3 个元素。

(7) 输出顺序表 L。

2. 循环单链表的实现。

实验目的：

(1) 掌握循环单链表的 C 语言定义方法。

(2) 掌握循环单链表基本操作的算法实现。

实验内容：

(1) 设计循环单链表的基本操作(包括初始化，求数据元素个数，插入、删除、取数据元素)的实现算法。

(2) 设计一个主函数对上述算法进行调用运行，验证所设计算法的正确性。

3. 求两个多项式的相加运算。

实验目的：

深入掌握单链表应用的算法设计。

实验内容：

编写一个程序，用单链表存储一元多项式，并实现两个多项式的相加运算。

4. 求两个多项式的相乘运算。

实验目的：

深入掌握单链表应用的算法设计。

实验内容：

编写一个程序，用单链表存储一元多项式，并实现两个多项式的相乘运算。

第 3 章　栈和队列

第 2 章介绍了线性表的概念，从数据结构角度看，栈和队列也是线性表，只不过是两种特殊的线性表。其特殊性在于栈和队列限制了插入和删除等操作的位置，因此可称为操作受限的线性表。从数据类型的角度来看，栈和队列是与线性表不同的抽象数据类型，广泛应用于各类软件系统中。本章主要介绍栈和队列的定义、存储结构及操作的实现，最后给出实例分析与实现。

3.1　实例引入

栈和队列是两种重要的线性结构，栈被广泛应用于编译软件和程序设计语言中，队列则被广泛应用于操作系统和事务管理中。通常在实际问题的处理过程中，有些数据具有后到先处理或先到先处理的特点，例如下面几个典型实例。

【例 3-1】 括号匹配问题。

假设表达式中包含三种括号：圆括号、方括号和花括号，它们可互相嵌套，如([{ }]([]))或({([][()])})等均为正确的格式，而{[]})}或{[()]或([]}均为不正确的格式。如何判断给定表达式中所含括号是否正确配对呢？通常括号配对原则是：任何一个右括号都与其前面最近的尚未配对的左括号相配对。例如，括号序列如下：

[　(　[　[　]　]　)　]
1　2 3　4 5 6 7　8

采用顺序扫描表达式，当扫描到右括号(即第 5 个)时，需要查找已扫描过的最后一个尚未配对的左括号(即第 4 个)进行配对；当扫描第 6 个括号时，与其配对的是第 3 个括号，以此类推。显然，该过程具有后到先处理(即最后扫描的左括号最先配对)的特点。

【例 3-2】 表达式求值问题。

表达式求值是高级语言编译系统中的一个基本问题，其实现是栈应用的一个典型实例。算符优先法是一种简单直观、广为使用的表达式求值算法。要将一个表达式翻译成能正确求值的计算机指令序列或直接对表达式求值，首先要能正确解释表达式。算符优先法就是根据算术四则运算规则确定的运算优先关系，实现对表达式编译或解释执行。

在表达式计算中，先出现的运算符不一定先运算，具体运算顺序需要通过比较运算符的优先关系来定，这需要借助栈来完成。将扫描到暂时不能进行运算的运算符和操作数先压入运算符和操作数栈，待需要运算时再从栈中弹出来。

【例 3-3】 打印机任务管理问题。

一个局域网上有若干台计算机，为了节约资源只安装了一台共享的打印机，网上每个用户都可以将数据发送给打印机进行打印，当同时有多个用户需要打印时，如何管理多个打印任务。

为了保证多个用户能够正常打印，需要设计一个管理器对打印机的打印任务进行管理。通常打印机是按照先来先服务(即先来的任务先打印)的模式处理打印任务，当一个打印任务已占用打印机时，新来的打印任务只能排队等候。因此，打印任务管理器可采用队列结构来管理每个打印任务的排队顺序，并逐个提取任务进行打印。

【例 3-4】 舞伴问题。

假设在周末舞会上，男士们和女士们进入舞厅时各自排成一队，跳舞开始时，依次从男队和女队的队头上各出一人配成舞伴。若两队初始人数不相同，则较长的那一队中未配对者等待下一轮舞曲。现要求编写一算法模拟上述舞伴配对问题。

该问题中，先入队的男士或女士应先出队配成舞伴，因此，此问题具有典型的先进先出特性，可采用队列作为算法的数据结构来实现。

以上实例的具体实现将在本章 3.5 节详细介绍。

3.2 栈

3.2.1 栈的定义和基本操作

栈(Stack)是一种只允许在表的一端进行插入和删除操作的线性表。通常将表中允许进行插入和删除操作的一端称为**栈顶**(Top)，另一端称为**栈底**(Bottom)。栈的插入操作通常称为**进栈**或**入栈**，删除操作称为**出栈**或**退栈**。当栈中没有元素时称为**空栈**。根据栈的定义，每次进栈的元素都被放在原栈顶元素之上而成为新的栈顶，而每次出栈的总是当前栈中最新的元素，即最后进栈的元素。栈具有后进先出的特性，因此又称为后进先出(Last In First Out，LIFO)的线性表。

假设栈 $S = (a_1, a_2, \cdots, a_n)$，则称 a_1 为栈底元素，a_n 为栈顶元素，栈中元素按照 $a_1, a_2, \cdots, a_n$ 顺序进栈，而退栈的第一个元素应为栈顶元素 a_n。图 3-1(a)所示为栈的示意图。在日常生活中也有很多栈的例子，如铁路调度站(见图 3-1(b))、食堂里叠在一起的盘子，要从一叠盘子中取出或放入一个盘子，只有在其顶部操作才是最方便的。

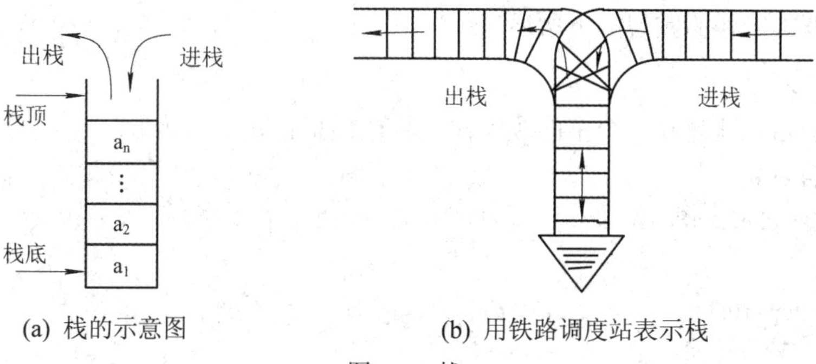

(a) 栈的示意图 (b) 用铁路调度站表示栈

图 3-1 栈

栈的基本操作有以下几种：

(1) 初始化 StackInitiate(S)：初始化新的栈 S。

(2) 非空否 StackNotEmpty(S)：判断栈 S 是否非空。

(3) 入栈 StackPush(S, x)：在栈 S 的顶部插入元素 x。

(4) 出栈 StackPop(S, d)：删除栈 S 的顶部元素，并用 d 返回其值。

(5) 取栈顶元素 StackGetTop(S, d)：取栈 S 的顶部元素，并用 d 返回其值。

与线性表类似，栈也可采用顺序存储结构和链式存储结构进行存储。

3.2.2 栈的顺序存储和实现

利用顺序存储结构实现的栈称为**顺序栈**，即顺序栈利用一组地址连续的存储单元依次存放自栈底到栈顶的数据元素。与顺序表类似，顺序栈中的数据元素用一个预设长度足够大的一维数组来实现：DataType stack[MaxStackSize]。由于栈操作的特殊性，还必须附设一个指针 top 指示当前栈顶的位置。通常以 top = 0 表示空栈。顺序栈的定义如下：

```
#define MaxStackSize <顺序栈最大元素个数>
typedef struct
{
    DataType stack[MaxStackSize];
    int top;
}SeqStack;
```

栈顶指针 top 初值指向栈底，每当入栈时，指针 top 加 1；出栈时，指针 top 减 1。栈操作的示意图如图 3-2 所示。可以看出，栈非空时，top 始终指向栈顶元素的上一个位置。

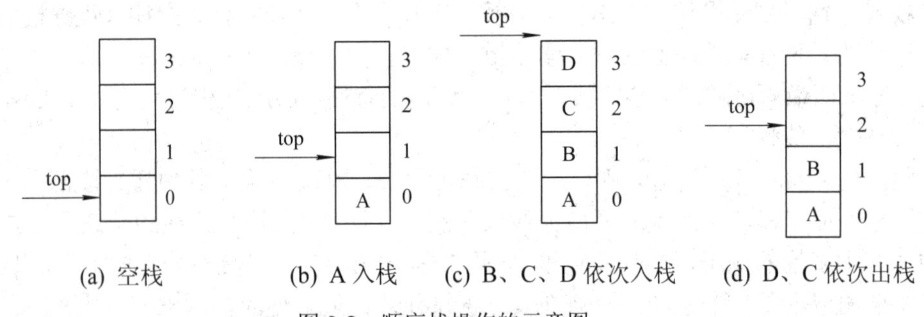

图 3-2 顺序栈操作的示意图

顺序栈基本操作的实现如下所述。

1. 初始化

顺序栈初始化即建立一个空的顺序栈，将栈顶指针初始化为 0。

【算法描述】

```
void StackInitiate(SeqStack *S)      //初始化顺序堆栈 S
{
    S->top = 0;                      //定义初始栈顶值
}
```

2. 判非空

【算法思想】

顺序栈判非空操作只需判断 top 是否等于 0。

【算法描述】

```
int StackNotEmpty(SeqStack S)
{   //判断顺序栈 S 是否非空，非空则返回 1，否则返回 0
    if(S.top = = 0)  return 0;
    else   return 1;
}
```

3. 入栈

入栈操作是指栈顶插入一个新元素。

【算法思想】

先判断栈是否满，若满则返回 0，否则将新元素压入栈顶，栈顶指针加 1。

【算法描述】

```
int StackPush(SeqStack *S, DataType x)
{   //把数据元素值 x 压入顺序栈 S，入栈成功则返回 1，否则返回 0
    if(S->top = MaxStackSize)
    {
        printf("栈已满，无法插入! \n");
        return 0;        }
    else {
         S->stack[S->top] = x;               //元素 x 压入栈顶
         S->top ++;                          //栈顶指针 top 加 1
         return 1;
    }
}
```

4. 出栈

出栈操作是将栈顶元素删除。

【算法思想】

先判断栈是否空，若空则返回 0；否则将栈顶指针减 1，栈顶元素出栈。

【算法描述】

```
int StackPop(SeqStack *S, DataType *d)
{   //弹出栈 S 的栈顶元素，用 d 返回其值，出栈成功则返回 1，否则返回 0
    if(S->top <= 0)
    {
        printf("栈已空，无元素出栈! \n");
        return 0;
    }
```

```
        else {
            S->top --;                    //栈顶指针 top 减 1
            *d = S->stack[S->top];        //将栈顶元素赋给 d
            return 1;
        }
    }
```

5. 取栈顶元素

【算法思想】

先判断栈是否空，若空则返回 0；否则返回当前栈顶元素的值，栈顶指针保持不变。

【算法描述】

```
int StackGetTop(SeqStack S, DataType *d)
{   //取栈 S 当前栈顶元素值存入 d 中，成功则返回 1，否则返回 0
    if(S.top = 0)
    {
        printf("栈已空! \n");
        return 0;   }
    else {
            *d = S.stack[S.top - 1];      //栈顶元素赋给 x，栈顶指针不变
            return 1;
        }
    }
}
```

上述实现顺序栈所有操作的算法中均没有循环语句，因此，顺序栈所有操作的时间复杂度均为 O(1)。

3.2.3　栈的链式存储和实现

采用链式存储结构实现的栈称为**链栈**。通常链栈用单链表来表示，如图 3-3 所示。链栈的结点结构与单链表的结构相同，在此用 LSNode 表示，定义如下：

```
typedef struct snode
{
    DataType data;
    struct snode * next;
}LSNode, *LinkStack;
```

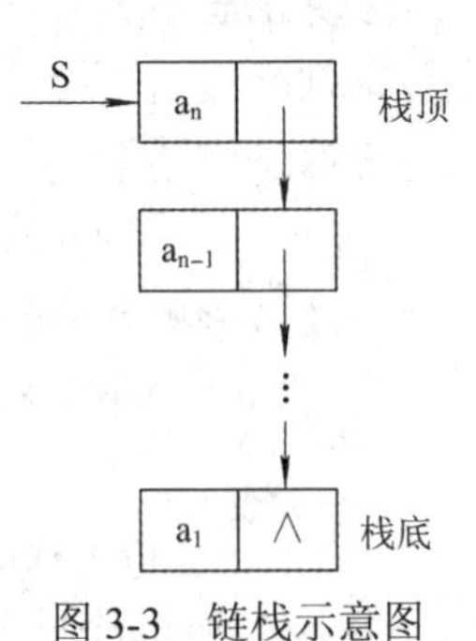

图 3-3　链栈示意图

由于栈只能在栈顶进行插入或删除操作，显然以链表的头部作为栈顶是最方便的，而且没必要像单链表那样为了操作方便附加一个头结点。

链栈基本操作的实现如下所述。

1. 初始化

链栈初始化就是建立一个空栈，由于链栈不带头结点，因此，只需将栈顶指针 s 置空即可。

【算法描述】

```
void StackInitiate(LinkStack *s)
{
    *s = NULL;
}
```

2. 判非空

链栈的判非空只需判断栈顶指针 s 是否等于 NULL。

【算法描述】

```
int StackNotEmpty(LinkStack s)
{   if(s = = NULL) return 0;                    //栈空则返回 0
    else return 1;
}
```

3. 入栈

与顺序栈的入栈操作不同，链栈不需要先判断栈是否满，只需为入栈元素申请新的结点空间。

【算法思想】

(1) 为入栈元素 x 申请新的结点空间，用指针 p 指向。

(2) 将新结点数据域置为 x。

(3) 将新结点插入栈顶。

(4) 修改栈顶指针为 p。

【算法描述】

```
void StackPush(LinkStack *s，DataType x)
{   //在栈顶插入元素 x
    LSNode *p;
    p = (LSNode *) malloc(sizeof(LSNode))    //申请新的结点空间
    p->data = x;                             //将新结点数据域置为 x
    p->next = *s;                            //新结点链入栈顶
    *s = p;                                  //修改栈顶指针为 p
}
```

4. 出栈

与顺序栈一样，链栈出栈前也需判断栈是否为空；此外，链栈在出栈后必须释放原栈顶的结点空间。

【算法思想】

(1) 判断栈是否为空，若空则返回 0。

(2) 临时保存栈顶元素的空间，以备释放。

(3) 修改栈顶指针，指向新的栈顶元素。

(4) 将栈顶元素赋给 d。

(5) 释放原栈顶元素的空间。

【算法描述】

```
int StackPop(LinkStack *s, DataType *d)
{   //删除 s 的栈顶元素，用 d 返回其值
    LSNode *p;
    if(s == NULL)
    {   printf("堆栈已空！");
        return 0;
    }
    p = s;                    //用 p 临时保存栈顶元素空间，以备释放
    s = s->next;              //修改栈顶指针
    *d = p->data;             //原栈顶元素赋予 d
    free(p);                  //释放原栈顶结点空间
    return 1;
}
```

5. 取栈顶元素

与顺序栈一样，当链栈非空时返回当前栈顶元素的值，栈顶指针保持不变。

【算法描述】

```
int StackGetTop(LinkStack s, DataType *d)
{
    if(s == NULL)
    {
        printf("堆栈已空！");
        return 0;
    }
    *d = s->data;
    return 1;
}
```

3.3 栈与递归

栈的一个重要应用是在程序设计语言中实现递归。**递归**即在定义自身的同时又出现了对自身的调用。如果一个函数在其定义体内直接调用自己，则称其为**直接递归函数**；如果一个函数经过一系列的中间调用语句，通过其他函数间接调用自己，则称其为**间接递归函数**。递归是程序设计中一个强有力的工具。递归算法常常比非递归算法更易设计，尤其是当问题本身或所涉及的数据结构是递归定义时，使用递归算法特别合适。为了使读者增强理解和设计递归算法的能力，本节将介绍栈在递归算法实现过程中的作用。

3.3.1 具有递归特性的问题

现实中有许多问题具有固有的递归特性。

1. 定义是递归的

很多数学函数是递归定义的，如阶乘函数：

$$\mathrm{Fact}(n)=\begin{cases}1 & (n=0)\\ n*\mathrm{Fact}(n-1) & (n>0)\end{cases} \tag{3-1}$$

二阶 Fibonacci 数列：

$$\mathrm{Fib}(n)=\begin{cases}0 & (n=0)\\ 1 & (n=1)\\ \mathrm{Fib}(n-1)+\mathrm{Fib}(n-2) & (n>1)\end{cases} \tag{3-2}$$

对于式(3-1)中阶乘函数，可使用递归过程来求解。

```
long Fact(long n)
{   if(n = = 0)    return 1;                    //递归终止的条件
    else return n* Fact(n-1)                    //递归调用
}
```

图 3-4 所示描述了主程序调用函数 Fact(4)的执行过程。在函数体中，else 语句以参数 3、2、1、0 执行递归调用。最后一次递归调用的函数因参数 n = 0 执行 if 语句，递归终止，逐步返回，返回时依次计算 1 × 1、2 × 1、3 × 2、4 × 6，最后将计算结果 24 返回给主程序。

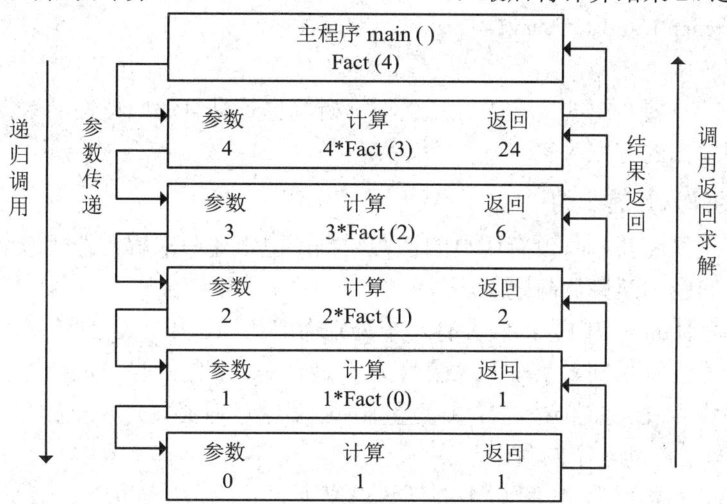

图 3-4 求解 4！的过程

类似地，式(3-2)中的 Fibonacci 数列可用递归程序描述如下：

```
long Fib(int n)
{
    if(n = = 0 || n = = 1) return n;             //递归出口
    else return Fib(n-1) + Fib(n-2);             //递归调用
}
```

对于这种复杂问题，可分解成几个相对简单且解法相同或类似的子问题来求解，该法称为递归求解。例如，图 3-4 中计算 4！时先计算 3！，然后再进一步分解进行求解，这种分解-求解的策略叫作分治法。

采用分治法进行递归求解的问题需要满足以下 3 个条件：

(1) 问题可以转化为若干个规模较小的子问题来求解，而这些子问题与原问题的解法相同或类同。

(2) 问题的规模缩小到一定程度就可直接求解。

(3) 必须有一个明确的递归出口或称递归的边界。

2. 数据结构是递归的

有些数据结构是递归的。例如，单链表就是一种递归的数据结构，其结点 SLNode 的定义由数据域 data 和指针域 next 组成，而指针域 next 是一种指向自身 SLNode 类型结点的指针，因为 SLNode 的定义中用到了它自身，所以它是一种递归数据结构。

对于递归数据结构，采用递归的方法实现算法既方便又有效。例如求一个不带头结点的单链表 L 的所有 data 域(假设为 int 型)之和的递归算法如下：

```
int Sum(SLNode *L)
{
    if(L == NULL)
        return 0;
    else
        return(L -> data+ Sum(L-> next));
}
```

在后面章节将要介绍的广义表、二叉树、树等也是具有递归特性的数据结构，其相应算法也可采用递归的方法来实现。

3. 问题的解法是递归的

有一类问题虽然其本身没有明显的递归结构，但用递归求解比迭代求解更简单，如著名的 Hanoi 塔问题、八皇后问题等。

例如，n 阶 Hanoi 塔问题：假设有三个分别命名为 A、B 和 C 的塔座，在塔座 A 上插有 n 个直径大小各不相同、从小到大编号为 1，2，…，n 的圆盘。现要求将塔座 A 上的 n 个圆盘移至塔座 C 上，并仍按同样顺序叠排，圆盘移动时必须遵循下列原则：

(1) 每次只能移动一个圆盘。

(2) 圆盘可以插在 A、B 和 C 中的任一塔座上。

(3) 任何时刻都不能将一个较大的圆盘压在较小的圆盘之上。

【算法思想】

当 n = 1 时，则将这个圆盘直接从塔座 A 移到塔座 C 上；否则，执行以下 3 步：

(1) 用 C 柱作辅助，将 A 柱上编号为 1 至 n−1 的圆盘移到 B 柱上。

(2) 将 A 柱上编号为 n 的圆盘直接移到 C 柱上。

(3) 用 A 作辅助，将 B 柱上编号为 1 至 n−1 的圆盘移到 C 上。

这样把移动 n 个圆盘的任务转化成为移动 n−1 个圆盘的任务；同样的道理，移动 n−1

个圆盘的任务又可转化成为移动 n-2 个圆盘的任务，以此类推，直到转化为移动一个圆盘，问题便得到解决。

图 3-5 所示为 4 个圆盘 Hanoi 塔问题的递归求解示意图。

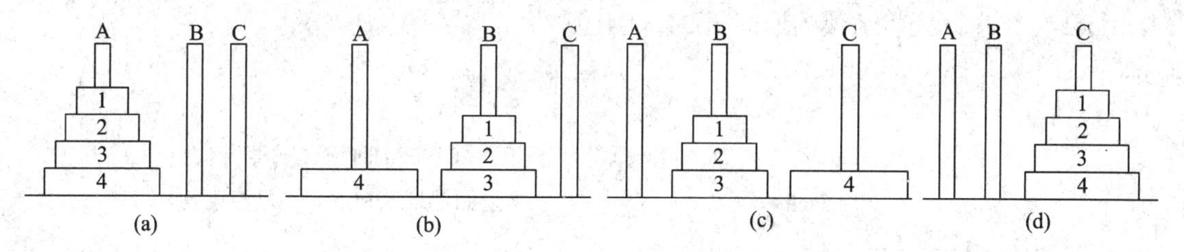

图 3-5　Hanoi 塔问题的递归求解示意图

【算法描述】

```
void Hanoi(int n, char A, char B, char C)
{ //将塔座 A 上的 n 个圆盘按规则搬到 C 上，B 作辅助
    if(n == 1)                              //只有一个圆盘直接从 A 移到 C
        printf("Move disk 1 from %c to %c\n", A, C);
    else{
        Hanoi(n-1, A, C, B);                //借助 C，将 A 上编号为 1 至 n-1 的圆盘移至 B
        printf("Move disk %d from %c to %c\n", n, A, C);        //将圆盘 n 由 A 移至 C
        Hanoi(n-1, B, A, C);                //借助 A，将 B 上编号为 1 至 n-1 的圆盘移至 C
    }
}
```

显然，Hanoi 塔算法是一个递归函数，在函数执行过程中需多次调用自己。

3.3.2　递归工作栈

一个递归函数在执行过程中需多次进行自我调用。为了保证递归过程每次调用和返回的正确执行，必须解决调用时的参数传递和返回地址的问题。因此，在每次递归过程调用时，系统必须完成 3 件事：

(1) 将所有的实参、返回地址等信息传递给被调用函数保存。

(2) 为被调用函数的局部变量分配存储区。

(3) 将控制转移到被调用函数的入口。

而从被调用函数返回调用函数之前，也需要完成 3 件工作：

(1) 保存被调用函数的计算结果。

(2) 释放被调用函数的数据区。

(3) 依照被调用函数保存的返回地址将控制转移到调用函数。

当递归函数调用时，应按照后调用先返回的原则处理调用过程。因此，上述函数之间的信息传递和控制转移必须借助一个递归工作栈来实现。

每一层递归调用所需保存的信息构成一个工作记录，其中包括所有的实参、所有的局部变量以及上一层的返回地址。每进入一层递归，就产生一个新的工作记录压入栈顶；每退出一层递归就从栈顶弹出一个工作记录。因此，栈顶的工作记录必定是当前正在执行层的工作记录，所以又称之为**活动记录**。

下面以图 3-4 所示的计算 Fact(4)的过程为例，介绍递归过程中递归工作栈和活动记录的使用。最初的 Fact(4)由下面的主函数 main()进行调用，当函数运行结束后控制返回到 RetLoc1 处，在此处将函数的返回值 24(即 4!)赋给 n。

```
        void main()
        {
            long n;                          //调用 Fact(4)时记录进栈
            n = Fact(4);                     //返回地址 RetLoc1 在赋值语句
RetLoc1 ——————↑
        }
```

为便于说明将阶乘函数算法改为

```
          long Fact(long n)
          {
              long temp;
              if(n = = 0) return 1;          //活动记录退栈
              else temp = n* Fact(n-1)       //活动记录进栈
RetLoc2 ——————————————————↑                  //返回地址 RetLoc2 在计算语句处
              return temp;                   //活动记录退栈
          }
```

就 Fact 函数而言，每一层递归调用所创建的活动记录由三部分组成：实际参数值 n 的副本、返回上一层的指令地址和局部变量存储单元 temp，如图 3-6(a)所示。

Fact(4)的执行启动了 5 个函数的调用。图 3-6(b)描述了每一次函数调用时的活动记录。主函数外部调用的活动记录在栈的底部，随内部调用一层层地进栈。递归结束条件出现于函数 Fact(0)的内部，从此开始连串地返回语句。退出栈顶的活动记录，控制按返回地址转移到上一层调用递归过程处。

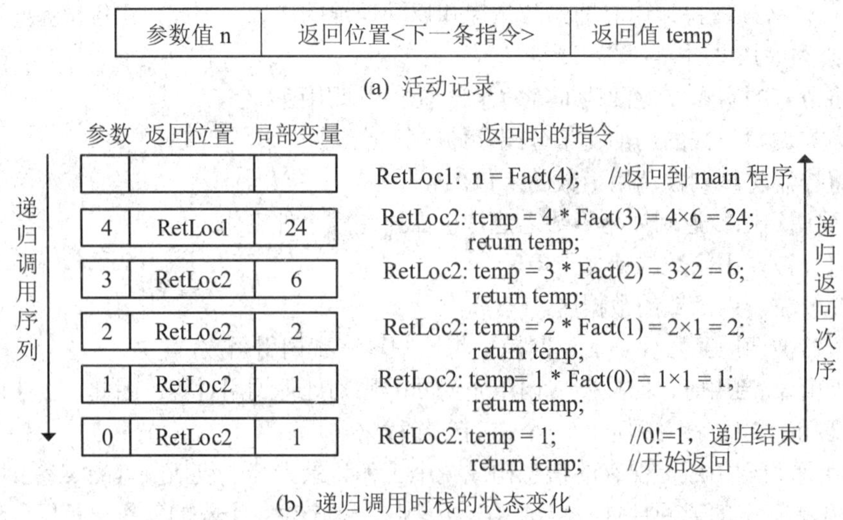

(a) 活动记录

(b) 递归调用时栈的状态变化

图 3-6　求解 Fact 时活动记录的内容

3.4 队 列

3.4.1 队列的定义和基本操作

队列(Queue)是一种只允许在表的一端进行插入操作，而在另一端进行删除操作的线性表。允许插入的一端称为**队尾**(rear)，允许删除的一端则称为**队头**(front)。当队列中没有元素时称为**空队列**。根据队列的定义，每次入队列的元素都放在原队尾数据元素之后成为新的队尾元素，而每次出队的数据元素都是当前队头元素。这样，最先入队列的元素总是最先出队列，队列具有先进先出的特性，因此又称为**先进先出**(First In First Out，FIFO)的线性表。

假设队列为 $q = (a_1, a_2, \cdots, a_n)$，则称 a_1 为队头元素，a_n 为队尾元素。队列中的元素是按照 $a_1, a_2, \cdots, a_n$ 的顺序进入的，出队列也按照同样的次序依次退出。图 3-7 所示为队列示意图。

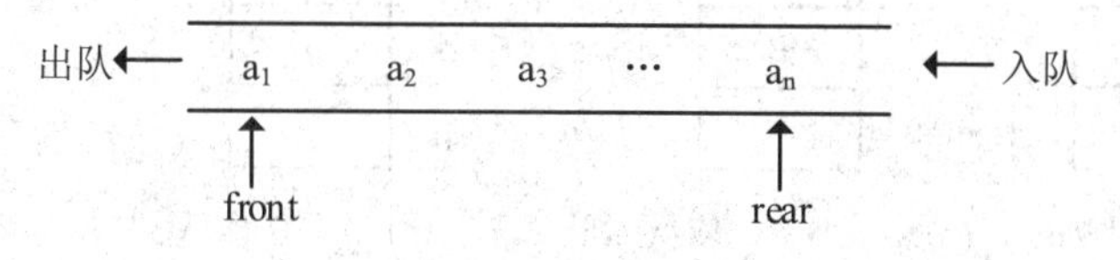

图 3-7 队列示意图

在日常生活中队列很常见，如排队就餐、购物等。队列在计算机系统中的应用也很广泛，例如操作系统中的作业排队。在多道程序运行的计算机系统中，同时有多个作业运行，其运行的结果都需要通过通道输出，若通道尚未完成输出，则后来的作业应排队等待。每当通道完成输出时，则从队列的队头退出作业进行输出操作，凡是申请该通道输出的作业都从队尾进入该队列等待。

队列的基本操作如下：

(1) 初始化 QueueInitiate(Q)：初始化一个新队列 Q。

(2) 非空否 QueueNotEmpty(Q)：判断队列 Q 非空否。

(3) 入队列 QueueAppend(Q, x)：在队列 Q 尾部插入元素 x。

(4) 出队列 QueueDelete(Q, d)：删除队列 Q 的队头元素，并用 d 返回其值。

(5) 取队头元素 QueueGetFront(Q, d)：取队列 Q 的队头元素并用 d 带回。

3.4.2 循环队列

与线性表、栈类似，队列也有顺序存储和链式存储两种存储方法。采用顺序存储结构的队列称为**顺序队列**。与顺序栈类似，顺序队列利用一组地址连续的存储单元依次存放队列中的元素。通常使用一维数组作为队列的顺序存储空间，另外再设两个指示器 front 和 rear 分别指示队头元素和队尾元素的位置。顺序队列的存储结构表示如下：

```
#define MaxQueueSize<顺序队列最大元素个数>
typedef struct
```

```
{
    DataType queue[MaxQueueSize];
    int front;                        //队头指针
    int rear;                         //队尾指针
} SeqQueue
```

为了在 C 语言中描述方便，在此约定：初始化队列时，空队列的 front = rear = 0，当插入新的数据元素时，尾指针 rear 加 1；当队头元素出队列时，头指针 front 加 1。另外还约定：在非空队列中，头指针始终指向队头元素，而尾指针始终指向队尾元素的下一个位置，如图 3-8 所示。

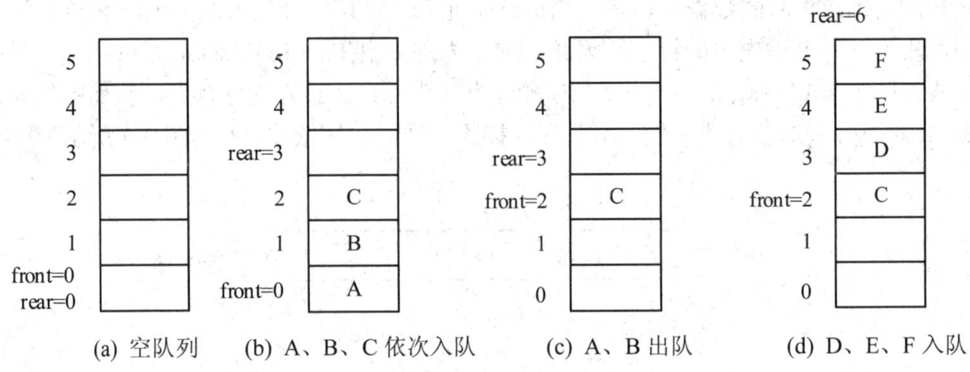

(a) 空队列　(b) A、B、C 依次入队　(c) A、B 出队　(d) D、E、F 入队

图 3-8　顺序队列操作示意图

假设当前队列分配的最大空间 MaxQueueSize = 6，从图 3-8 可以看出，随着入队、出队操作的进行，会使整个队列整体向后移动。由此出现图 3-8(d)所示的状态：队尾指针已经移到最后，不可再插入新的队尾元素，否则会出现溢出现象，即因数组越界而导致程序的非法操作错误。而事实上此时队列的实际空间并未占满，这种现象称为**假溢出**。这是由队尾入队，队头出队这种受限制的操作造成的。

解决假溢出的方法之一是将队列的存储空间从逻辑上看成是头尾相接的循环结构，即队列最后一个单元的后继为第一单元，这样整个队列像一个环，称之为**循环队列**，如图 3-9 所示。

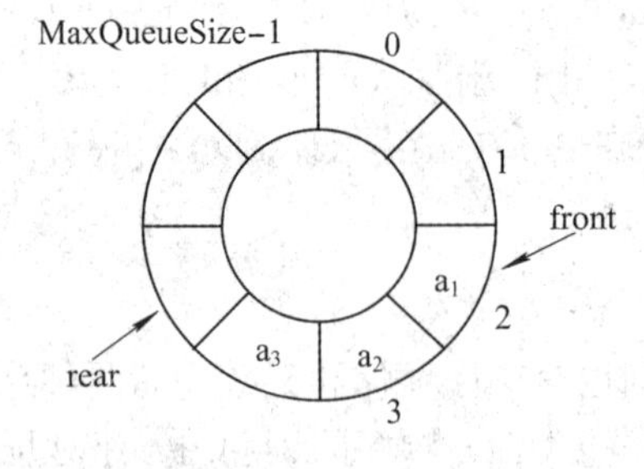

图 3-9　循环队列示意图

头指针 front、尾指针 rear 的关系不变，只是当 rear 和 front 达到 MaxQueueSize−1 后，再前进一个位置就自动到 0。这样，就不会出现顺序队列数组的头部已空出许多存储单元，但队列的队尾指针却因数组下标越界而引起假溢出的问题。

对于循环队列，头尾相接的循环结构可以利用取模(或称求余)运算来实现。入队时的

队尾指针加 1 操作修改为

```
Q.rear = (Q.rear + 1) % MaxQueueSize;
```

出队时的队头指针加 1 操作修改为

```
Q.front = (Q.front + 1) % MaxQueueSize;
```

设循环队列的 MaxQueueSize = 6，有 3 个元素的循环队列状态如图 3-10(a)所示。此时队头指针 front = 3，队尾指针 rear = 0；当数据元素 a_6、a_7 和 a_8 相继入队后，队列空间被占满，如图 3-10(b)所示，此时 front = rear；若在图 3-10(a)情况下，a_3、a_4 和 a_5 依次出队，此时队空，也有 front = rear，如图 3-10(c)所示。显然，上述循环队列中队空、队满的条件相同，这将导致算法设计时无法区分队空和队满的问题。

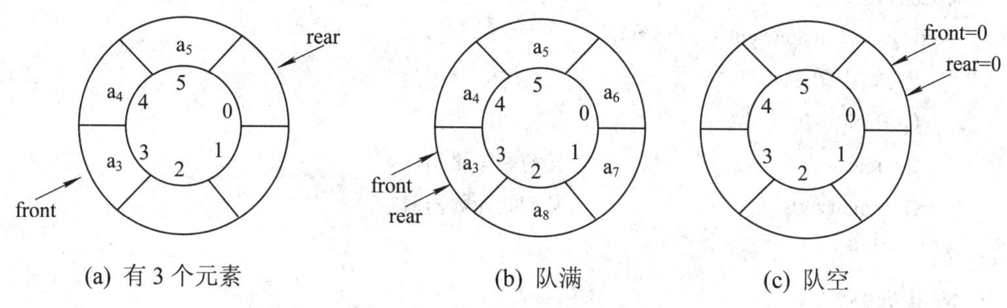

图 3-10　循环队列操作示意图

解决循环队列的队空和队满状态判断的问题通常有以下 3 种方法：

(1) 少用一个元素空间，即以队尾指针 rear 加 1 等于队头指针 front 时认为队满。此时队满的条件如下：

```
(rear + 1) % MaxQueueSize = = front
```

队空的条件如下：

```
rear == front
```

(2) 设置一个标志位。假设标志位为 tag，初始时置 tag = 0；每当入队操作成功时置 tag = 1；每当出队操作成功时置 tag = 0。此时队空的条件如下：

```
rear = = front & tag = = 0
```

队满的条件如下：

```
rear = = front & tag = = 1
```

(3) 设置一个计数器记录队列中元素个数。假设计数器为 count，初始时置 count = 0；每当入队操作成功时 count 加 1；每当出队操作成功时 count 减 1。此时队空的条件如下：

```
count = = 0
```

队满的条件如下：

```
count>0 && rear = = front
```

或

```
count = = MaxQueueSize
```

下面采用第三种方法来实现循环队列的基本操作。

循环队列的类型定义如下：

```
typedef struct
{
```

```
    DataType queue[MaxQueueSize];
    int front;                    //队头指针
    int rear;                     //队尾指针
    int count;                    //计数器
} SeqCQueue;
```

循环队列基本操作的实现如下所示。

1. 初始化

循环队列初始化就是建立一个空队列，将队首、队尾及计数器均置为 0。

【算法描述】

```
void QueueInitiate(SeqCQueue *Q)
{  //初始化循环队列 Q
    Q->front = 0;                 //定义初始队头指针
    Q->rear = 0;                  //定义初始队尾指针
    Q->count = 0;                 //定义初始计数器值
}
```

2. 判队列非空

判断循环队列是否非空，若非空则返回 1，否则返回 0。

【算法描述】

```
int QueueNotEmpty(SeqCQueue Q)
{
    if(Q.count != 0) return 1;
    else return 0;
}
```

3. 入队

入队操作是指在循环队列的队尾插入一个元素。

【算法思想】

先判断队列是否满，若满则返回 0；否则将新元素插入队尾，队尾指针加 1。

【算法描述】

```
int QueueAppend(SeqCQueue *Q，DataType x)
{  //在循环队列 Q 的队尾插入元素 x，成功返回 1，否则返回 0
    if(Q->count > 0 && Q->rear == Q->front)
    {
        printf("队列已满无法插入! \n");
        return 0;
    }
    else
    {
        Q->queue[Q->rear] = x;                          //元素 x 插入队尾
```

```
        Q->rear = (Q->rear + 1) % MaxQueueSize;          //队尾指针加1
        Q->count++;                                      //计数器加1
        return 1;
    }
}
```

4. 出队

出队操作是将循环队列的队头元素删除。

【算法思想】

先判断队列是否空，若空则返回0；否则保存队头元素，队头指针加1。

【算法描述】

```
int QueueDelete(SeqCQueue *Q, DataType *d)
{   //删除队列Q的队头元素，用d返回其值
    if(Q->count == 0)
    {   printf("队列已空，无数据元素出队! \n");
        return 0; }
    else
    {
        *d = Q->queue[Q->front];                         //保存队头元素
        Q->front = (Q->front + 1) % MaxQueueSize;        //队头指针加1
        Q->count--;                                      //计数器减1
        return 1;
    }
}
```

5. 取队头元素

【算法描述】

```
int QueueGetTop(SeqCQueue Q, DataType *d)
{   //取队列Q的队头元素，用d返回其值，不修改队头指针
    if(Q.count == 0)
    {   printf("队列已空，无数据元素可取! \n");
        return 0; }
    else
    {
        *d = Q.queue[Q.front];        //返回队头元素值，队头指针不变
        return 1;
    }
}
```

上述实现循环队列操作的所有函数中都没有循环语句，因此，循环队列所有操作的时间复杂度为O(1)。

3.4.3　链队列

采用链式存储结构的队列称为**链队列**。通常链队列用单链表来表示，并设置一个队头指针(front)和一个队尾指针(rear)，队头指针指向队列的当前队头结点位置，队尾指针指向队列的当前队尾结点位置。对于不带头结点的链队列，出队列时可直接删除队头指针所指的结点，因此链队列没有头结点更方便。一个不带头结点、数据元素有 a_1，a_2，…，a_n 的链队列的结构如图 3-11 所示。

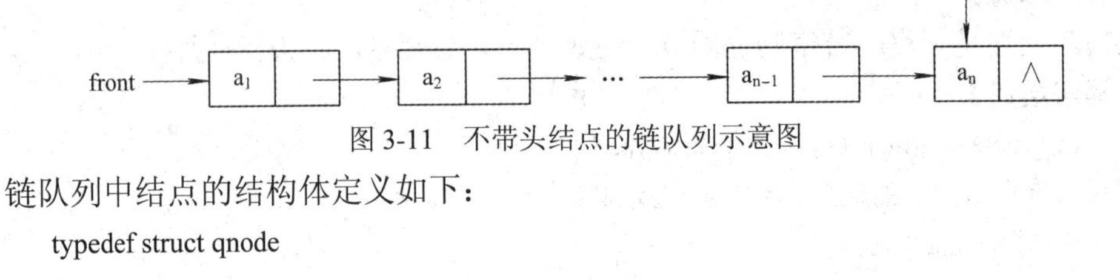

图 3-11　不带头结点的链队列示意图

链队列中结点的结构体定义如下：

```
typedef struct qnode
{
    DataType data;
    struct qnode *next;
}LQNode;
```

为了方便参数调用，通常把链队列的头指针 front 和尾指针 rear 封装在一个结构体中：

```
typedef struct
{
    LQNode *front;          //队头指针
    LQNode *rear;           //队尾指针
}LQueue;
```

下面给出链队列基本操作的实现。

1. 初始化

链队列初始化就是建立一个空队列，由于链队列不带头结点，因此只需将队头和队尾指针置空即可。

【算法描述】

```
void QueueInitiate(LQueue *Q)
{   //初始化链队列 Q
    Q->rear = NULL;
    Q->front = NULL;
}
```

2. 判队列非空

判断链队列是否非空，若非空则返回 1，否则返回 0。

【算法描述】

```
int QueueNotEmpty(LQueue Q)
{
```

```
    if(Q.front == NULL) return 0;
    else return 1;
}
```

3. 入队

【算法思想】

申请一个新结点存放元素 x，并用指针 p 指向它。若原队列为空，则将队首、队尾指针均指向结点 p，否则将结点 p 链接到队尾，并将队尾指针指向它。

【算法描述】

```
void QueueAppend(LQueue *Q, DataType x)
{   LQNode *p;
    p = (LQNode *)malloc(sizeof(LQNode));   //申请新结点
    p->data = x;
    p->next = NULL;
    if(Q->rear = NULL)                      //队列为空
        Q->front = Q->rear   = p;           //队首、队尾指针均指向结点 p
    else
    {                                       //队列非空
        Q->rear->next = p;                  //将结点 p 链接到队尾
        Q->rear = p;                        //将队尾指针指向 p
    }
}
```

4. 出队

【算法思想】

先判断队列是否空，若空则返回 0；若队列非空，则临时保存队头元素的空间以备释放，并修改队头指针使之指向下一个结点；判断出队元素是否为最后一个元素，若是则将队尾指针赋值为 NULL，表示队列已空。最后释放原队头元素的空间。

【算法描述】

```
int QueueDelete(LQueue *Q, DataType *d)
{  //删除队列 Q 的队头元素，用 d 返回其值
    LQNode *p;
    if(Q->front == NULL)
    {
        printf("队列已空，无数据元素出队列! \n");
        return 0;
    }
    else
    {
        p = Q->front;                       // p 指向队头元素
```

```
            *d = Q->front->data;                          // d 保存队头元素的值
            Q->front = Q->front->next;                    //修改队头指针
            if(Q->front == NULL) Q->rear = NULL;          //最后一个元素被删，队尾指针置空
            free(p);                                      //释放原队头元素的空间
            return 1;
        }
    }
```

5. 取队头元素

【算法描述】

```
    int QueueGet(LQueue Q, DataType *d)
    {   //取队列 Q 的队头元素，用 d 返回其值，不修改队头指针
        if(Q.front == NULL)
        {
            printf("队列已空，无数据元素出队! \n");
            return 0;
        }
        else
        {
            *d = Q.front->data;                           //返回队头元素值，队头指针不变
            return 1;
        }
    }
```

3.5　实例分析与实现

在本章 3.1 节中引入了 4 个有关栈和队列应用的实例，下面对例 3-1～例 3-4 分别作进一步分析，并给出它们的算法实现。

1. 例 3-1　括号匹配问题

【实例分析】

在算术表达式中，右括号和左括号匹配的次序是后出现的括号需先匹配，正好符合栈的后进先出的特点。因此，可以借助一个栈来判断括号是否正确配对。

括号匹配共有以下 4 种情况：

(1) 左右括号配对次序不正确；

(2) 右括号多于左括号；

(3) 左括号多于右括号；

(4) 左右括号匹配正确。

括号匹配问题实现的基本思想如下：顺序扫描算术表达式(用一个字符串表示)，当扫描到 3 种类型括号的左括号时直接入栈，等待相匹配的同类右括号；当扫描到一个右括号

时，比较当前栈顶括号是否与之匹配，若匹配，则将栈顶的左括号出栈，继续上述过程，直到表达式扫描完毕，若不匹配，则说明左、右括号配对次序不正确。若表达式当前为某种类型右括号而栈已空，则说明右括号多于左括号。若表达式已扫描完毕，但栈非空(即栈中尚有某种类型左括号)，则说明左括号多于右括号。如果未出现上述3种情况，则说明左、右括号匹配正确。

【算法描述】

```
void ExpIsCorrect(char exp[], int n)
{  //判断有 n 个字符的表达式(即字符串)所含左右括号是否正确匹配
   SeqStack myStack;                                    //定义顺序栈
   int i;
   char c;
   StackInitiate(&myStack);                             //初始化空栈
   for(i = 0; i < n; i++)
   {
     if((exp[i] == '(') || (exp[i] == '[') || (exp[i] = = '{'))
        StackPush(&myStack, exp[i]);                    //若是左括号则入栈
     else if(exp[i] == ')' && StackNotEmpty(myStack) &&
        //若是“)”，栈非空且栈顶是“(”，则匹配正确
        StackGetTop(myStack, &c) && c = = '(')
        StackPop(&myStack, &c);                         //出栈
     else if(exp[i] == ')' && StackNotEmpty(myStack) && StackGetTop (myStack, &c) && c! = 'c'
     { //若是“)”，栈非空且栈顶不是“(”，则左右括号次序不正确
        printf("左右括号配对次序不正确！ \n");
        return;
     }
     //若是“]”，栈非空且栈顶是“[”，则匹配正确
     else if(exp[i] == ']' && StackNotEmpty(myStack) &&
        StackGetTop(myStack, &c) && c = = '[')
        StackPop(&myStack, &c);                         //出栈
     else if(exp[i] == ']' && StackNotEmpty(myStack) && StackGetTop (myStack, &c) && c! = 'c')
     {  //若是“]”，栈非空且栈顶不是“[”，则左右括号次序不正确
        printf("左右括号配对次序不正确！ \n");
        return;
     }
     //若是“}”，栈非空且栈顶是“{”，则匹配正确
     else if(exp[i] == '}' && StackNotEmpty(myStack) &&
        StackGetTop(myStack, &c) && c = = '{')
        StackPop(&myStack, &c);                         //出栈
     else if(exp[i] == '}' && StackNotEmpty(myStack) && StackGetTop (myStack, &c) && c! = '{')
```

```
        { //若是“}”，栈非空且栈顶不是“{”，则左右括号次序不正确
            printf("左右括号配对次序不正确！\n");
            return;
        }
        else if(((exp[i] == ')') || (exp[i] == ']') || (exp[i] == '}')) &&
            ! StackNotEmpty(myStack)
        { //若是右括号且栈已空，则右括号多于左括号
            printf("右括号多于左括号！\n");
            return;
        }
    }                                                //for 语句结束
    if(StackNotEmpty(myStack))                       //栈非空
        printf("左括号多于右括号！\n");
    else                                             //栈已空且表达式扫描结束
        printf("左右括号匹配正确！\n");
}
```

【算法分析】

该算法从头至尾扫描表达式中每个字符进行判断，因此算法的时间复杂度为 O(n)。算法在运行时所用的辅助空间主要取决于 myStack 栈的大小，而 myStack 栈的空间大小不会超过 n，因此算法的空间复杂度也为 O(n)。

2. 例 3-2　表达式求值问题

【实例分析】

任何一个表达式都是由操作数、运算符和分界符组成的，统称它们为单词。操作数和运算符是表达式的主要部分，分界符标志了一个表达式的结束。在编译系统中，表达式可分为 3 类，即算术表达式、关系表达式和逻辑表达式。为简化问题，在此仅讨论算术表达式的求值问题，且假设算术表达式只包含加、减、乘、除 4 种运算符。读者不难将它推广到一般表达式。

在算术表达式中，运算符位于两个操作数中间(除单目运算符外)的表达式称为**中缀表达式**，如 A + (B − C/D)*E。中缀表达式是一种最常用的表达式形式。中缀表达式的计算需要遵循以下算术四则运算规则：

(1) 先乘除，后加减。

(2) 先括号内，后括号外。

(3) 同级别时先左后右。

因此，中缀表达式不仅要考虑运算符的优先级，还要处理括号。

算术表达式的另一种形式是**后缀表达式**，就是表达式中运算符出现在操作数之后。例如，C*(A + B)的后缀表达式为 CAB + *。后缀表达式中没有括号，只有操作数和运算符，其运算顺序由运算符的次序决定，即排在前面的运算符优先执行。

在编译系统中，通常对中缀表达式的求值过程是先将中缀算术表达式转换成后缀表达

式，然后对该后缀表达式求值。这样无须考虑运算符的优先级，使用栈即可实现。

下面分析如何把中缀表达式转换为后缀表达式。

当一个中缀表达式转换为后缀表达式时，操作数之间的相对次序不变，只是运算符的相对次序改变了，同时还需除去括号。为了实现这种转换，需设置一个存放运算符的栈。初始化时，栈顶置一个分界符“#”。转换时从左到右依次扫描中缀算术表达式，每读到一个操作数就把它作为后缀算术表达式的一部分输出，每读到一个运算符(分界符也看作运算符)就将其优先级与栈顶运算符的优先级进行比较，以决定是将所读到的运算符进栈，还是将栈顶运算符作为后缀算术表达式的一部分输出。

这里需说明的是：输出生成的后缀算术表达式是为了简化问题和方便算法的上机验证，实际的编译系统将生成的后缀算术表达式存于一个字符数组中用于下一步求值。

上述运算符的优先级比较按照表 3-1 中给定的运算符优先级关系进行，其中 θ_1 代表栈顶运算符，θ_2 代表当前扫描读到的运算符。

表 3-1 运算符优先级关系表

θ_1	θ_2						
	+	−	*	/	(	)	#
+	>	>	<	<	<	>	>
−	>	>	<	<	<	>	>
*	>	>	>	>	<	>	>
/	>	>	>	>	<	>	>
(	<	<	<	<	<	=	
)	>	>	>	>		>	>
#	<	<	<	<	<		=

表 3-1 是四则运算 3 条规则的变形。

当 θ_1 为“+”或“−”，θ_2 为“*”或“/”时，θ_1 的优先级低于 θ_2 的优先级，满足规则(1)的先乘除后加减规则；

当 θ_1 为“+”“−”“*”或“/”，θ_2 为“(”时，θ_1 的优先级低于 θ_2 的优先级，满足规则(2)的先括号内后括号外规则；

当 θ_1 的运算符和 θ_2 的运算符同级别时，θ_1 的优先级高于 θ_2 的优先级，满足规则(3)的同级别时先左后右规则。

还有几个特殊情况：① 由于后缀表达式无括号，因此当 θ_1 为“(”，θ_2 为“)”时，括号内已处理完毕，“=”表示此时去掉这对括号；② 为了便于实现，假设每个表达式均以“#”开始，以“#”结束，因此当 θ_1 为“#”，θ_2 为“#”时，整个表达式处理完毕，“=”表示此时结束处理；③ 若表 3-1 中的值为空，则表示表达式中不允许出现此种情况，一旦出现即认为出现了语法错误，如 θ_1 为“)”而 θ_2 为“(”的情况。为简化算法设计，暂假定所输入的中缀表达式不会出现语法错误。

根据以上分析，中缀算术表达式转换为后缀算术表达式的算法步骤如下所示。

(1) 初始化一个操作符栈，将表达式起始符“#”压入栈顶。

(2) 顺序扫描表达式，读入第一个字符 ch，重复执行以下步骤，直到表达式扫描至

“#”，同时栈顶操作符也为“#”。

① 若 ch 是操作数，则直接输出，接着读下一个字符 ch。

② 若 ch 是运算符，则比较 ch 的优先级和当前栈顶操作符的优先级：若是大于，则 ch 进栈，读入下一字符 ch；若是小于，则退栈并输出；若是等于，则退栈但不输出，若退出的是“(”，这时接着读入下一字符 ch。

(3) 算法结束，输出序列即为所需的后缀表达式。

例如，给定中缀表达式 A + (B − C/D)*E，利用上述算法将它转换成后缀表达式的过程如表 3-2 所示，得到的后缀表达式为 ABCD/ − E*+。

表 3-2　中缀算术表达式转换为后缀算术表达式的过程

步骤	扫描项	操作	栈	后缀表达式	步骤	扫描项	操作	栈	后缀表达式
0		'#' 入栈	#		8	D	输出 D	#+(−/	ABCD
1	A	输出 A	#	A	9	)	'/' 出栈	#+(−	ABCD/
2	+	'+' 入栈	#+	A	10	)	'−' 出栈并输出	#+(	ABCD/−
3	(	'(' 入栈	#+(	A	11	)	'(' 出栈	#+	ABCD/−
4	B	输出 B	#+(	AB	12	*	'*' 入栈	#+*	ABCD/−
5	−	'−' 入栈	#+(−	AB	13	E	输出 E	#+*	ABCD/−E
6	C	输出 C	#+(−	ABC	14	#	'*' 出栈并输出	#+	ABCD/−E*
7	/	'/' 入栈	#+(−/	ABC	15	#	'+' 出栈并输出	#	ABCD/−E*+

由于篇幅所限，这里仅讨论中缀表达式转换为后缀表达式的方法，算法实现省略。

将中缀表达式转换为相应的后缀表达式后，对后缀表达式求值的过程仍是一个栈应用问题。其算法思想是：设置一个栈存放操作数，从左到右依次扫描后缀表达式，若读到的是一个操作数，则将它进栈，若读到的是一个运算符，则从栈顶弹出两个操作数进行相应运算，并将运算结果压入操作数栈。此过程一直进行到后缀表达式扫描完，最后栈顶的操作数就是该后缀表达式的运算结果。

例如，后缀算术表达式 ABCD/−E*+ 的求值过程如表 3-3 所示。

表 3-3　后缀算术表达式的求值过程

步骤	扫描项	操　作	栈
1	A	入栈	A
2	B	入栈	AB
3	C	入栈	ABC
4	D	入栈	ABCD
5	/	D、C 出栈，计算 C/D，结果 T_1 入栈	ABT_1
6	−	T_1、B 出栈，计算 $B-T_1$，结果 T_2 入栈	AT_2
7	E	入栈	AT_2E
8	*	E、T_2 出栈，计算 T_2*E，结果 T_3 入栈	AT_3
9	+	T_3、A 出栈，计算 $A+T_3$，结果 T_4 入栈	T_4

根据上述算法思想，后缀算术表达式求值的算法实现如下所述。

【算法描述】

```
int PostExp(char str[])
{  //借助栈计算后缀表达式 str 的值
   DataType x, x1, x2;
   int i;
   LinkStack s;
   StackInitiate(&s);                    //初始化链栈 s
   for(i = 0; str[i] != '#'; i++)        //循环直到输入为“#”
   {
      if(isdigit(str[i]))                //当 str[i]为操作数时
      {
         x = (int)(str[i] - 48);         //转换成 int 类型数据后存入 x
         StackPush(&s, x);               //x 入栈
      }
      else                               //当 str[i]为运算符时
      {
         StackPop(&s, &x2);              //退栈得操作数，存入 x2 中
         StackPop(&s, &x1);              //退栈得被操作数，存入 x1 中
         switch(str[i])                  //执行 str[i]所表示的运算
         {
            case '+'：{x1 += x2; break; }
            case '−'：{x1 − = x2; break; }
            case '*'：{x1 * = x2; break; }
            case '/'：
            if(x2 == 0.0)
            {
               printf("除数为 0 出错!\n");
               exit(0);
            }
            else
            {
               x1 / = x2;
               break;
            }
         }
         StackPush(&s, x1);              //运算结果入栈
      }
   }
```

```
    StackPop(&s, &x);                //得到计算结果并存于 x
    return x;                        //返回计算结果
}
```

3. 例 3-3　打印机任务管理问题

【实例分析】

打印机任务管理可通过一个模拟打印任务管理器来实现，打印任务管理器采用先来先服务模式进行管理。因此，可设计一个不带头结点的链队列作为打印任务管理器的数据结构，当新来一个打印任务，则将它加入队尾；当打印机空闲时，就从队头取出新的打印任务进行打印。打印任务管理器需包含如下操作：

(1) 初始化：初始化打印队列，生成一个打印空队列。

(2) 入队列：将新的打印任务加入队尾。

(3) 出队列：取出队列中的第一个打印任务进行打印，并将该打印任务从队头删除。

(4) 输出：显示当前队列中的所有打印任务。

(5) 清空：清空打印队列。

每个打印任务应包含打印任务标识和需打印的内容。实现打印任务管理的数据结构及算法如下：

```
typedef struct node
{   //链队列的结点结构
    int id;                          //打印任务标识号
    char *text;                      //要打印的内容
    struct node *next;               //指向下一个结点的指针
}Task;                               //结点结构体 Task
typedef struct
{   //链队列的头指针、尾指针结构体的定义
    Task *front;                     //头指针
    Task *rear;                      //尾指针
}Queue;                              //链队列结构体 Queue
```

【算法描述】

(1) 初始化：初始化打印队列，生成一个打印空队列。

```
void InitaskManager(Queue *taskmanager)
{
    taskmanager->front = taskmanager->rear = NULL;
}
```

(2) 入队列：将新的打印任务加入队尾。

```
void AppendPrintTask(Queue *taskmanager, int tid, char *text)
{   //把新的打印任务(标识号 tid 和内容为 text)加入队列 taskmanager 的队尾
    Task *p;
    p = (Task *) malloc(sizeof(Task));          //申请新结点
```

```
    p->text = (char *) malloc(strlen(text) * sizeof(char) +1);
    strcpy(p->text, text);                              //打印内容赋值
    p->id = tid;                                        //打印标识赋值
    p->next = NULL;                                     //新结点指针置空
    if(taskmanager->rear = NULL)                        //原队列为空
        taskmanager->front = taskmanager->rear = p;     //修改队头、队尾指针
    else
    {
        taskmanager->rear->next = p;                    //队尾插入新结点
        taskmanager->rear = p;                          //修改队尾指针
    }
}
```

(3) 出队列：取出队列中的第一个打印任务进行打印，并将该打印任务从队头删除。

```
int PrintFirstTask(Queue *taskmanager)
{   //取出队列 taskmanager 中第一个打印任务进行打印，并从队头删除
    Task *p = taskmanager->front;                       //p 指向队头结点
    if(p == NULL) return 0;                             //若队列空则出错
    else                                                //否则执行打印任务
    {   printf("Task id: %d\n", p->id);                 //输出任务标识号
        printf("Task context: %s\n", p->text);          //输出要打印的内容
    }
    taskmanager->front = taskmanager->front->next;      //修改队头指针
    //若队列已删空，则队尾指针置空
    if(taskmanager->front == NULL) taskmanager->rear = NULL;
    free(p->text);                                      //释放要打印的内容的空间
    free(p);                                            //释放原队头结点
    return 1;
}
```

(4) 输出：显示当前队列中的所有打印任务。

```
void PrintAllTask(Queue taskmanager)
{   //显示队列 taskmanager 中当前所有打印任务
    Task *p = taskmanager. front;
    while(p != NULL)
    {
        printf("Task id: %d\n", p->id);
        printf("Task context: %s\n", p->text);
        p = p->next;
    }
}
```

(5) 清空：清空打印队列。

```
void ClearPrintTask(Queue *taskmanager)
{  //释放打印队列 taskmanager 的所有结点
    Task *p, *p1;
    p = taskmanager->front;
    while(p != NULL)
    {
        p1 = p;
        p = p->next;
        free(p1->text);
        free(p1);
    }
}
```

说明：由于所设计的打印任务管理器链队列中每个结点的内容均包含字符串，而字符串操作需要专门的字符串函数来完成。因此，这里不能直接调用前面讨论的链队列操作，但两个链队列的结点的操作方法完全类同。

下面给出一个模拟打印任务管理器运行的程序。

假设上述数据结构的定义和算法实现函数包含在头文件 PrintTaskManager.h 中，则程序设计如下：

```
#include <stdio.h>
#include <malloc.h>
#include <string.h>                          //包含 strlen()等函数
#include "PrintTaskManager.h"                //包含打印任务管理器
void main(void)
{
    char ch = '0';
    int tid = 0;
    char *text = "打印内容";
    Queue Q;
    InitaskManager(&Q);                      //初始化
    while(ch != 'q')
    {
        printf("1 加入");
        printf("\t2 完成");
        printf("\t3 输出");
        printf("\t4 清空");
        printf("\tq 退出");
        printf("\nPlease enter: ");
        ch = getchar();
```

```
            getchar();
            switch(ch)
            {
                case '1':
                    tid = tid + 1;
                    AppendPrintTask(&Q, tid, text);        //加入新的打印任务
                    break;
                case '2':
                    PrintFirstTask(&Q);                    //完成队头的打印任务并删除队头结点
                    break;
                case '3':
                    PrintAllTask(Q);                       //显示当前队列的所有打印任务
                    break;
                case '4':
                    ClearPrintTask(&Q);                    //清空打印队列
                    break;
                case 'q':
                    return;
            }
        }
    }
```

一次程序运行结果：

```
1 加入   2 完成   3 输出   4 清空   q 退出
Please enter：1
1 加入   2 完成   3 输出   4 清空   q 退出
Please enter：1
1 加入   2 完成   3 输出   4 清空   q 退出
Please enter：1
1 加入   2 完成   3 输出   4 清空   q 退出
Pleaseenter：3
Task id：1
Task context：打印内容
Task id：2
Task context：打印内容
Task id：3
Task context：打印内容
1 加入   2 完成   3 输出   4 清空   q 退出
Please enter：2
Task id：1
```

```
Task context：打印内容
1 加入　2 完成　3 输出　4 清空　q 退出
Please enter：2
Task id：2
Task context：打印内容
1 加入　2 完成　3 输出　4 清空　q 退出
Please enter：2
Task id：3
Task context：打印内容
1 加入　2 完成　3 输出　4 清空　q 退出
Please enter：3
1 加入　2 完成　3 输出　4 清空　q 退出
Please enter：q
```

【程序运行说明】

程序运行时，先进行 3 次加入新的打印任务操作，然后输出显示当前队列的全部打印任务(当前队列中共有 3 个打印任务)，接着又进行 3 次完成打印任务操作，之后输出显示当前队列的全部打印任务(当前队列中没有一个打印任务)，最后退出程序。

4. 例 3-4　舞伴问题

【实例分析】

对于舞伴配对问题，先入队的男士或女士先出队配成舞伴，因此设置两个循环顺序队列(Mdancers、Fdancers)分别存放男士和女士入队者。假设男士和女士的记录存放在一维数组中作为输入，然后依次扫描该数组的各元素，并根据性别来决定是进入男队还是女队。当这两个队列构造完成之后，依次将两队当前的队首元素出队来配成舞伴，直至某队列变空为止。此时，若某队仍有等待配对者，则输出此队列中排在队首的等待者的姓名，此人将是下一轮舞曲开始时第一个可获得舞伴的人。

【算法描述】

```
Typedef struct
{  //跳舞者个人信息
   char name [20];                               //姓名
   char sex;                                     //性别，'F'表示女性，'G'表示男性
}Person;
typedef Person DataType;                         //将队列中元素的数据类型定义为 Person
void DancePartner(Person dancer[ ], int num )
{  //结构数组 dancer 中存放跳舞的男女信息，num 是跳舞的人数
   int i;
   Person p;
   SeqCQueue Mdancers，Fdancers;
   QueueInitiate(&Mdancers);                     //男士队列初始化
```

```
    QueueInitiate(&Fdancers);                           //女士队列初始化
    for (i = 0; i < num; i++)                           //依次将跳舞者依其性别入队
    {
        p = dancer[i];
        if (p.sex == 'F') QueueAppend(&Fdancers, p);    //插入女队
        else QueueAppend(&Mdancers, p);                 //插入男队
    }
    printf(" The dancing partners are：\n \n" );
    while( QueueNotEmpty(Fdancers) && QueueNotEmpty(Mdancers))
    {  //依次输出男女舞伴名
        QueueDelete(&Fdancers, p);                      //女士出队
        printf("%s          ", p.name);                 //打印出队女士名
        QueueDelete(&Mdancers, p);                      //男士出队
        prindf("%s          ", p.name);                 //打印出队男士名
    }
    if(QueueNotEmpty(Fdancers))                         //女队非空
    {  //输出女队队头者名字
        QueueGetTop(Fdancers, p);                       //取队头
        printf("%s will be the first to get a partner. \n", p.name);
    }
    else if(QueueNotEmpty(Mdancers))                    //男队非空
    {  //输出男队队头者名字
        QueueGetTop(Mdancers, p);
        printf("%s will be the first to get a partner. \n", p.name);
    }
}
```

【算法分析】

若跳舞者人数总计为 n，则此算法的时间复杂度为 O(n)，空间复杂度取决于 Mdancers 以及 Fdancers 队列的长度，二者长度之和不会超过 n，因此空间复杂度也同样为 O(n)。

习 题 3

一、单项选择题

1. 设有输入序列 a, b, c，经过入栈、出栈、入栈、入栈、出栈操作后，从栈中弹出的元素序列是(　　)。

A. a, b　　B. b, c　　C. a, c　　D. b, a

2. 若让元素 1, 2, 3, 4, 5 依次进栈，则出栈次序不可能出现的是(　　)。

A. 5, 4, 3, 2, 1　　B. 2, 1, 5, 4, 3

C. 4, 3, 1, 2, 5　　D. 2, 3, 5, 4, 1

3.【2010 年统考真题】若元素 a, b, c, d, e, f 依次进栈，允许进栈、退栈操作交替进行，但不允许连续三次进行退栈操作，则不可能得到的出栈序列是(　　)。

A. d, c, e, b, f, a　　B. c, b, d, a, e, f

C. b, c, a, e, f, d　　D. a, f, e, d, c, b

4.【2013 年统考真题】一个栈的入栈序列是 1, 2, 3, …, n，其出栈序列为 $p_1, p_2, p_3, \cdots, p_n$。若 $p_2 = 3$，则 p_3 可能取值的个数是(　　)。

A. n−3　　B. n−2　　C. n−1　　D. 无法确定

5. 若已知一个栈的入栈序列是 1, 2, 3, …, n，其输出序列为 $p_1, p_2, p_3, \cdots, p_n$。若 $p_1 = n$，则 p_i 为(　　)。

A. i　　B. n−i　　C. n−i+1　　D. 不确定

6.【2010 年统考真题】某队列允许在其两端进行入队操作，但仅允许在一端进行出队操作，若元素 a, b, c, d, e 依次入此队列后再进行出队操作，则不可能得到的出队序列是(　　)。

A. b, a, c, d, e　　B. d, b, a, c, e　　C. d, b, c, a, e　　D. e, c, b, a, d

7.【2014 年统考真题】假设栈初始为空，将中缀表达式 a/b + (c*d − e*f)/g 转换为等价的后缀表达式的过程中，当扫描到 f 时，栈中的元素依次是(　　)。

A. +(*−　　B. +(−*　　C. /+(*−*　　D. /+−*

8. 数组 Q[n]用来表示一个循环队列，f 为当前队列头元素的前一位置，r 为队尾元素的位置，假定队列中元素的个数小于 n，则计算队列中元素个数的公式为(　　)。

A. r−f　　B. (n+f+r)%n　　C. n+r−f　　D. (n+r−f)%n

9.【2009 年统考真题】为解决计算机主机与打印机间速度不匹配的问题，通常设一个打印数据缓冲区。主机将要输出的数据依次写入该缓冲区，而打印机则依次从该缓冲区中取出数据。该缓冲区的逻辑结构应该是(　　)。

A. 队列　　B. 栈　　C. 线性表　　D. 有序表

10. 栈和队列的共同点是(　　)。

A. 都是先进先出

B. 都是先进后出

C. 只允许在端点处插入和删除元素

D. 没有共同点

11. 用循环链表表示队列，设循环链表的长度为 n，若只设尾指针，则出队和入队操作的时间复杂度分别为(　　)。

A. O(1)，O(1)　　B. O(1)，O(n)

C. O(n)，O(1)　　D. O(n)，O(n)

12.【2011 年统考真题】已知循环队列存储在一维数组 A[0, …, n−1]中，且队列非空时 front 和 rear 分别指向队头元素和队尾元素。若初始化时队列为空，且要求第一个进入队列的元素存储在 A[0]处，则初始化时 front 和 rear 的值分别是(　　)。

A. 0, 0　　B. 0, n−1　　C. n−1, 0　　D. n−1, n−1

13. 设有一个递归算法如下：

```
int fact(int n){                    //n 大于等于 0
    if(n <= 0) return 1;
    else return n*fact(n-1); }
```

则计算 fact(n)需要调用该函数的次数为(　　)。

A. n +1　　B. n−1　　C. n　　D. n+2

14.【2012 年统考真题】已知操作符包括 +、−、*、/、(和)。将中缀表达式 a + b − a*((c + d)/e − f) + g 转换为等价的后缀表达式 ab + acd + e/f − * − g+ 时，用栈来存放暂时还不能确定运算次序的操作符。若栈初始时为空，则转换过程中同时保存在栈中的操作符的最大个数是(　　)。

A. 5　　B. 7　　C. 8　　D. 11

二、应用题

1. 有 5 个元素，其入栈次序为 A, B, C, D, E，在各种可能的出栈次序中，以元素 C、D 最先出栈(即 C 第一个且 D 第二个出栈)的次序有哪几种?

2. 有递归函数如下：

```
int s(int n)
{
    if(n = = 0)sum = 0;
    else
    {
        scanf("%d", &x);
        sum = s(n−1)+x;
    }
    return sum;
}
```

设初值 n = 4，读入 x = 4, 9, 6, 2。

(1) 若 x 为局部变量，该函数递归结束后返回调用程序时 sum 的值为多少？画出在递归过程中栈状态的变化过程。

(2) 若 x 为全局变量，该函数递归结束后返回调用程序时 sum 的值为多少?

3. 用栈实现将中缀表达式 8 − (3 + 5)*(5 − 6/2)转换成后缀表达式，画出栈的变化过程图。

4. 设长度为 n 的链式队列采用循环单链表结构，若设头指针，则入队列和出队列操作的时间复杂度如何？若只设尾指针，则入队列和出队列操作的时间复杂度如何？

5. 设顺序双向循环队列的数据结构定义如下：

```
typedef struct
{
    DataType list[MaxSize];
    int front;                  //队头指针
    int rear;                   //队尾指针
} BSeqCQueue;
```

设 Q 为 BSeqCQueue 类型的指针参数，并设初始化操作时有 Q->rear = Q->front = 0，现要求：

(1) 给出顺序双向循环队列满和队列空的条件。

(2) 给出顺序双向循环队列的入队操作和出队操作的算法思想。

三、算法设计题

1. 编写算法判断一个字符序列是否是回文。回文是指一个字符序列以中间字符为基准，两边字符完全相同，如字符序列 ABCDEDCBA 就是回文，而字符序列 ABCDEDBAC 不是回文。

2. 设计算法，将十进制数 N 转换为二进制数。

3. 假设以带头结点的单循环链表实现链式队列，并且要求只设尾指针，不设头指针，编写实现这种链式队列初始化、入队列和出队列操作的函数。

4. 编写实现顺序循环队列初始化、入队和出队的算法，要求采取少用一个存储单元的方法解决队列满和队列空状态判断的问题。

5. 在顺序循环队列中，可以设置一个标志域 tag，以 tag = 0 和 tag = 1 来区分当尾指针(rear)和头指针(front)相等时队列状态是空还是满。试编写此结构相应的队列初始化、入队、出队算法。

6. 编写一个递归算法，输出自然数 1, 2, 3, …, n 这 n 个元素的全排列。

7. 编写一个递归算法，找出从自然数 1, 2, 3, …, n 中任取 r 个数的所有组合。例如 n = 5，r = 3 时的所有组合为 543, 542, 541, 532, 531, 521, 432, 431, 421, 321。

四、上机实验题

1. 队列的实现。

实验目的：

(1) 掌握循环队列与链队列的 C 语言定义方法。

(2) 掌握循环队列与链队列的初始化、入队、出队等算法的实现。

实验内容：

(1) 验证循环队列与链队列的定义、基本操作(初始化、入队、出队等)的实现算法。

(2) 设计一个主函数对上述算法进行调用运行，验证算法的正确性。

(3) 分析上述算法的时间复杂度。

2. 背包问题。

实验目的：

掌握栈应用的算法设计。

实验内容：

假设有一个能装入总体积为 T 的背包和 n 件体积分别为 $w_1, w_2, \cdots, w_n$ 的物品，能否从 n 件物品中挑选若干件恰好装满背包，使 $w_1 + w_2 + \cdots + w_n = T$，要求找出所有满足上述条件的解。例如，当 T = 10，各件物品的体积为{1, 8, 4, 3, 5, 2}时，可找到下列 4 组解：

(1, 4, 3, 2)、(1, 4, 5)、(8, 2)、(3, 5, 2)

要求：

(1) 设计一个背包问题的函数。

(2) 编写一个测试主函数，测试数据 T = 10，各件物品的体积为{1, 8, 4, 3, 5, 2}。

提示：首先将物品排成一列，然后顺序选取物品装入背包中。假设选取了前 i 件物品之后背包还没有装满，则继续选取第 i + 1 件物品；若该件物品“太大”不能装入，则弃之，而继续选取下一件，直至背包装满为止。但如果在剩余的物品中找不到合适的物品以填满背包，则说明“刚刚”装入背包的那件物品“不合适”，应将它取出“弃之一边”，继续再从“它之后”的物品中选取。如此重复，直至求得满足条件的解，或者无解。由于回退重选规则按照“后进先出”的规则，因此需用到栈。

3. 停车场管理模拟程序。

实验目的：

掌握栈和队列综合应用的算法设计。

实验内容：

设停车场是一个可停放 n 辆汽车的狭长通道，且只有一个大门可供汽车进出。汽车在停车场内按车辆到达时间的先后顺序，依次由北向南排列(大门在最南端，最先到达的车停放在停车场的最北端)。若停车场内已停满 n 辆汽车，则后来的汽车只能在门外的便道上等候，一旦有车开走，则排在便道上的第一辆车即可开入。当停车场内某辆车要离开时，在它之后进入的车辆必须先退出停车场为它让路，待该车开出大门后，其他车辆再按原次序进入停车场，每辆停放在停车场的车在它离开停车场时必须按它停留的时间长短交纳费用。

提示：以栈模拟停车场，以队列模拟停车场外的便道，按照从终端读入的输入数据序列进行模拟管理。每组输入数据包括三个数据项：汽车到达或离去信息、汽车牌照号码、到达或离去的时刻。对每组输入数据进行操作后的输出信息如下：若车辆到达，则输出汽车在停车场内或便道上的停车位置；若车辆离去，则输出汽车在停车场内停留的时间和应交纳的费用(在便道上停留的时间不收费)。栈以顺序结构实现，队列以链表结构实现。

第 4 章 串、数组和广义表

计算机非数值处理的对象主要是字符串数据，字符串一般简称为串。串是一种特殊的线性表，其特殊性在于其数据元素是一个字符。串的操作特点是一次操作若干个数据元素。因为计算机硬件结构一般是面向数值计算需要而设计的，所以处理字符串数据比处理整数和浮点数要复杂得多。本章的第一部分主要讨论了串的定义、存储结构和基本操作，重点讨论串的模式匹配算法。后两部分讨论的多维数组和广义表都可以看成线性表的扩展，即线性表的数据元素本身又是一个线性结构。本章对于数组，会重点介绍一些特殊的二维数组如何实现压缩存储。最后介绍广义表的基本概念和存储结构。

4.1 实 例 引 入

【例 4-1】 发纸牌问题。

假设纸牌的花色有梅花、方块、红桃和黑桃，纸牌的点数有 2、3、4、5、6、7、8、9、10、J、Q、K、A，要求根据用户输入的纸牌张数 n，随机发 n 张纸牌。在发纸牌问题的求解过程中，计算机如何保存纸牌的花色和点数以及随机选中的纸牌呢？

此问题可通过数组来实现：设计一个二维数组记录是否发过某张牌，其中一维表示花色，另一维表示点数；再设计一个字符数组存储随机发放的 n 张纸牌。具体实现将在 4.5 节中详细介绍。

4.2 串

4.2.1 串的基本概念

串(也称字符串)是由 n(n≥0)个字符组成的有限序列，一般记为

$$S = "s_0s_1\cdots s_{n-1}" \quad (n\geq 0)$$

其中 S 是串名，n 称作串的**长度**，双引号括起来的字符序列称作串的值，每个字符 s_i $(0\leq i<n)$可以是字母、数字或其他字符。

下面介绍一些串的常用术语：

(1) **空串**：零个字符的串。

(2) **空格串**：仅有一个或多个空格组成的串，长度大于等于 1。

(3) **子串**：一个串中任意个连续的字符组成的子序列称为该串的子串。

(4) **主串**：包含子串的串称为该子串的**主串**。

(5) **位置**：通常将一个字符在串中的序号称为该字符在串中的位置。子串在主串中的位置则以子串的第一个字符在主串中的位置来表示。

例如，假设串 a、b、c、d 分别如下：

a = "data"　　　　　　b = "structure"

c = "datastructure"　　d = "data structure"

则它们的长度分别为 4、9、13 和 14，且 a 和 b 都是 c 和 d 的子串。a 在 c 和 d 中的位置都是 0，b 在 c 中的位置是 4，而在 d 中的位置是 5。

(6) **串相等**：当且仅当两个串的长度相等，并且每个对应位置的字符都相等时才相等。如上例中的串 a、b、c、d 彼此都不相等。

4.2.2　串的抽象数据类型

串和线性表的逻辑结构相似，区别仅在于串的数据对象约束为字符集，但串和线性表的基本操作却有很大的区别。线性表的基本操作中，通常以单个数据元素作为操作对象，例如，在线性表中查找某个元素，在某个位置插入或删除一个元素等；而串的基本操作中，通常以串的整体或串的一部分作为操作对象，例如，在串中查找某个子串，在某个位置上插入一个子串或删除一个子串等。

串的抽象数据类型定义如下：

ADT String {

数据对象：$D = \{s_i \mid s_i \in \text{CharacterSet}, i = 1, 2, \cdots, n;\quad n \geqslant 0\}$

数据关系：$R = \{<s_{i-1}, s_i> \mid s_{i-1}, s_i \in D, i = 2, \cdots, n\}$

基本操作：

StrAssign(S, chars)

初始条件：chars 是字符串常量。

操作结果：生成一个串 S，并使其串值等于 chars。

StrCopy(S, T)

初始条件：串 S 存在。

操作结果：将串 T 的值复制给串 S。

StrEmpty(S)

初始条件：串 S 存在。

操作结果：若串 S 为空串，则返回 TRUE，否则返回 FALSE。

StrCompare(S, T)

初始条件：串 S 和 T 存在。

操作结果：若串 S = T，则返回值 = 0；否则返回串 S 和 T 第一个不相等字符的 ASCII 码值之差。

StrLength(S)

初始条件：串 S 存在。

操作结果：返回串 S 的长度，即串 S 中的字符个数。

StrInsert(S, pos, T)

初始条件：串 S 和 T 存在，0≤pos≤StrLength(S)。

操作结果：在串 S 的第 pos 个字符之前插入串 T。

StrDelete(S, pos, len)

初始条件：串 S 存在，0≤pos≤StrLength(S)−len。

操作结果：从串 S 中删除第 pos 个字符起长度为 len 的子串。

StrCat(S, T)

初始条件：串 S 和 T 存在。

操作结果：将串 T 的值连接在串 S 的后面。

SubString(T, S, pos, len)

初始条件：串 S 存在，0≤pos≤StrLength(S)−1 且 1≤len≤StrLength(S)−pos。

操作结果：截取串 S 中第 pos 个字符开始长度为 len 的子串，并赋值给 T。

StrIndex(S, pos, T)

初始条件：串 S 和 T 存在，0≤pos≤StrLength(S)−1。

操作结果：若串 S 中从第 pos 个字符之后存在与串 T 相同的子串，则返回串 T 在串 S 中第 pos 个字符后首次出现的位置；否则返回 0。

StrReplace(S, T, V)

初始条件：串 S、T 和 V 存在，且 T 是非空串。

操作结果：用 V 替换串 S 中出现的所有与串 T 相等的不重叠的子串。

StrClear(S)

初始条件：串 S 存在。

操作结果：将 S 清为空串。

StrDestroy(S)

初始条件：串 S 存在。

操作结果：销毁串 S。

}**ADT String**

对于串的基本操作集可以有不同的定义方法，在使用高级程序设计语言中的串类型时，应以该语言的参考手册为准。

4.2.3　串的存储结构

与线性表类似，串也有 2 种基本存储结构：顺序存储和链式存储。考虑到存储效率和算法的方便性，串大多采用顺序存储结构。

1. 串的顺序存储结构

类似于线性表的顺序存储结构，可用一组地址连续的存储单元来存储串值的字符序列。因此，串的顺序存储可用定长的字符型数组来表示，它为每个定义的串变量分配一个固定长度的存储区。其存储结构描述如下：

```
define MaxSize <串可能达到的最大长度>
```

```
typedef struct
{
    char str[MaxSize];          //存储串的一维数组
    int length;                 //串的当前长度
} SString;
```

其中，MaxSize 表示串的最大长度；str 是存储字符串的一维数组；length 表示串的当前长度，必须满足 length≤MaxSize。

这种定长顺序存储结构的表示方式简单，但其存储数组的空间是静态分配的(即在编译时完成的)，一旦这个空间在字符存入时被占满，就不能再根据需要进行扩展，这将导致程序无法完成预定的功能。因此最好根据实际需要，在程序执行过程中能够动态分配和释放字符数组空间，所以出现了串的另一种顺序存储结构——堆式顺序存储结构。

与定长顺序存储结构类似，堆式顺序存储结构也是用一组地址连续的存储单元存储串值的字符序列，不同的是其存储空间是在程序执行过程中动态分配的。在系统中存在一个称为堆的自由存储区，每当建立一个新串时，可以通过动态分配函数从这个空间中动态分配一块与实际串长所需的存储空间，以存储新串的值。若分配成功，则返回一个指向起始地址的指针，作为串的基址。C 语言采用 malloc( )、free( )等函数完成动态存储管理。

串的堆式顺序存储结构的定义如下：

```
typedef struct
{
    char *str;          //若是非空串，则按串长分配存储区，否则 str 为 NULL
    int length;         //串的当前长度
} HString;
```

2. 串的链式存储结构

由于串是一种特殊的线性表，所以存储字符串的串值也可以采用链式存储结构。在串的链式存储结构中，每个结点可以存放一个字符，也可以存放多个字符，因此有单字符结点链和块链两种存储结构。图 4-1(a)所示为单字符结点(即每个结点存放一个字符)链结构，图 4-1(b)所示为块链结构，其结点大小为 4(即每个结点存放 4 个字符)。当结点大小大于 1 时，由于串长不一定是结点大小的整倍数，因此链表中的最后一个结点不一定全被串值占满，此时通常补上“#”或其他非串值字符(通常“#”不属于中串的字符集，是一个特殊的符号)。

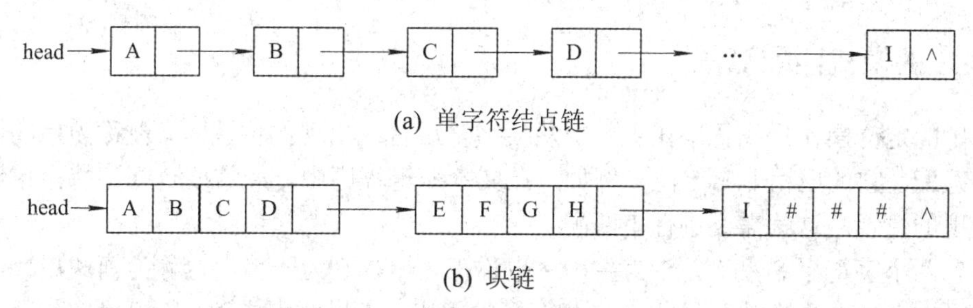

图 4-1　串的链式存储结构示意图

串的单字符结点链结构的定义如下：

```
typedef struct Node
{
    char str;
    struct Node *next;
}SCharNode;
```

上述结构体定义中，每个字符域所占的存储空间为 1 个字节，而每个指针域 next 所占的存储空间为 3 个或更多个(随机器不同而不同)字节。显然，单字符结点链结构的空间利用率非常低。

块链结构中，每个结点的数据域包含若干个字符。为了便于字符串的操作，以块链结构存储串值时，除头指针外，还可附设一个尾指针指示链表中的最后一个结点，并给出当前串的长度。块链结构的定义如下：

```
#define Number 80                    //定义每个结点存放字符的个数
typedef struct Node
{
    char str[Number];
    struct Node *next;
} NCharNode;
typedef struct
{
    NCharNode *head, *tail;          //串的头、尾指针
    int length;                      //串的当前长度
}LString;
```

在串的链式存储结构中，结点大小直接影响着串处理的效率，这就要求考虑串值的存储密度。存储密度定义为

$$\text{存储密度} = \frac{\text{串值所占的存储位}}{\text{实际分配的存储位}}$$

显然，存储密度小(如结点大小为 1)时，运算处理方便，然而存储空间占用量大；存储密度大时，所占存储空间较小，但插入、删除等处理较为复杂，涉及结点的合并和拆分。总的说来，串的链式存储结构不如顺序存储结构灵活，它占用存储量大且操作复杂。串在链式存储结构下的操作与实现线性表在链式存储结构下的操作类似，在此不再详细讨论。

4.2.4 串的模式匹配算法

子串的定位操作是找子串在主串中从某字符后首次出现的位置，又被称为串的**模式匹配**或**串匹配**，它的应用非常广泛。例如，在文本编辑程序中，经常要查找某特定单词在文本中出现的位置，这就需要进行串匹配。

设有两个字符串 S 和 T，S 为主串，也称正文串，T 为子串，也称为模式串。串的模式匹配是在主串 S 中查找与模式串 T 相匹配的子串，如果匹配成功，则可确定相匹配的子串中第一个字符在主串 S 中出现的位置。

著名的模式匹配算法有 BF 算法和 KMP 算法，下面详细介绍这两种算法，算法的实现采用串的定长顺序存储结构。

1. BF 算法

BF(Brute-Force)算法是最简单、直观的模式匹配算法。它从主串 S 的第 pos 个字符开始与模式串 T 的第一个字符进行比较，若相等，则继续逐个比较后续字符，否则回溯到主串 S 的第 pos + 1 个字符重新和模式串 T 进行比较。以此类推，直至模式串 T 中的每个字符依次和主串 S 中的一个连续字符序列全部相等，则称模式匹配成功，此时返回模式串 T 的第一个字符在主串 S 中的位置；否则主串中没有和模式串相等的字符序列，称模式匹配不成功。

【算法思想】

(1) 设置指示器 i 和指示器 j 分别指示主串 S 和模式串 T 中当前正待比较的字符位置，i 初值为 pos，j 初值为 0。

(2) 如果两个串均未比较到串尾，即 i 和 j 均分别小于等于 S 和 T 的长度，则循环执行以下操作：

① 比较 S 的第 i 个字符和 T 的第 j 个字符，若相等，则 i 和 j 分别指示串中下一个位置，继续比较后续字符。

② 若不等，指针后退重新开始匹配，即从主串 S 的下一个字符(i-j+1)起，重新和模式串 T 的第一个字符(j = 0)比较。

(3) 若 j = T. length，则匹配成功，返回模式串 T 中第一个字符对应的主串 S 中的位置(i-T. length)；否则匹配不成功，返回 -1。

为便于理解，下面举例说明。设主串 S = "cddcdc"，子串 T = "cdc"，S 的长度 n = 6，T 的长度 m = 3，BF 算法模式匹配过程如图 4-2 所示(pos = 0)。

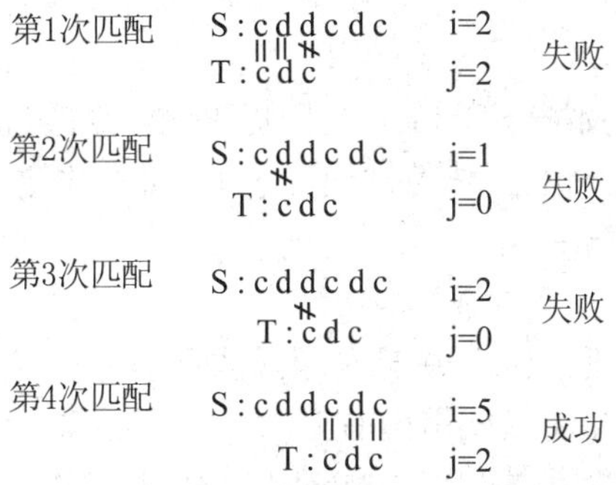

```
第1次匹配   S : c d d c d c     i=2
                || || ≠              失败
            T : c d c           j=2

第2次匹配   S : c d d c d c     i=1
                  ≠                  失败
              T : c d c         j=0

第3次匹配   S : c d d c d c     i=2
                    ≠                失败
                T : c d c       j=0

第4次匹配   S : c d d c d c     i=5
                      || || ||       成功
                  T : c d c     j=2
```

图 4-2　BF 算法模式匹配过程

【算法描述】

```
int BFIndex(SString S, int pos, SString T)
{   //从 pos 开始查找主串 S 中的子串 T，成功则返回 T 在 S 中首字符位置，否则返回 -1
    int i = pos, j = 0, v;                    //初始化
    while(i < S.length && j < T.length)       //两个串均未比较至串尾
    {
        if(S.str[i] = = T.str[j])             //当前字符相等，继续匹配下一字符
```

```
            {
                i++;
                j++;
            }
            else                                 //当前字符不相等
            {
                i = i-j+1;                       //主串退回原位置的后面一个
                j = 0;                           //子串从头开始
            }
        }
        if(j == T.length) v = i-T.length;        //匹配成功
        else v = -1;                             //匹配失败
        return v;
    }
```

【算法分析】

BF 算法的思路简单、直观，但在最坏情况下，每趟不成功的匹配都发生在模式串的最后一个字符与主串中相应字符的比较上。设 n 和 m 分别是主串和模式串的长度，最坏情况下每趟模式串的前 m − 1 个字符序列与主串的相应字符序列比较总是相等，但它的第 m 个字符和主串的相应字符比较总是不等。此时模式串的 m 个字符序列必须和主串的相应字符序列一共比较 n − m + 1 次，每次需比较 m 个字符，则总的比较次数为 $m \times (n - m + 1)$。因此，最坏情况下算法的时间复杂度为 $O(n \times m)$。该算法的主要时间耗费在匹配失败后比较位置的回溯，因而导致比较次数过多，算法时间复杂度高。下面将介绍另一种改进的模式匹配算法。

2. KMP 算法

KMP 算法是由 Knuth、Morris 和 Pratt 共同提出的一个改进算法。KMP 算法是模式匹配中的经典算法，与 BF 算法相比，该算法消除了 BF 算法中主串 S 指针 i 回溯的情况。改进后算法的时间复杂度为 $O(n + m)$。

【算法思想】

KMP 算法中，每当一趟匹配过程中出现字符失配时，不需回溯主串 S 的 i 指针，而是利用已经得到的部分匹配结果将模式串向右滑动尽可能远的一段距离后，继续进行比较。例如，设主串 S = "abacabab"，模式串 T = "abab"，第一次匹配过程如图 4-3 所示。当 i = 3，j = 3 时，字符比较不等，匹配失败。此时，因为有 $t_0 \neq t_1$，$s_1 = t_1$，所以必有 $s_1 \neq t_0$；又因为有 $t_0 = t_2$，$s_2 = t_2$，所以必有 $s_2 = t_0$。因此，接下来仅需将模式串向右移动 1 个字符的位置进行 i = 3、j = 1 时的字符比较，即直接比较 s_3 和 t_1。

```
S:a b a c a b a b    i=3
  | | | ≠                    失败
T:a b a b            j=3
```

图 4-3　KMP 算法的模式匹配过程示例

下面讨论一般情况。设主串 $S = "s_0s_1\cdots s_{n-1}"$，模式串 $T = "t_0t_1\cdots t_{m-1}"$，由上述分析可知，为了实现 KMP 算法，需要解决以下问题：当匹配过程中产生失配(即 $s_i \neq t_j$)时，模式串向右滑动可以滑动的距离有多远。也就是说，当主串中第 i 个字符与模式串中第 j 个字符失配(即比较不等)时，主串中第 i 个字符(i 指针不回溯)应与模式串中哪个字符再进行比较？

假设此时主串中第i个字符应与模式串中第k(k < j)个字符继续比较，则模式串中前k−1个字符的子串必须满足下列关系：

$$"t_0t_1\cdots t_{k-1}" = "s_{i-k}s_{i-k+1}\cdots s_{i-1}" \qquad (4\text{-}1)$$

而已得到的部分匹配结果为

$$"t_{j-k}t_{j-k+1}\cdots t_{j-1}" = "s_{i-k}s_{i-k+1}\cdots s_{i-1}" \qquad (4\text{-}2)$$

由式(4-1)和式(4-2)推出：

$$"t_0t_1\cdots t_{k-1}" = "t_{j-k}t_{j-k+1}\cdots t_{j-1}" \quad (0 < k < j) \qquad (4\text{-}3)$$

也就是说，若模式串中存在满足式(4-3)的两个子串，则当匹配过程中 $s_i \neq t_j$ 时，仅需将模式串向右滑动至第 k 个字符和主串中第 i 个字符对齐，匹配只需从 s_i、t_k 的比较开始，继续进行，无须 i 指针回溯。在匹配过程中，为了不错过任何可能的成功匹配，应该选择满足条件的最大 k 值。

若令 next[j] = k，则 next[j]表明当模式串中第 j 个字符与主串中相应字符失配时，在模式串中需重新找到和主串中该字符进行比较的字符位置。由此可引出模式串的 next[j]函数的定义为

$$next[j]=\begin{cases}-1 & (\text{当}j=0\text{时})\\ \max\left\{k\mid 0<k<j\text{且}"t_0t_1\cdots t_{k-1}"="t_{j-k}t_{j-k+1}\cdots t_{j-1}"\right\} & (\text{当此集合非空时})\\ 0 & (\text{其他情况})\end{cases} \qquad (4\text{-}4)$$

由此可见，next 函数的计算仅和模式串本身有关，和主串无关。其中 $"t_0t_1\cdots t_{k-1}"$ 是 $"t_0t_1\cdots t_{j-1}"$ 的真前缀子串，$"t_{j-k}t_{j-k+1}\cdots t_{j-1}"$ 是 $"t_0t_1\cdots t_{j-1}"$ 的真后缀子串。next[j] 的值等于串 $"t_0t_1\cdots t_{j-1}"$ 的真前缀子串和真后缀子串相等时的最大子串长度。

通过以上分析可推导出模式串的 next 值。例如，模式串 "abaabcac" 的 next 值的推导过程如表 4-1 所示。

(1) 当 j = 0 时，由定义得知，next[0] = −1。

(2) 当 j = 1 时，满足 0 < k < j 的 k 值不存在，由定义得知 next[1] = 0。

表 4-1　模式串 "abaabcac" 的 next 值推导过程

j 值	子串	真前缀子串	真后缀子串	结果
2	ab	a	b	串不等
3	aba	ab	ba	串不等
		a	a	子串长度为 1
4	abaa	aba	baa	串不等
		ab	aa	串不等
		a	a	子串长度为 1

续表

j 值	子串	真前缀子串	真后缀子串	结果
5	abaab	abaa	baab	串不等
		aba	aab	串不等
		ab	ab	子串长度为 2
6	abaabc	abaab	baabc	串不等
		abaa	aabc	串不等
		aba	abc	串不等
		ab	bc	串不等
		a	c	串不等
7	abaabca	abaabc	baabca	串不等
		abaab	aabca	串不等
		abaa	abca	串不等
		aba	bca	串不等
		ab	ca	串不等
		a	a	子串长度为 1

模式串 "abaabcac" 的 next 函数值如图 4-4 所示。

j	0	1	2	3	4	5	6	7
模式串	a	b	a	a	b	c	a	c
next[j]	−1	0	0	1	1	2	0	1

图 4-4　模式串 "abaabcac" 的 next 值

在求得模式串的 next 函数之后，匹配可如下进行：假设以指针 i 和 j 分别指示主串和模式串正待比较的字符，令 i 的初值为 pos，j 的初值为 0。若在匹配过程中 $s_i = t_j$，则 i 和 j 指针分别增 1，否则 i 不变，而 j 退到 next[j]的位置再比较，若相等，则指针各自增 1，否则 j 再退到下一个 next 值的位置，以此类推，直至下列两种情况之一发生：一种是 j 退到某个 next 值(next[next[…next[j]…]])时字符比较相等，则指针各自增 1 继续进行匹配；另一种是 j 退到 next 值为 -1(即与模式串的第一个字符失配)，此时需将主串和模式串都同时向右滑动一个位置，即从主串的 s_{i+1} 起和模式串 t_0 重新开始比较。执行这样的循环过程直到变量 i≥S.length 或变量 j≥T.length 为止。

KMP 算法设计如下所述。

【算法描述】

```
int KMPIndex(SString S, int pos, SString T, int next[])
{  //查找主串 S 从 pos 开始的模式串 T，成功则返回 T 在 S 中首字符位置，否则返回 -1
  //数组 next[]存放模式串 T 的 next 函数值
    int i = pos, j = 0, v;
    while(i < S.length && j < T.length)
    {
```

```
        if(j = = -1|| S.str[i] = = T.str[j])       //继续比较后续字符
        {   i ++;
            j++;
        }
        else j = next[j];                          //模式串向右滑动
    }
    if(j = = T.length) v = i-T.length;             //匹配成功
    else v = -1;                                   //匹配失败
    return v;
}
```

KMP 算法是在已知模式串的 next 函数值的基础上执行的，那么如何求得模式串的 next 函数值呢?下面讨论 next[j]的算法。

由定义可知，next[1] = 0，设 next[j] = k，这表明在模式串中存在 "$t_0t_1\cdots t_{k-1}$" = "$t_{j-k}t_{j-k+1}\cdots t_{j-1}$"$(0 < k < j)$，其中 k 为满足等式的最大值，则 next[j + 1]的值可能有以下两种情况：

(1) 若 $t_k = t_j$，则表明在模式串中有 "$t_0t_1\cdots t_k$" = "$t_{j-k}t_{j-k+1}\cdots t_j$"，且不可能存在 $k' > k$ 满足上述等式，因此有：

$$next[j+1] = k + 1$$

即

$$next[j+1] = next[j] + 1$$

(2) 若 $t_k \neq t_j$，则表明在模式串中有：

$$"t_0t_1\cdots t_k" \neq "t_{j-k}t_{j-k+1}\cdots t_j"$$

此时可将求 next[j+1]值的问题看成图 4-5 所示的模式匹配问题，整个模式串既是主串又是模式串。当 $t_k \neq t_j$ 时即把模式串 T′右滑至 $k' = next[k]$ $(0 < k' < k < j)$。

① 若此时 $t_{k'} = t_j$，则表明在模式串 T 中有 "$t_0t_1\cdots t_{k'}$" = "$t_{j-k}t_{j-k+1}\cdots t_j$"，因此有：

$$next[j+1] = k' + 1 = next[k] + 1$$

② 若此时 $t_{k'} \neq t_j$，则将模式串 T′ 右滑至 next[k']继续匹配，然后一直重复下去。若直到最后 k = 0 时都未比较成功，此时 next[j + 1] = 0。

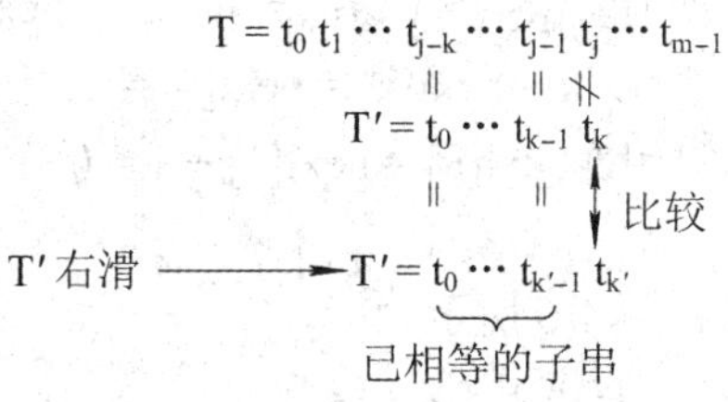

$T = t_0\ t_1 \cdots t_{j-k} \cdots t_{j-1}\ t_j \cdots t_{m-1}$

$T' = t_0 \cdots t_{k-1}\ t_k$

比较

T′ 右滑 ——→ $T' = t_0 \cdots t_{k'-1}\ t_{k'}$

已相等的子串

图 4-5　求 next[j+1]的模式匹配

【next 算法描述】

```
void GetNext(SString T, int next[])
{   //求模式串 T 的 next[j]值并存于 next 中
    int j = 0, k = 0;
    next[0] = -1;
```

```
    next[1] = 0;
    while(j < T.length-1)
    {
        if(k = = 0||T.str[j] = = T.str[k])
        {
            ++j;
            ++k;
             next[j] = k;
        }
        else if(k = = 0)
        {
             next[j+1] = 0;
             j ++;
        }
        else k = next[k];
    }
}
```

下面给出一个手工计算 next[j]值的例子。

【例 4-2】 计算 T = "abcabcaaa" 的 next[j]。

next 值的计算过程如下：

当 j = 0 时，next[0] = −1；

当 j = 1 时，next[1] = 0；

当 j = 2 时，$t_0 \neq t_1$，next[2] = 0；

当 j = 3 时，$t_0 \neq t_2$，next[3] = 0；

当 j = 4 时，$t_0 = t_3$ = 'a'，next[4] = 1；

当 j = 5 时，$t_1 = t_4$ = 'b'，即有 $t_0t_1 = t_3t_4$ = "ab"，next[5] = next[4] + 1 = 1 + 1 = 2；

当 j = 6 时，$t_2 = t_5$ = 'c'，即有 $t_0t_1t_2 = t_3t_4t_5$ = "abc"，next[6] = next[4] + 1 = 2 + 1 = 3；

当 j = 7 时，$t_3 = t_6$ = 'a'，即有 $t_0t_1t_2t_3 = t_3t_4t_5t_6$ = "abca"，next[7] = next[6] + 1 = 3 + 1 = 4；

当 j = 8 时，因为 $t_4 \neq t_7$，所以 k = next[k] = next[4] = 1；因为 $t_1 \neq t_7$，所以 k = next[k] = next[1] = 0；因为 $t_0 = t_7$ = 'a'，所以 next[8] = next[1] + 1 = 0 + 1 = 1。这就是计算 next[j + 1]值的第二种情况。

模式串 T 的 next 函数值如图 4-6 所示。

j	0	1	2	3	4	5	6	7	8
模式串	a	b	c	a	b	c	a	a	a
next[j]	−1	0	0	0	1	2	3	4	1

图 4-6　模式串 T 的 next 函数值

【KMP 算法分析】

KMP 算法是在已知模式串的 next 的基础上执行的。通常模式串的长度 m 比主串的长度 n 要小很多，且计算 next 函数的时间为 O(m)。因此，对于整个匹配算法来说，所增加的计算 next 是值得的。

BF 算法的时间复杂度为 $O(n \times m)$，但是实际执行中 m 是远远小于 n 的，故时间复杂度近似于 $O(n+m)$，因此该算法至今仍被采用。KMP 算法仅在模式串与主串之间存在许多部分匹配的情况下才会比 BF 算法快。KMP 算法的最大特点是主串的指针不需要回溯，整个匹配过程中主串仅需从头到尾扫描一次。这对处理从外设输入的庞大文件很有效，可以边读入边匹配，无须回头重读。

4.3　数　　组

4.3.1　数组的定义

数组是由类型相同的数据元素构成的有序集合，每个元素称为数组元素，每个元素受 n(n≥1)个线性关系的约束，每个元素在 n 个线性关系中的序号 $i_1, i_2, \cdots, i_n$ 称为该元素的下标，可通过下标访问该数据元素。因为数组中每个元素处于 n(n≥1)个关系中，故称该数组为 n 维数组，二维以上的数组称为**多维数组**。数组可以看成线性表的推广，其特点是结构中的元素本身可以是具有某种结构的数据，但属于同一数据类型。例如，一维数组可以看作一个线性表，二维数组可以看成数据元素是线性表的线性表。图 4-7 所示的二维数组可以看成一个线性表 A。

$$A_{m\times n}=\begin{bmatrix} a_{00} & a_{01} & \cdots & a_{0,n-1} \\ a_{10} & a_{11} & \cdots & a_{1,n-1} \\ \vdots & \vdots & & \vdots \\ a_{m-1,0} & a_{m-1,1} & \cdots & a_{m-1,n-1} \end{bmatrix}$$

图 4-7　二维数组

$$A=(a_0, a_1, \cdots, a_k) \quad (k=m-1 \text{ 或 } n-1)$$

其中，每个数据元素 a_i 是一个行向量形式的线性表

$$\alpha_i=(a_{i0}, a_{i1}, \cdots, a_{i,n-1}) \quad (0\leqslant i\leqslant m-1)$$

或者 a_j 是一个列向量形式的线性表：

$$a_j=(a_{0j}, a_{1j}, \cdots, a_{m-1,j}) \quad (0\leqslant j\leqslant n-1)$$

可以看出，一个 m × n 的二维数组可以看成 m 行的一维数组，或者 n 列的一维数组。因此，在 C 语言中，一个二维数组类型可定义为其元素类型为一维数组的一维数组类型，即

```
typedef  DataType  a[m][n];
```

等价于：

```
typedef  DataType  a1[n];
typedef  a1  a[m];
```

以此类推，一个 n 维数组类型可以定义为其元素类型为 n−1 维数组的一维数组类型。

4.3.2 数组的顺序存储

数组一旦被定义，它的维数和维界就不再改变。因此，除了数组的初始化和销毁之外，数组的操作只有获取和修改特定位置的元素值，一般不做插入或删除操作。也就是说，数组一旦建立，则其数据元素个数和元素之间的关系就不再发生变动。因此，数组适合采用顺序存储结构表示。

1. 一维数组的存储

一维数组的每个元素只含一个下标，其实质就是线性表，存储方法同顺序表。假设一维数组为 $A = (a_0, a_1, a_2, \cdots, a_{n-1})$，每个元素占 k 个存储单元，$Loc(a_0)$是 a_0 的存储地址，即数组的起始存储地址，也称为基地址或基址，则任一数据元素 a_i 的存储地址可由下式确定：

$$Loc(a_i) = Loc(a_0) + i \times k \qquad (0 \leqslant i < n) \tag{4-5}$$

2. 多维数组的存储

由于存储单元是一维的结构，因此对于一维数组，可以使用顺序存储的方式，但是对于多维数组，其结构是多维的，如何将多维结构存入一维的地址空间，即如何解决多维数组的存储问题呢？可以按照某种次序将数组中的所有元素排列成一个线性序列，然后将这个线性序列存放在一维的地址空间中。例如，图 4-7 所示的二维数组可以看成一个行向量形式的线性表或列向量形式的线性表。因此，二维数组有两种存储方式：一种是以行序为主序的存储方式，如图 4-8(a)所示；另一种是以列序为主序的存储方式，如图 4-8(b)所示。在 C 语言中数组采用以行序为主序的存储结构。

a_{00}	a_{01}	…	$a_{0,n-1}$	a_{10}	a_{11}	…	$a_{1,n-1}$	…	$a_{m-1,0}$	$a_{m-1,1}$	…	$a_{m-1,n-1}$

(a) 行序为主序

a_{00}	a_{10}	…	$a_{m-1,0}$	a_{01}	a_{11}	…	$a_{m-1,1}$	…	$a_{0,n-1}$	$a_{1,n-1}$	…	$a_{m-1,n-1}$

(b) 列序为主序

图 4-8 二维数组的两种存储方式

假设一个 m 行 n 列的二维数组 $A[0 \cdots m-1, 0 \cdots n-1]$(即下标从 0 开始)，每个数据元素占 k 个存储单元。$Loc(a_{00})$是 a_{00} 的存储地址，则任一元素 a_{ij} 的存储地址可由下式确定：

$$Loc(a_{ij}) = Loc(a_{00}) + (i \times n + j) \times k \quad (0 \leqslant i < m, \ 0 \leqslant j < n) \tag{4-6}$$

将式(4-6)推广到一般情况，可得到 n 维数组 $A[0 \cdots b_1-1, 0 \cdots b_2-1, \cdots, 0 \cdots b_n-1]$ 的任一数据元素存储地址的计算公式：

$$\begin{aligned} Loc(a_{j1,j2,\cdots,jn}) &= Loc(a_{0,0,\cdots,0}) + (b_2 \times \cdots \times b_n \times j_1 + b_3 \times \cdots \times b_n \times j_2 + \cdots + b_n \times j_{n-1} + j_n)k \\ &= Loc(a_{0,0,\cdots,0}) + (\sum_{i=1}^{n-1} j_i \prod_{h=i+1}^{n} b_h + j_n)k \end{aligned}$$

可缩写为

$$Loc(a_{j1,j2,\cdots,jn}) = Loc(a_{0,0,\cdots,0}) + \sum_{i=1}^{n} c_i j_i \tag{4-7}$$

其中，$c_n = k$，$c_{i-1} = b_i \times c_i$，$1 < i \leqslant n$。

式(4-7)称为 n 维数组的映像函数。可以看出，数组元素的存储位置是其下标的线性函数。由于计算各个元素存储位置的时间相等，所以存取数组中任一元素的时间也相等，通常称具有这种特性的存储结构为**随机存取结构**。显然，数组是一种随机存取结构。

4.3.3　特殊矩阵的压缩存储

矩阵运算在许多科学和工程计算问题中经常涉及。通常，编写求解矩阵问题的应用程序都用二维数组来存储矩阵数据元素。但是，经常会遇到一些阶数很高的矩阵，其中有许多值相同的元素或是零元素，并且值相同的元素或零元素的分布有一定的规律，这类矩阵称为**特殊矩阵**。

对于特殊矩阵，如果按照传统的二维数组进行存储，会有很大的空间浪费。为了节省存储空间，可以对这类矩阵进行压缩存储。特殊矩阵的压缩存储方法是为多个值相同的元素只分配一个存储空间，对零元素不分配空间。下面重点讨论两类特殊矩阵：对称矩阵和三角矩阵。

1. 对称矩阵

若一个 n 阶矩阵 A 中的元素满足下述性质：

$$a_{ij} = a_{ji} \quad (1 \leqslant i, j \leqslant n)$$

则称为 n 阶对称矩阵。

由于 n 阶对称矩阵中的数据元素以主对角线为中线对称，因此在存储时，可以为每一对对称的两个元素分配一个存储空间，则可将 n^2 个数据元素压缩存储在 $n(n+1)/2$ 个存储单元中。假设以一维数组 va[n(n + 1)/2]作为 n 阶对称矩阵 A 的存储结构，则 va[k]和矩阵元素 a_{ij} 之间存在以下映射关系：

$$k = \begin{cases} \dfrac{i(i-1)}{2} + j - 1 & (i \geqslant j) \\[2ex] \dfrac{j(j-1)}{2} + i - 1 & (i < j) \end{cases} \tag{4-8}$$

对于任意给定的一组下标(i, j)，均可在 va 中找到矩阵元素 a_{ij}；反之，对任意给定的 k，都能确定 va[k]中的元素在矩阵 A 中的位置(i, j)。因此，称 va[n(n+1)/2]为 n 阶对称矩阵的压缩存储。

n 阶对称矩阵的数据元素在 va 中的对应位置关系见表 4-2。

表 4-2　n 阶对称矩阵的压缩存储

va	a_{11}	a_{21}	a_{22}	a_{31}	…	a_{n1}	…	a_{nn}
k =	0	1	2	3	…	n(n−1)/2	…	n(n+1)/2−1

2. 三角矩阵

以主对角线划分，三角矩阵有上三角矩阵和下三角矩阵两种。n 阶上三角矩阵指矩阵的主对角线(不包括对角线)下方的元素均为零或常数 c，如图 4-9(a)所示；而 n 阶下三角矩阵正好相反，如图 4-9(b)所示。对三角矩阵进行压缩存储时，与对称矩阵一样，只将其上(下)三角中的元素存储到一维数组中，若常数 c 不为零，再将常数 c 存储到一维数组的最后一个元素单元中。

$$\begin{bmatrix} a_{11} & a_{12} & \cdots & a_{1n} \\ c & a_{22} & \cdots & a_{2n} \\ \vdots & \vdots & & \vdots \\ c & c & \cdots & a_{nn} \end{bmatrix} \qquad \begin{bmatrix} a_{11} & c & \cdots & c \\ a_{21} & a_{22} & \cdots & c \\ \vdots & \vdots & & \vdots \\ a_{n1} & a_{n2} & \cdots & a_{nn} \end{bmatrix}$$

(a) 上三角矩阵　(b) 下三角矩阵

图 4-9　三角矩阵

对于上三角矩阵，va[k]和矩阵元素 a_{ij} 之间的映射关系为

$$k=\begin{cases} \dfrac{(i-1)(2n-i+2)}{2}+(j-i) & (i\leqslant j) \\ \dfrac{n(n+1)}{2} & (i>j) \end{cases} \tag{4-9}$$

对于下三角矩阵，va[k]和矩阵元素 a_{ij} 之间的映射关系为

$$k=\begin{cases} \dfrac{i(i-1)}{2}+j-1 & (i\geqslant j) \\ \dfrac{n(n+1)}{2} & (i<j) \end{cases} \tag{4-10}$$

此时，一维数组 va 的数据元素个数为[n(n + 1)/2] + 1。

4.3.4　稀疏矩阵的压缩存储

当一个阶数较大的矩阵中只有极少非零元素，且分布不规律时，若非零元素个数 s 相对于矩阵元素的总个数 t 非常小，即 s<< t，则称该矩阵为**稀疏矩阵**。例如，图 4-10 就是一个 6 × 7 的稀疏矩阵。

$$A=\begin{bmatrix} 0 & 0 & 11 & 0 & 17 & 0 & 0 \\ 0 & 25 & 0 & 0 & 0 & 0 & 0 \\ 0 & 0 & 0 & 0 & 0 & 0 & 0 \\ 19 & 0 & 0 & 0 & 0 & 0 & 0 \\ 0 & 0 & 0 & 37 & 0 & 0 & 0 \\ 0 & 0 & 0 & 0 & 0 & 0 & 50 \end{bmatrix}$$

图 4-10　稀疏矩阵

同样，稀疏矩阵如果按照传统方式进行存储则会有大量的空间浪费(存储了大量零元素)。因此，稀疏矩阵只存储矩阵中的非零元素，从而达到压缩存储的目的。但由于稀疏矩阵中非零元素的分布没有规律，因此存储非零元素时还必须存储它们在矩阵中的位置(行号和列号)。

稀疏矩阵的压缩存储结构一般有两类：三元组顺序表(顺序结构)和十字链表(链式结构)。

1. 三元组顺序表

对于稀疏矩阵中的非零元素而言，通过给定行号(row)、列号(col)及元素值(value)这三项值就可以唯一确定。将稀疏矩阵中所有非零元素的这三项值按照行和列递增的次序依次存放到一个三元组组成的数组中，这种顺序方式的存储结构称为**三元组顺序表**。图 4-10 所示的稀疏矩阵 A 的三元组顺序表见图 4-11。

	row	col	value
0	1	3	11
1	1	5	17
2	2	2	25
3	4	1	19
4	5	4	37
5	6	7	50

图 4-11　三元组顺序表

可以看出，矩阵中有 6 个非零元素，三元组按行号递增的顺序排列，若行号相同则按列号递增的顺序排列。但这样仍不能唯一地确定一个稀疏矩阵。例如，如果在图 4-10 所示的矩阵末行添加两行全零元素，则三元组顺序表不变。因此，三元组顺序表还必须给出矩阵的总行数、总列数以及非零元素的个数，这样才能唯一地确定一个稀疏矩阵。

三元组顺序表的数据类型定义如下：

```
typedef struct
{
    int row;                    //行号
    int col;                    //列号
    DataType value;             //元素值
} Triple;                       //三元组类型
typedef struct
{
    Triple data[MaxSize];       //三元组表
    int rows, cols, nums;       //稀疏矩阵行数、列数及非零元素个数
}TSMatrix;
```

对矩阵最常见的操作是转置运算。矩阵的转置就是将每个元素的行号和列号互换，即将三元组(row, col, value)改变为(col, row, value)。例如，图 4-11 的稀疏矩阵三元组顺序表转置后如图 4-12(a)所示。

当稀疏矩阵用三元组顺序表表示时，是以先行序后列序的原则存放非零元素的，这样存放有利于稀疏矩阵很多运算的实现。但是，如果对转置后的矩阵再以行序排列，如图 4-12(a)所示，则不方便矩阵运算的实现。

如果转置后依然需保持先行序后列序的规则，则必须对转置后的三元组顺序表按照 row 值重新排序，这样不但不方便矩阵运算的实现，而且时间代价较大。为此，可采用另一

种转置算法——**按列序递增转置算法**。

【按列序递增转置算法思想】

按照先列序后行序的原则扫描原三元组顺序表，即对原三元组顺序表依次查找第 1 列、第 2 列，直到最后一列的三元组，每次从原三元组顺序表的第 1 个元素开始向下搜索，只要找到则将其行、列交换后顺序存入转置后的三元组表中。图 4-12(b)所示是对图 4-10 的稀疏矩阵进行转置后的矩阵。

	row	col	value
0	3	1	11
1	5	1	17
2	2	2	25
3	1	4	19
4	4	5	37
5	7	6	50

(a) 转置矩阵 1

	row	col	value
0	1	4	19
1	2	2	25
2	3	1	11
3	4	5	37
4	5	1	17
5	7	6	50

(b) 转置矩阵 2

图 4-12　转置后的三元组顺序表

【算法描述】

```
Void Transition(TSMatrix A, TSMatrix *B)
{  //把矩阵 A 转置到 B 矩阵中，矩阵用三元组顺序表表示
   int i, j, k;
   B->rows = A.cols; B->cols = A.rows; B->nums = A.nums;
   if(B->nums>0)
   {
      j = 1;
      for(k = 1; k <= A.cols; k++)                    //依次考察矩阵 A 的每 1 列
         for(i = 1; i <= A.nums; i++)                 //扫描 A 的三元组顺序表
            if(A.data[i].col = = k)                   //处理 col 列元素
            {
               B->data[j].row = A.data[i].col;
               B->data[j].col = A.data[i].row;
               B->data[j].value = A.data[i].value;
               j ++;
            }
   }
}
```

【算法分析】

该算法的执行时间主要消耗在嵌套的双重 for 循环，时间复杂度为 O(A.cols × A.nums)，而用常规的二维数组存储矩阵进行转置算法的时间复杂度为 O(A.rows × A.cols)。当矩阵为

稀疏矩阵时，显然前者的效率要高。

2. 十字链表

采用三元组顺序表存储稀疏矩阵，对于矩阵的加法、乘法等操作，因为非零元素的个数、位置都会发生变化，所以必须在三元组顺序表中进行插入和删除操作，这很不方便。而用十字链表进行存储，能够灵活地处理因插入或删除操作而产生的新非零元素，便于实现矩阵的各种运算。

十字链表是稀疏矩阵的一种链式存储结构。在十字链表中，矩阵的每个非零元素用一个结点来表示，每个结点由 5 个域组成，其结构如图 4-13 所示。

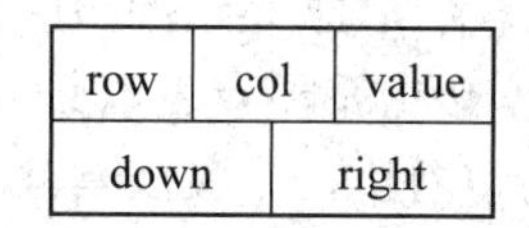

图 4-13　十字链表的结点结构

图 4-13 中，除了行号、列号及元素值外，结点中增加了两个指针(right、down)，right 指向同一行中的下一个元素结点，down 指向同一列中的下一个元素结点。整个矩阵构成了一个十字交叉的链表，因此称为**十字链表**。每一行和每一列的头指针用两个一维的指针数组来存放。例如，图 4-10 所示的稀疏矩阵对应的十字链表存储结构如图 4-14 所示。

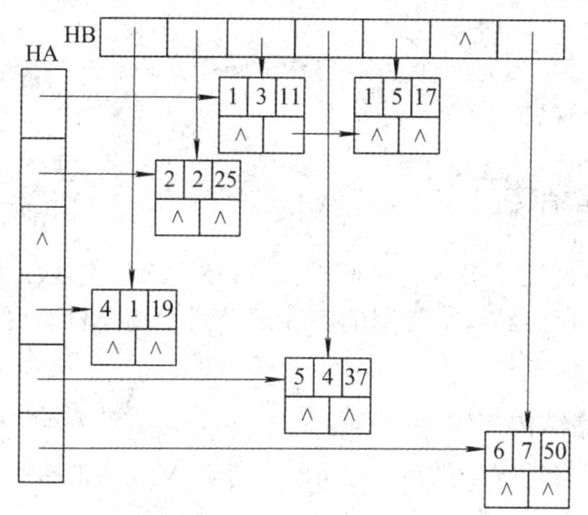

图 4-14　十字链表的结点结构

4.4　广　义　表

4.4.1　广义表的定义

广义表又称为列表，是线性表的推广，它允许表中的元素还可以是表。广义表在人工智能、计算机图形学等领域得到广泛应用，人工智能语言 Lisp 和 Prolog 都是以广义表作为数据结构的。

广义表可定义为 n(n≥0)个元素的有限序列，记作 $LS = (a_1, a_2, \cdots, a_n)$。其中，$a_i$ $(1 \leqslant i \leqslant n)$ 可以是单个元素(称为广义表的原子，一般用小写字母表示)，也可以是广义表(称为广义表的子表，一般用大写字母表示)，n 为广义表的长度。

显然，广义表的定义是一个递归的定义，因为在描述广义表时又用到了广义表的概念。下面给出一些广义表的例子。

(1) A = ( )：A 为空表，其长度为零。

(2) B = (e)：B 只有一个原子 e，其长度为 1。

(3) C = (a, (b, c, d))：C 的长度为 2，两个元素分别为原子 a 和子表(b, c, d)。

(4) D = (A, B, C)：D 的长度为 3，3 个元素都是广义表。

(5) E = (a, E)：E 是一个长度为 2 的递归定义表，E 相当于无穷表 E = (a, (a, (a, (…))))。

广义表可用图形来表示，例如，图 4-15 表示的是广义表 D，图中以圆形结点表示广义表，以方形结点表示原子。

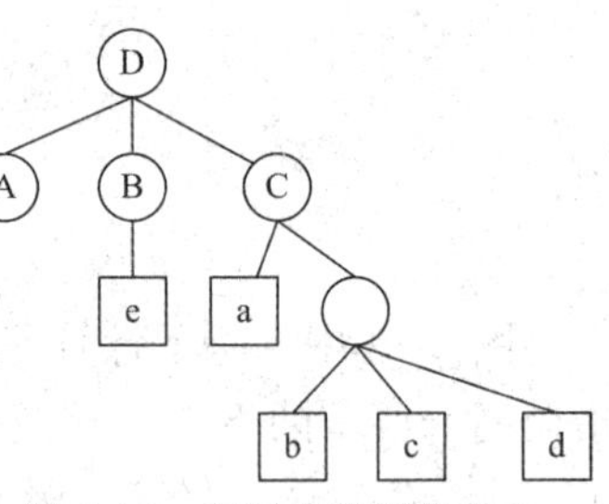

图 4-15　广义表的图形表示

从上述广义表的定义和例子可以看出，广义表具有以下特性：

(1) 线性性：对任意广义表，若不考虑其数据元素的内部结构，则是一个线性表，即数据元素之间是线性关系。

(2) 共享性：广义表以及广义表的元素可以为其他广义表所共享。例如上述例子中，广义表 A、B 和 C 是表 D 的子表。

(3) 递归性：广义表可以是一个递归的表，即广义表也可以是其自身的一个子表。例如表 E = (a, E)就是一个递归的表。

4.4.2　广义表的存储结构

由于广义表中的数据元素可以有不同的结构(原子或广义表)，因此难以用顺序存储结构表示，通常采用链式存储结构。常用的广义表链式存储结构有两种：头尾链表的存储结构和扩展的线性链表存储结构。

1. 头尾链表的存储结构

广义表中的每个元素用一个结点来表示。由于广义表中的数据元素可能是原子或广义表，因此结点有两种类型：一种是原子结点，另一种是表结点，结点中还需设置一个标志域以区分是哪一种结点。对于原子结点，还要有一个域用来存储该元素的数据，而表结点一定可以分解为表头和表尾两部分，因此表结点还有指向表头和指向表尾的两个指针域，如图 4-16 所示，其中 tag 是标志域，值为 0 时表明结点是原子，值为 1 时表明结点是表。

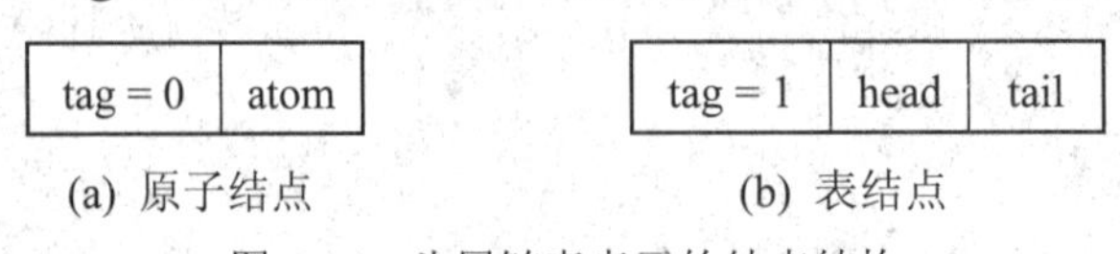

图 4-16　头尾链表表示的结点结构

结点的数据类型描述如下：

```
typedef struct GLNode
{
    int tag;                    //标志域，tag = 0 为原子结点，tag = 1 为表结点
```

```
        union
        {
            AtomType atom;                  // atom 为原子结点的值域，AtomType 由用户定义
            struct
            {
                struct GLNode *head, *tail;  // head 指向表头，tail 指向表尾
            } LNode;                        //表结点
        } atom_LNode;
    } GLNode, *GList;
```

【例 4-3】 $LS_1 = (a, (b, c, d))$，$LS_2 = (a, LS_2) = (a, (a, (a, \cdots,)))$，它们对应的头尾链表存储结构分别如图 4-17、图 4-18 所示。

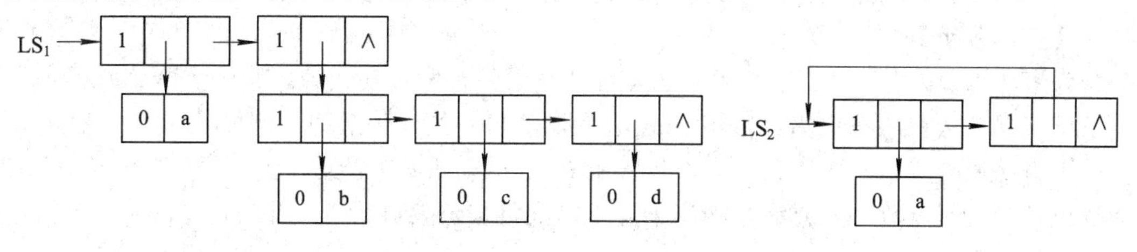

图 4-17 LS_1 的头尾链表结构　　图 4-18 LS_2 的头尾链表结构

2. 扩展的线性链表存储结构

在扩展的线性链表存储结构中，无论是原子结点还是表结点均由三个域组成，原子结点由于不存在表头，所以除了标志域外只用一个 next 指向直接后继；表结点中 head 用来指示表头，next 用来指示其直接后继，如图 4-19 所示。

(a) 原子结点　　(b) 表结点

图 4-19 扩展的线性链表结点结构

数据类型描述如下：

```
    typedef struct GLNode
    {
        int tag;                        //标志域
        union
        {
            AtomType atom;              //atom 为原子结点的值域
            Struct GLNode *head;        // head 指向表头
        } atom_LNode;
        Struct GLNode *next;
    } GLNode, *GList;
```

例如，例 4-3 的两个广义表对应的扩展的线性链表存储结构分别如图 4-20、图 4-21 所示。

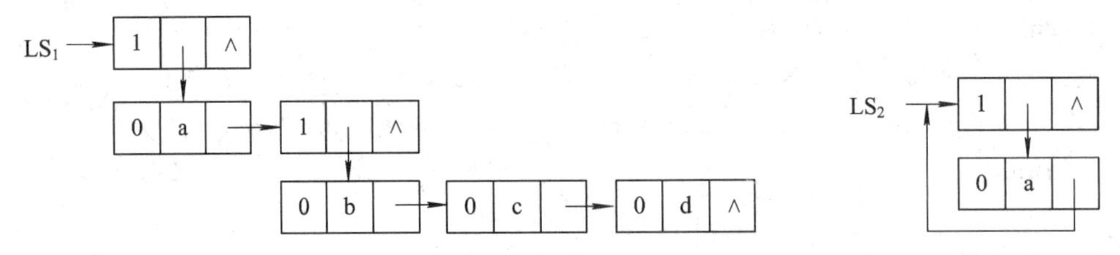

图 4-20　LS_1 的扩展的线性链表存储结构　　图 4-21　LS_2 的扩展的线性链表存储结构

4.5　实例分析与实现

在本章 4.1 节中引入了实例发纸牌问题，下面对该实例进行详细分析和算法实现。

【实例分析】

为避免重复发牌，设二维数组 sign[4][13] 记录是否发过某张牌。其中行下标表示花色，列下标表示点数。字符串指针数组 card[n] 存储随机发的 n 张纸牌，例如 card[0] = 梅花 2。按以下方法依次发每一张牌：首先产生一个 0～3 的随机数 i 表示花色，再产生一个 0～12 的随机数 j 表示点数，如果这张牌尚未发出，则将 sign[i][j] 置 1，并将这张牌存储到数组 card[n] 中。

【实例实现】

发纸牌问题实现算法的基本思想如下：

(1) 输入纸牌数 n。

(2) 定义二维数组的行和列下标 i、j，对每张牌 k(0～n−1)重复执行下述操作：

① 产生 0～3 的随机数作为花色，并保存于行下标 i。

② 产生 0～12 的随机数作为点数，并保存于列下标 j。

③ 若 sign[i][j] 等于 1，转①重新生成第 k 张牌；否则执行下述操作：

置 sign[i][j] = 1，即标识这张牌已发出；将第 k 张牌存储到数组 card[k] 中，k 加 1。

(3) 输出存储 n 张纸牌的数组 card[n]。

为了实现该算法，假设字符串指针数组 str1[4] 和 str2[13] 分别存储一副纸牌的花色和点数，字符串指针数组 card[13] 存储随机产生的 n 张纸牌。为避免在函数之间传递大量参数，将数组 str1[4]、str2[13] 和 card[13] 设为全局变量，实现算法如下所示。

【算法描述】

```
#include <stdio.h>
#include <stdlib.h>                //使用库函数 srand 和 rand
#include <time .h>                 //使用库函数 time
#include <string.h>
#include <malloc.h>                //使用 malloc 等库函数实现动态存储分配
char *str1[4] = {"梅花", "黑桃", "红桃", "方块"};     //全局变量存储花色和点数
char *str2[13] = ("2", "3", "4", "5", "6", "7", "8", "9", "10", "J", "Q", "K", "A");
char *card[13];                    //全局变量存储随机产生的纸牌，假设最多发 13 张牌
void SendCards(int n)
```

```
{   int k, i, j, sign[4][13] = {0};          //初始化标志数组，所有牌均未发出
    srand(time(NULL));                       //初始化随机种子为当前系统时间
    for(k = 0; k<n; k++)
    {   i = rand()%4;                        //随机生成花色下标
        j = rand()%13;                       //随机生成点数下标
        if(sign[i][j] == 1)                  //这张牌已发出
            continue;                        //跳过循环体余下语句，注意 k 的值不变
        else
        {
            card[k] = (char*)malloc(6);      //存储一张牌需要 6 个字节
            strcpy(card[k], str1[i]);        //字符串赋值
            strcat(card[k], str2[j]);        //字符串连接，card[k] = card[k]+str2[j]
            sign[i][j] = 1;                  //标识这张牌已发出
            k ++;                            //准备发下一张牌
        }
    }
}
void Printcards(int n)
{   //依次输出每一张牌
    for(int k = 0; k<n; k++)
        printf("%-10s", card[k]);            //宽度 10 位左对齐输出第 k 张牌
    printf("\n");
}
int main(    )
{   int n;
    printf("请输入发牌张数: ");
    scanf("d", &n);
    SendCards(n);                            //函数调用，随机产生 n 张牌存储到数组 card
    Printcards(n);                           //函数调用，输出数组 card 中保存 n 张牌
    return 0;
}
```

习　题　4

一、单项选择题

1. 下面关于串的叙述中，不正确的是(　　)。

A. 串是字符的有限序列

B. 空串是由空格构成的串

C. 模式匹配是串的一种重要运算

D. 串既可以采用顺序存储，也可以采用链式存储

2. 串是一种特殊的线性表，其特殊性体现在(　　)。

A. 可以顺序存储　　B. 数据元素是单个字符

C. 可以链式存储　　D. 数据元素可以是多个字符

3. 串的长度是指(　　)。

A. 串中所含不同字母的个数　　B. 串中所含字符的个数

C. 串中所含不同字符的个数　　D. 串中所含非空格字符的个数

4. 设有两个串 p 和 q，其中 q 是 p 的子串，求 q 在 p 中首次出现的位置的算法称为(　　)。

A. 求子串　　B. 连接　　C. 模式匹配　　D. 求串长

5. 数组 A[0…5，0…6]的每个元素占 5 个字节，将其按列优先次序存储在起始地址为 1000 的内存单元中，则元素 A[5, 5]的地址是(　　)。

A. 1175　　B. 1180　　C. 1205　　D. 1210

6. 若对 n 阶对称矩阵以行序为主序的方式将其下三角中的元素(包括主对角线上所有元素)依次存放于一维数组 B[1…[n(n + 1)]/2]，则在 B 中确定 a_{ij}($i < j$)的位置 k 的关系为(　　)。

A. $i \times (i-1)/2 + j$　　B. $j \times (j-1)/2 + i$

C. $i \times (i+1)/2 + j$　　D. $j \times (j+1)/2 + i$

7. 设二维数组 A[1…m，1…n](即 m 行 n 列)按行存储在数组 B[1…m × n]中，则二维数组元素 A[i，j]在一维数组 B 中的下标为(　　)。

A. $(i-1) \times n + j$　　B. $(i-1) \times n + j-1$

C. $i \times (j-1)$　　D. $j \times m + i-1$

8. 数组 A[0…4，-1…3，5…7]中含有元素的个数为(　　)。

A. 55　　B. 45　　C. 36　　D. 16

9. 下面(　　)不属于特殊矩阵。

A. 对角矩阵　　B. 三角矩阵　　C. 稀疏矩阵　　D. 对称矩阵

10. 广义表((a, b, c, d))的表头是(　　)和表尾是(　　)。

A. a　　B. ( )　　C. (a, b, c, d)　　D. (b, c, d)

11. 【2015 年统考真题】已知字符串 s 为“abaabaabacacaabaabcc”，模式串 t 为“abaabc”。采用 KMP 算法进行匹配，第一次出现失配(s[i] != t[j])时，i = j = 5，则下次开始匹配时，i 和 j 的值分别是(　　)。

A. i = l，j = 0　　B. i = 5，j = 0　　C. i = 5，j = 2　　D. i = 6，j = 2

12. 【2017 年统考真题】适用于压缩存储稀疏矩阵的两种存储结构是(　　)。

A. 三元组表和十字链表　　B. 三元组表和邻接矩阵

C. 十字链表和二叉链表　　D. 邻接矩阵和十字链表

13. 【2018 年统考真题】设有一个 12 × 12 的对称矩阵 M，将其上三角部分的元素 m_{ij}($1 \leqslant i \leqslant j \leqslant 12$)按行优先存入 C 语言的一维数组 N 中，元素 $m_{6,6}$ 在 N 中的下标是(　　)。

A. 50　　B. 51　　C. 55　　D. 66

二、应用题

1. 已知模式串 t = "abcaabbabcab"，写出用 KMP 法求得每个字符对应的 next 函数值。

2. 对于如下所示的稀疏矩阵：

$$A=\begin{bmatrix}0&0&0&0&0&5&0\\0&0&0&0&0&0&0\\0&0&0&0&0&0&0\\0&0&19&0&0&0&0\\0&0&0&0&0&0&0\\0&22&0&0&0&33&0\end{bmatrix}$$

(1) 画出稀疏矩阵 A 的三元组顺序表结构。

(2) 画出稀疏矩阵 A 的十字链表结构。

3. 数组 A 中，每个元素 A[i, j]的长度均为 32 个二进制位，行下标从−1～9，列下标从 1～11，从首地址 S 开始连续存放在主存储器中，主存储器字长为 16 位。求：

(1) 存放该数组所需多少单元?

(2) 存放数组第 4 列所有元素至少需多少单元?

(3) 数组按行存放时，元素 A[7, 4]的起始地址是多少?

(4) 数组按列存放时，元素 A[4, 7]的起始地址是多少?

4. 请画出广义表 A(B(x, C(a, b)), D(B, c), E(d, E))对应的头尾链表表示的存储结构图。

5. 请画出广义表 A(B(A, a, C(A)), C(A))对应的扩展线性链表表示的存储结构图。

三、算法设计题

1. 写一个算法统计出输入字符串中各个不同字符出现的频度，并将其结果存入文件(字符串中的合法字符为 A～Z 这 26 个字母和 0～9 这 10 个数字)。

2. 写一个递归算法来实现字符串逆序存储，要求不另设串存储空间。

3. 编写算法，实现下面函数的功能。函数 void insert(char*s，char*t，int pos)将字符串 t 插入到字符串 s 中，插入位置为 pos。假设分配给字符串 s 的空间足够让字符串 t 插入。(说明：不得使用任何库函数)

4. 已知字符串 s_1 中存放一段英文，写出算法 format(s_1, s_2, s_3, n)，将其按给定的长度 n 格式化成两端对齐的字符串 s_2(即长度为 n 且首尾字符不得为空格字符)，其多余的字符送 s_3。

5. 设二维数组 a[1…m, 1…n]含有 m × n 个整数。

(1) 写一个算法判断 a 中所有元素是否互不相同？输出相关信息(yes/no)。

(2) 试分析算法的时间复杂度。

6. 若矩阵 $A_{m\times n}$ 中的某一元素 A[i][j]是第 i 行中的最小值，同时又是第 j 列中的最大值，则称此元素为该矩阵的一个鞍点。假设以二维数组存放矩阵，试编写一个函数，确定鞍点在数组中的位置(若鞍点存在时)，并分析该函数的时间复杂度。

7. 设整数数组 B[m + 1][n + 1]的数据元素在行、列方向上都按从小到大的顺序排序，且整型变量 x 中的数据在 B 中存在。试设计一个算法，找出满足 B[i][j] = x 的一对 i，j 值。要求比较次数不超过 m + n。

8. 设 GL 是一个用头尾链表存储的广义表，试设计一个算法，求 GL 中所有原子的个数。例如，广义表((a, b), c, (( ), (d), (e, (f, g))))中的原子个数为 7。

四、上机实验题

1. 字符串加密和解密。

实验目的：

掌握串的应用算法设计。

实验内容：

问题描述：一个文本串可用事先给定的字母映射表进行加密。例如，设字母映射表为

Abcdefghijklmnopqrstuvwxyz

ngzqtcobmuhelkpdawxfyivrsj

则字符串 "emcrypt" 被加密为 "tlzwsdf"。

要求：

(1) 编写一个算法将输入的文本串加密后输出。

(2) 编写一个算法，将输入已加密的文本串解密后输出。

(3) 编写一个主函数进行测试。

2. 基于字符串模式匹配算法的病毒感染检测问题。

实验目的：

(1) 掌握字符串的顺序存储表示方法。

(2) 掌握字符串模式匹配算法 BF 算法或 KMP 算法的实现。

实验内容：

问题描述：医学研究者最近发现了某些新病毒，通过对这些病毒的分析，得知它们的 DNA 序列都是环状的。现在研究者已收集了大量的病毒 DNA 和人 DNA 的数据，想快速检测出这些人是否感染了相应的病毒。为了方便研究，研究者将人的 DNA 和病毒 DNA 均表示成由一些字母组成的字符串序列。然后检测某种病毒 DNA 序列是否在患者的 DNA 序列中出现过，如果出现过，则此人感染了该病毒，否则没有感染。例如，假设病毒的 DNA 序列为 baa，患者 1 的 DNA 序列为 aaabbba，则感染；患者 2 的 DNA 序列为 babbba，则未感染。注意：人的 DNA 序列是线性的，而病毒的 DNA 序列是环状的。

输入要求：多组数据，每组数据有 1 行，为序列 A 和 B，A 对应病毒的 DNA 序列，B 对应人的 DNA 序列。A 和 B 都为 0 时输入结束。

输出要求：对于每组数据输出 1 行，若患者感染了病毒输出 "YES"，否则输出"NO"。

输入样例：

abbab abbabaab

baa cacdvcabacsd

abc def

00

输出样例：

YES

YES

NO

第 5 章　树与二叉树

树结构是一类重要的非线性结构。在树结构中，结点前驱唯一，而后继不唯一，即结点之间是一对多关系。树结构在客观世界中广泛存在，如人类社会的族谱和各种社会组织结构都可以用树来表示。树结构在计算机领域也得到了广泛的应用。例如，在操作系统中，用树来表示文件系统目录的组织结构；在编译系统中，用树来表示源程序的语法结构。本章重点讨论树及二叉树的特性、存储结构、操作实现以及应用。

5.1　实 例 引 入

【例 5-1】 数据压缩问题。

在数据通信、数据压缩问题中，需要将数据文件转换成由二进制字符 0、1 组成的二进制串，我们称之为**编码**。人们总是希望找到一种编码能将待处理的数据压缩得尽可能短。

例如，假设要传送的电文为 ABACCDA，电文只有 A、B、C、D 四个字符，若这四个字符采用表 5-1(a)所示的编码方案，则电文的代码为 00 01 00 10 10 11 00，代码总长度为 14；若这四个字符采用表 5-1(b)所示的编码方案，则电文的代码为 0 110 0 10 10111 0，代码总长度是 13。由此可以发现，不同的编码方案，得到的电文代码的长度可能不同，那么能否找到一种代码总长度最短的编码方案？这一问题可以利用 5.6 节介绍的哈夫曼树及其编码来解决。

表 5-1　字符的不同编码方案

(a)

字符	编码
A	00
B	01
C	10
D	11

(b)

字符	编码
A	0
B	110
C	10
D	111

【例 5-2】 等价问题。

等价关系是现实世界中广泛存在的一种关系。许多应用问题可以归结为按给定的等价关系将集合划分为等价类的问题。

例如，要测试一个软件是否存在问题，这个软件所有允许的输入数据构成的集合通常有很多元素。把软件所有允许的输入数据域划分成若干子集合，即等价类。然后从每个子集合中选取少数具有代表性的数据作为测试用例，这样的测试用例设计方法可以有效地避免大量的冗余测试。这种方法是一种常用的软件黑盒测试用例设计方法。

并查算法是确定等价类的高效算法。如果采用树结构表示等价类，用一棵树代表一个集合，两个结点在同一棵树中，则认为这两个结点在同一个集合。这样就可以用本章知识来实现并查算法。本章 5.8 节将给出此实例的分析与实现。

5.2　树的基本概念

5.2.1　树的定义、基本术语及性质

1. 树的定义

树是由 n(n≥0)个结点组成的有限集合 T。n = 0 的树称为空树；对 n＞0 的非空树，有：

(1) 有且仅有一个称之为根的结点。

(2) 当 n＞1 时，除根结点外其余的结点分为 m (m＞0)个互不相交的有限集合 T_1, T_2, …, T_m，其中每一个集合本身又是一棵树，它们称为根的子树。

例如，图 5-1(a)是一棵空树，一个结点也没有。图 5-1(b)是只有一个根结点的树，它的子树为空。图 5-1(c)是一棵有 13 个结点的树，其中 A 是根结点，其余结点分为 3 个互不相交的子集：T_1 = {B, E, F, K, L}，T_2 = {C, G}，T_3 = {D, H, I, J, M}，T_1、T_2、T_3 都是根 A 的子树，且本身也是一棵树。再看 T_1，它的根是 B，其余结点又分为两个互不相交的子集 T_{11} = {E, K, L}和 T_{12} = {F}，它们是 T_1 的子树。

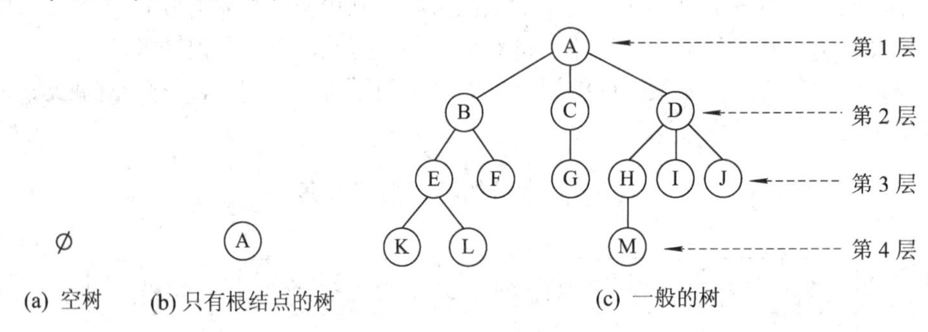

图 5-1　树的示意图

2. 基本术语

下面结合图 5-1 说明树的基本术语。

结点：树中的一个独立单元，包含一个数据元素及若干指向其子树的分支。例如，图 5-1(c)中 A、B、C 等都是结点。

结点的度：一个结点的子树个数称为该结点的度。例如，图 5-1(c)中，树的结点 A 的度为 3，B 的度为 2。

树的度：树中所有结点的度的最大值。图 5-1(c)中，树的度为 3。

叶结点：度为 0 的结点，也称为终端结点。例如，图 5-1(c)中结点 K、L、F、G、M、I、J 都是叶结点。

分支结点：度不为 0 的结点，也称为非终端结点。例如，图 5-1(c)中结点 A、B、C、D、E、H 都是分支结点。

孩子结点：一个结点的直接后继称为该结点的孩子结点。例如，图 5-1(c)中 B、C 和 D 是 A 的孩子结点。

双亲结点：一个结点的直接前驱称为该结点的双亲结点。例如，图 5-1(c)中 A 是 B、C 和 D 的双亲结点。

兄弟结点：同一双亲结点的孩子结点之间互称兄弟结点。例如，图 5-1(c)中结点 B、C、D 互为兄弟结点。

祖先结点：一个结点的祖先结点是指从根结点到该结点的路径上的所有结点。例如，图 5-1(c)中结点 K 的祖先是 A、B、E。

子孙结点：一个结点的直接后继和间接后继称为该结点的子孙结点。例如，图 5-1(c)中结点 D 的子孙是 H、I、J、M。

结点的层次：从根结点开始定义，根为第 1 层，根的孩子为第 2 层。树中任一结点的层次等于双亲结点的层次加 1。

树的高度(深度)：树中所有结点的层次的最大值。例如，图 5-1(c)中树的高度为 4。

有序树和无序树：在树 T 中，如果各子树 T_i 之间是有先后次序的，则称为有序树，否则称为无序树。

森林：是 m(m≥0)棵互不相交的树的集合。对树中每个结点而言，其子树的集合即为森林。

3. 树的性质

树具有如下最基本的性质：

(1) 树中的结点数等于树中所有结点的度之和加 1。

(2) 度为 m 的树中第 i 层至多有 m^{i-1} 个结点(i≥1)。

(3) 高度为 h、度为 m 的树至多有$(m^h-1)/(m-1)$个结点。

5.2.2　树的表示方法

树结构的定义是一个递归的定义。也就是说，在树的定义中又用到了树的定义。它给出了树的固有特性。树的主要表示法有：

(1) 树形图表示法：这是最直观的表示方法，也是最常用的表示方法。图 5-1(c)就是树的树形图表示法。

(2) 嵌套集合表示法：用嵌套集合的形式表示树。在嵌套集合中，任意两个集合或者不相交，或者一个包含另一个，如图 5-2(a)所示。

(3) 广义表表示法：以广义表的形式表示树，根作为由子树森林组成的广义表的名字写在表的左边，如图 5-2(b)所示。

(4) 凹入表示法：与书目类似，用位置的缩进表示树的层次，如图 5-2(c)所示。

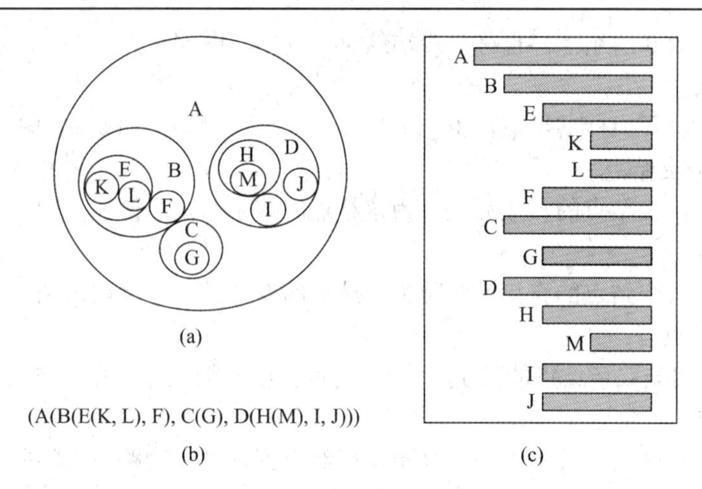

图 5-2　树的三种表示方法

5.2.3　树的抽象数据类型

树的抽象数据类型的定义如下：

数据对象 D：D 为具有相同特性的数据元素的集合。

数据关系 R：若 D 为空集，则树为空树；若 D 中仅含有一个数据元素，则 R 为空集；否则 R = {H}。H 是如下的二元关系：

(1) 在 D 中存在唯一的称为根的数据元素 root，它在关系 H 下没有前驱。

(2) 除数据元素 root 以外，D 中每个结点在关系 H 下有且仅有一个直接前驱。

基本操作：

(1) 初始化 InitTree(Tree)：将 Tree 初始化为一棵空树。

(2) 销毁树操作 DestoryTree(Tree)：销毁树 Tree，释放树 Tree 占有的所有内存空间。

(3) 创建树操作 CreateTree(Tree)：创建树 Tree。

(4) 树判空操作 TreeEmpty(Tree)：若 Tree 为空，则返回 1，否则返回 0。

(5) 求根操作 Root(Tree)：返回树 Tree 的根。

(6) 求双亲 Parent(Tree, x)：树 Tree 存在，x 是 Tree 中的某个结点，若 x 为非根结点，则返回它的双亲，否则返回“空”。

(7) 求首孩子操作 FirstChild(Tree, x)：树 Tree 存在，x 是 Tree 中的某个结点，若 x 为非叶子结点，则返回它的第一个孩子结点，否则返回“空”。

(8) 求右兄弟操作 NextSibling(Tree, x)：树 Tree 存在，x 是 Tree 中的某个结点，若 x 不是其双亲的最后一个孩子结点，则返回 x 后面的下一个兄弟结点，否则返回“空”。

(9) 插入操作 InsertChild(Tree, p, Child)：树 Tree 存在，p 指向 Tree 中的某个结点，非空树 Child 与 Tree 不相交，将 Child 插入 Tree 中，成为 p 所指向结点的子树。

(10) 删除操作 DeleteChild(Tree, p, i)：树 Tree 存在，p 指向 Tree 中的某个结点，1≤i≤d，d 为 p 所指向结点的度，删除 Tree 中 p 所指向结点的第 i 棵子树。

(11) 求结点值操作 Value(Tree, x)：树 Tree 存在，x 是 Tree 的某个结点，返回结点 x 的值。

(12) 给结点赋值操作 Value(Tree, x, v)：树 Tree 存在，x 是 Tree 的某个结点，将 v 的

值赋给结点 x。

(13) 遍历操作 TraverseTree(Tree, Visit( ))：树 Tree 存在，Visit()是对结点进行访问的函数，按照某种次序对树 Tree 的每个结点调用 Visit( )函数访问一次，且最多一次。若 Visit( )失败，则操作失败。

树的应用极为广泛，在不同的应用中，树的操作及其定义不尽相同。以上仅给出了一些基本操作。

5.2.4 树的存储结构

树的存储方式有多种，既可采用顺序存储结构，又可采用链式存储结构。无论采用哪种存取方式都要求能够反映树中各结点之间的逻辑关系。下面介绍三种基本存储结构。

1. 双亲表示法

双亲表示法用一组连续的空间来存储树中的结点，每个结点除了数据域 data 外，还附设一个伪指针 parent 域，指示双亲结点位置。图 5-3(a)为结点的形式，图 5-3(b)为一棵树及其双亲表示法的存储结构。根结点的下标为 0，其伪指针域为 -1。

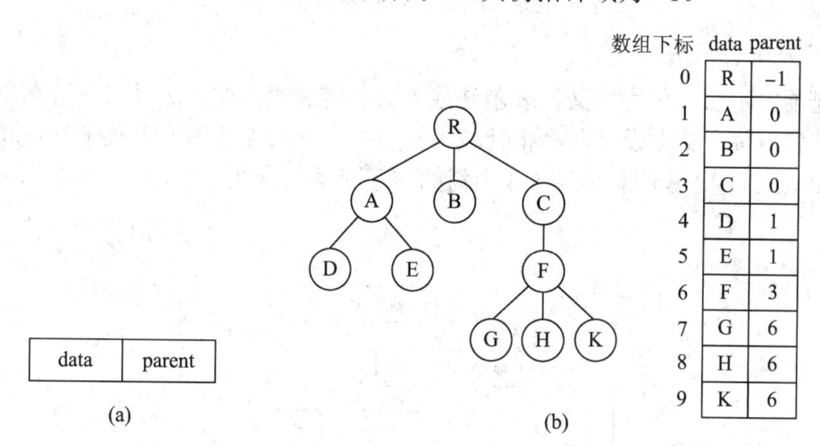

图 5-3 树的双亲表示法

该存储结构利用了每个结点(根结点除外)只有唯一双亲的性质。在这种存储结构下，可以很方便地找到每个结点的双亲结点，但求某个结点的孩子结点时需要遍历整个结构。

2. 孩子表示法

孩子表示法是把每个结点的孩子结点都用单链表链接起来形成一个线性结构，此时 n 个结点就有 n 个孩子链表(叶子结点的孩子链表为空表)，而 n 个结点的数据元素和 n 个孩子链表的头指针又组成一个线性表。为了便于查找，可采用顺序存储结构。图 5-4 所示为图 5-3 中树的孩子表示法。

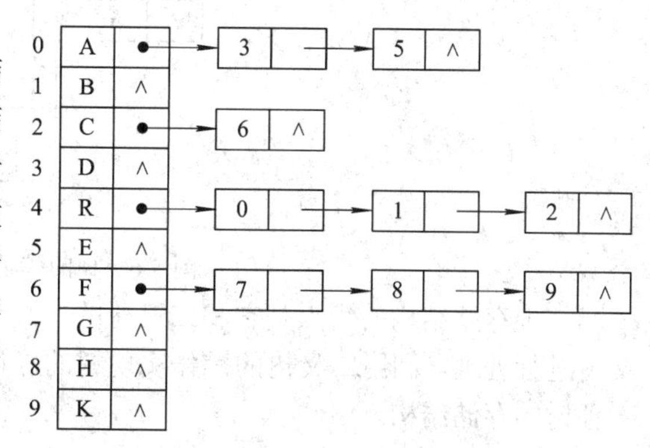

图 5-4 孩子表示法

采用孩子表示法方便找到结点的孩子，

但不方便找到结点的双亲。为此，可以将孩子表示法和双亲表示法结合起来。也就是说，在每个结点结构中增设一个 parent 域，形成带双亲的孩子表示法，即双亲孩子表示法。图 5-5 所示为图 5-3 中树的双亲孩子表示法。

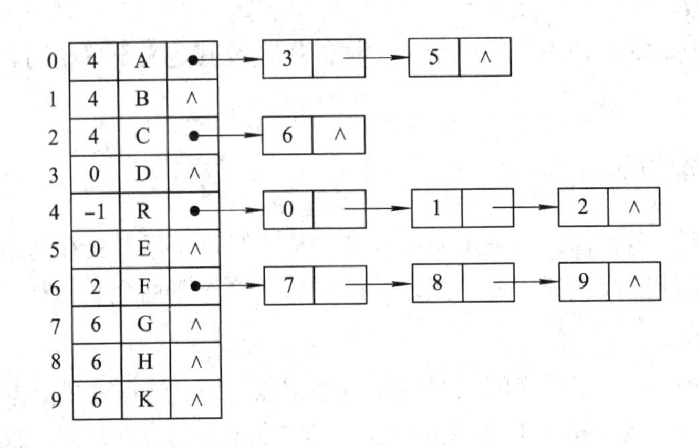

图 5-5　双亲孩子表示法

3. 孩子兄弟表示法

孩子兄弟表示法又称为二叉树表示法或者二叉链表表示法，即以二叉链表作为树的存储结构，链表中每个结点设有两个指针域，分别指向该结点的第一个孩子结点和下一个兄弟(右兄弟)结点。图 5-6 所示为图 5-3 中树的孩子兄弟表示法。

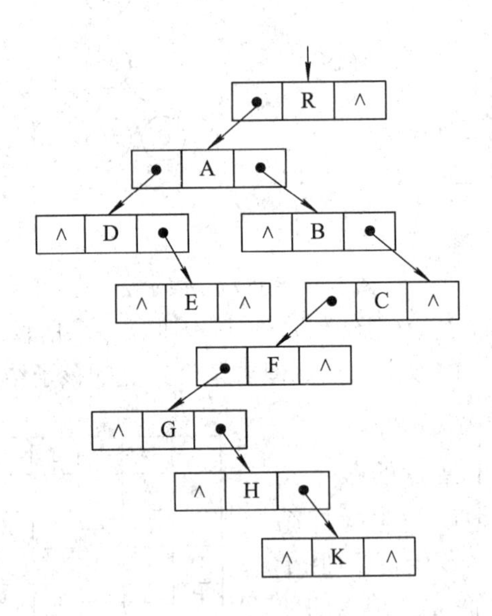

图 5-6　树的孩子兄弟表示法

这种存储结构的优点是它和二叉树的二叉链表表示法完全一样，便于将一棵树转化为二叉树进行处理，利用二叉树的操作实现树的操作。因此孩子兄弟表示法是应用较为普遍的一种树的存储结构。

5.3　二　叉　树

5.3.1　二叉树的定义与基本操作

1. 二叉树的定义

二叉树(Binary Tree)是 n(n≥0)个结点构成的集合，它或为空树(n = 0)，或为非空树。对于非空树 T：

(1) 有且仅有一个称为根的结点。

(2) 除根结点以外的其余结点分为两个互不相交的子集 T_1 和 T_2，分别称为 T 的左子树和右子树，且 T_1 和 T_2 本身又都是二叉树。

二叉树与树一样，它的定义是递归的。与树相比，二叉树有以下特点：

(1) 二叉树每个结点最多只有两棵子树。也就是说，二叉树不存在度大于 2 的结点。

(2) 二叉树的子树有左右之分，次序不能任意颠倒。即使只有一棵子树，也区分左右。

二叉树的递归定义表明，二叉树可以是空树，也可以由根结点加上两棵分别称为左子树和右子树的互不相交的二叉树组成。这两棵子树也是二叉树，它们也可以是空树。因此二叉树有 5 种基本形态，如图 5-7 所示。

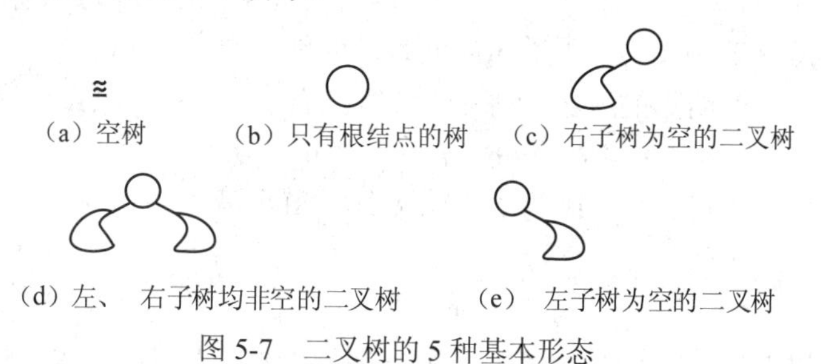

图 5-7　二叉树的 5 种基本形态

2. 二叉树的基本操作

(1) Initiate(bt)：初始化一棵空二叉树 bt。

(2) Create(bt)：创建一棵非空二叉树 bt。

(3) Destory(bt)：销毁二叉树 bt，并释放该树占有的空间。

(4) Empty(bt)：判断二叉树 bt 是否为空，若 bt 为空，则返回 1，否则返回 0。

(5) Parent(bt, x)：求二叉树 bt 中结点 x 的双亲结点，若结点 x 是二叉树的根结点或二叉树 bt 中无结点 x，则返回 NULL。

(6) LeftChild(bt, x)：求左孩子操作，返回结点 x 的左孩子。若结点 x 无左孩子或 x 不在 bt 中，则返回 NULL。

(7) RightChild(bt, x)：求右孩子操作，返回结点 x 的右孩子。若结点 x 无右孩子或 x 不在 bt 中，则返回 NULL。

(8) Traverse(bt)：遍历操作，即按某个次序依次访问二叉树中每个结点，且每个结点仅访问一次。

(9) Clear(bt)：清除操作，即将二叉树 bt 置为空树。

5.3.2　二叉树的性质

性质 1　在二叉树的第 i 层上至多有 2^{i-1} 个结点($i\geqslant1$)。

证明：用数学归纳法证明。

当 $i=1$ 时，二叉树只有一个根结点，$2^{i-1}=2^0=1$，结论成立。

假设 $i=k$ 时结论成立，即第 k 层上结点总数最多为 2^{k-1} 个结点。

下面证明当 $i=k+1$ 时，结论成立。

因为二叉树中每个结点的度的最大值为 2，则第 $k+1$ 层的结点总数最多为第 k 层上结点最大值的 2 倍，即 $2\times2^{k-1}=2^{(k+1)-1}$，故结论成立。

性质 2　深度为 k 的二叉树至多有 2^k-1 个结点($k\geqslant1$)。

证明：要使深度为 k 的二叉树的结点数最大，每层的结点数必须取最大值。因此，其结点总数的最大值是每层上结点数的最大值相加，所以深度为 k 的二叉树的结点总数最大为

$$\sum_{i=1}^{k}\text{第 i 层上的最大结点数}=\sum_{i=1}^{k}2^{i-1}=2^k-1$$

故结论成立。

性质 3　对任意一棵二叉树 T，如果其终端结点数为 n_0，度为 2 的结点数为 n_2，则 $n_0=n_2+1$。

证明：设二叉树 T 中结点总数为 n，度为 1 的结点总数为 n_1。

因为二叉树中所有结点的度小于等于 2，所以有

$$n=n_0+n_1+n_2$$

设二叉树中分支数目为 B，因为除根结点外，每个结点均对应一个进入它的分支，所以有

$$n=B+1$$

又因为二叉树中的分支都是由度为 1 和度为 2 的结点发出，所以分支数目为

$$B=n_1+2n_2$$

因此有 $n_0=n_2+1$，故结论成立。

下面先介绍两种特殊的二叉树，然后讨论与其有关的性质。

满二叉树：深度为 k 且有 2^k-1 个结点的二叉树称为满二叉树。在满二叉树中，每层结点都达到了最大个数。除最底层结点的度为 0 外，其他各层结点的度都为 2。图 5-8(a)即为一棵深度为 4 的满二叉树。

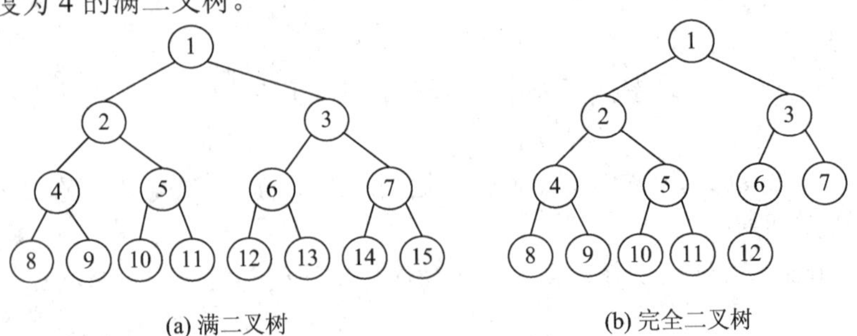

(a) 满二叉树　　(b) 完全二叉树

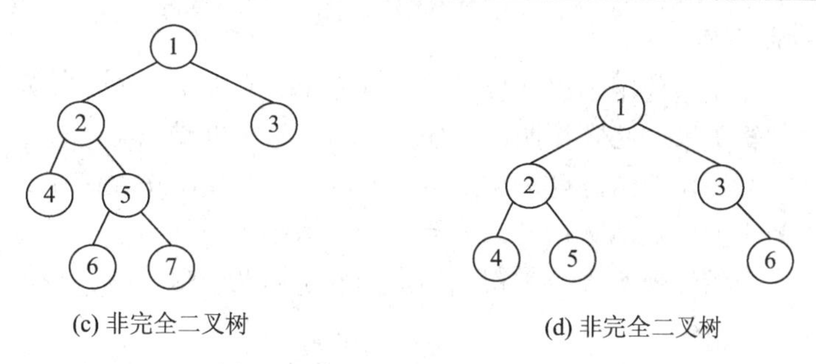

(c) 非完全二叉树　　(d) 非完全二叉树

图 5-8　特殊形态的二叉树

对满二叉树的结点进行连续编号，约定编号从根结点起，自上而下，从左至右，由此可引出完全二叉树的定义。

完全二叉树：如果一棵具有 n 个结点、深度为 k 的二叉树，它的每一个结点都与深度为 k 的满二叉树中编号为 1～n 的结点一一对应，则称这棵二叉树为完全二叉树。图 5-8(b)即为一棵深度为 4 的完全二叉树。

完全二叉树具有的特点如下：

(1) 叶子结点只可能在层次最大的两层上出现。对于最大层次的叶子结点，都依次排列在该层次最左边的位置。因此，图 5-8(c)和(d)不是完全二叉树。

(2) 若完全二叉树的结点数 n 为奇数，则度为 1 的结点数为 0；若完全二叉树的结点数 n 为偶数，则度为 1 的结点数为 1。

性质 4　具有 n 个结点的完全二叉树的深度为$\lfloor \text{lb}n \rfloor+1$。

证明：假设 n 个结点的完全二叉树的深度为 k，根据性质 2 可知，k−1 层满二叉树的结点总数为 $2^{k-1}-1$，k 层满二叉树的结点总数为 2^k-1。

显然有 $2^{k-1}-1<n\leqslant 2^k-1$，或 $2^{k-1}\leqslant n<2^k$，于是 $k-1\leqslant \text{lb}\,n<k$，因为 k 为整数，所以有 $k=\lfloor \text{lb}n \rfloor+1$。

性质 5　对于具有 n 个结点的完全二叉树，如果按照从上到下、从左到右的顺序对二叉树中的所有结点从 1 开始顺序编号，则对于任意序号为 i 的结点有：

(1) 如果 i = 1，则序号为 i 的结点是根结点，无双亲结点；如果 i>1，则序号为 i 的结点的双亲结点序号为$\lfloor i/2 \rfloor$。

(2) 如果 2i>n，则序号为 i 的结点无左孩子；否则，序号为 i 的结点的左孩子结点的序号为 2i。

(3) 如 2i+1>n，则序号为 i 的结点无右孩子；否则，序号为 i 的结点的右孩子结点的序号为 2i+1。

性质 5 的证明比较复杂，故这里省略。我们很容易用图 5-8(b)所示的完全二叉树检验性质 5 的正确性。由该性质可知，如果把完全二叉树按照从上到下、从左至右的顺序对所有结点进行编号，则可以用一维数组存储完全二叉树。此时完全二叉树中任意结点的双亲和孩子结点很容易根据性质 5 得到。

5.3.3　二叉树的存储结构

二叉树的存储结构可以采用顺序存储结构和链式存储结构两种方式。

1. 顺序存储结构

顺序存储结构是指使用一组地址连续的存储单元存储数据元素，为了在存储结构中反映结点之间的逻辑关系，必须按照一定的规律存放树中的结点。

对于完全二叉树，其结点可按从上至下、从左至右的次序存储在一维数组中。即将完全二叉树编号为 i 的结点的数据元素存储在一维数组中下标为 i-1 的分量中，如图 5-9(a)所示。根据二叉树的性质 5 很容易得到结点的双亲以及左孩子和右孩子。

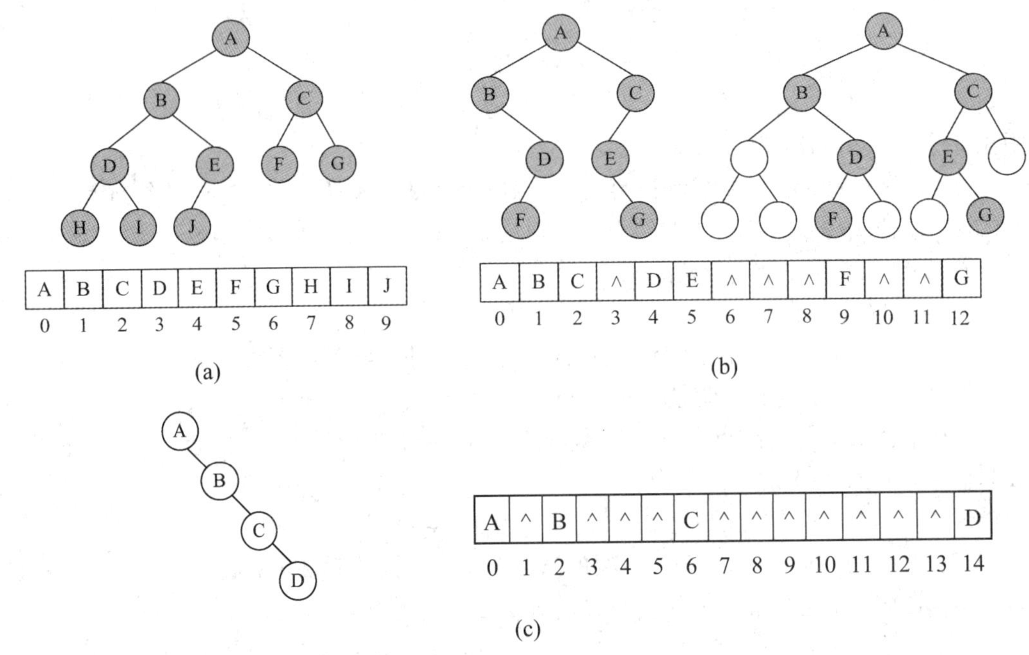

图 5-9　二叉树的顺序存储结构

对于一般的非完全二叉树显然不能直接按照上述方法存储。为了能让数组下标反映结点之间的逻辑关系，可以在非完全二叉树中增添一些并不存在的虚结点使之变成完全二叉树的形态，然后再用顺序存储结构存储，如图 5-9(b)所示。但是这种做法会浪费一定的存储空间，一种极端的情况如图 5-9(c)所示，一个深度为 k 的二叉树每个结点只有右孩子。虽然只有 k 个结点，但却需要占用 2^k-1 个存储单元，空间浪费极大。因此顺序存储结构仅适用于满二叉树或完全二叉树。

2. 链式存储结构

二叉树的链式存储结构就是用指针建立二叉树中结点之间的关系。二叉树的每个结点最多有两个分支，分别指向结点的左子树和右子树，因此，采用链式存储结构存储，二叉树的结点至少应该包含三个域：数据域 data、左孩子指针域 lchild 和右孩子指针域 rchild。分别存储结点的数据、左子树根结点指针和右子树根结点指针，如图 5-10(a)所示。这种链式存储结构称为二叉链存储结构。这种存储方式可以使用指针 lchild 和 rchild 很方便地找到左孩子和右孩子结点，但是要查找它的双亲结点就很困难。为便于查找任一结点的双亲结点，可以在结点中再增设一个指向双亲结点的指针域 parent，如图 5-10(b)所示，这种存储结构称为三叉链存储结构。图 5-11(b)和(c)分别为图 5-11(a)所示树的二叉链存储结构和三叉链存储结构。

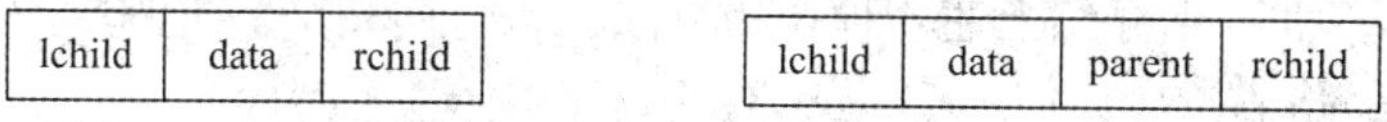

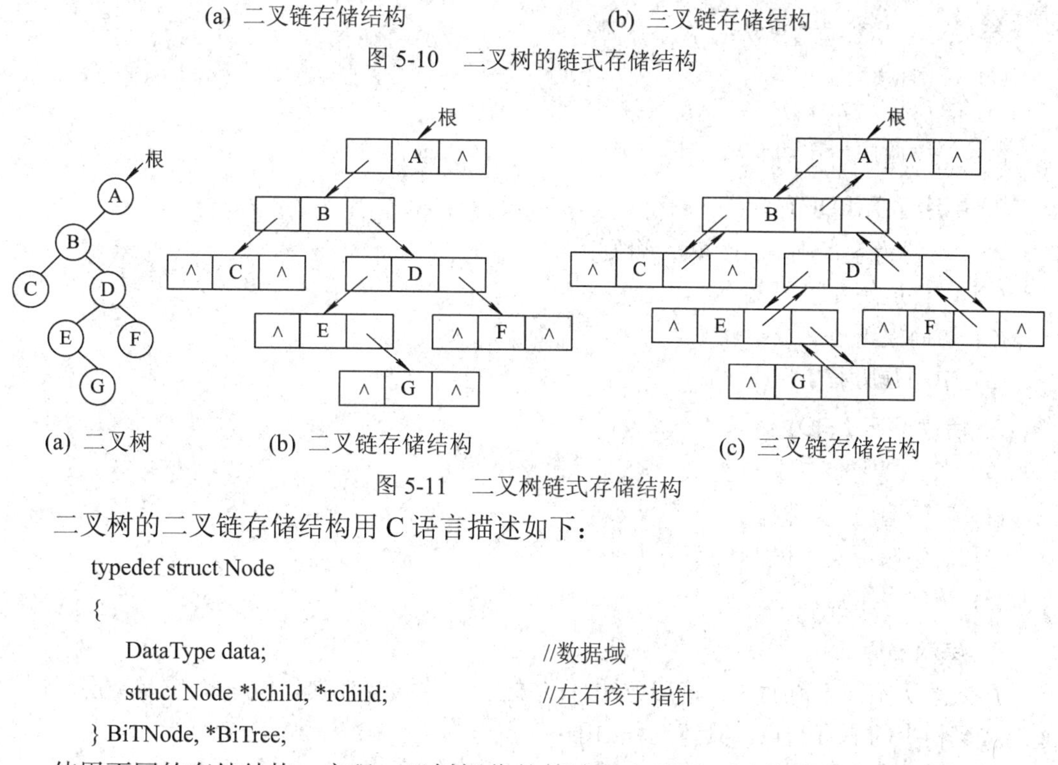

(a) 二叉链存储结构　　(b) 三叉链存储结构

图 5-10　二叉树的链式存储结构

(a) 二叉树　　(b) 二叉链存储结构　　(c) 三叉链存储结构

图 5-11　二叉树链式存储结构

二叉树的二叉链存储结构用 C 语言描述如下：

```
typedef struct Node
{
    DataType data;                          //数据域
    struct Node *lchild, *rchild;           //左右孩子指针
} BiTNode, *BiTree;
```

使用不同的存储结构，实现二叉树操作的算法也会不同。因此，要根据实际应用场合(二叉树的形态和要进行的运算)来选择合适的存储结构。

容易验证，含有 n 个结点的二叉链表含有 n + 1 个空链域。在 5.5 节中将利用这些空链来组成另一种链表结构，即线索链表。

5.4　二叉树遍历

5.4.1　二叉树的遍历方法

二叉树的遍历是指按照一定的次序访问二叉树中所有结点，并且每个结点仅被访问一次的过程。它是二叉树最基本的运算，是二叉树中所有其他运算实现的基础。

一棵二叉树由根结点、左子树和右子树三个部分构成，若能依次遍历这三个部分，就遍历了整个二叉树。若规定 D、L、R 分别表示访问根结点、遍历左子树和遍历右子树，则共有 6 种组合：DLR、LDR、LRD、DRL、RDL、RLD。若限定先左后右，则只有前 3 种方式，根据对根的访问先后次序不同，分别称之为先序(根)遍历(DLR)、中序(根)遍历(LDR)、后序(根)遍历(LRD)。

除此之外，二叉树还有一种常见的遍历方法——层次遍历。

由于二叉树的定义是递归的，显然可以把二叉树的先序遍历、中序遍历和后序遍历设

计成递归算法。下面分别介绍上述 4 种遍历方法。

1. 先序遍历(DLR)

若二叉树为空，则算法结束；否则：

(1) 访问根结点。

(2) 先序遍历左子树。

(3) 先序遍历右子树。

2. 中序遍历(LDR)

若二叉树为空，则算法结束；否则：

(1) 中序遍历左子树。

(2) 访问根结点。

(3) 中序遍历右子树。

3. 后序遍历(LRD)

若二叉树为空，则算法结束；否则：

(1) 后序遍历左子树。

(2) 后序遍历右子树。

(3) 访问根结点。

4. 层次遍历

层次遍历不同于前面 3 种遍历方法，该方法是一种非递归遍历方法，它是一层一层地遍历二叉树中的所有结点。具体过程如下：

(1) 访问根结点(第 1 层)。

(2) 从左到右访问第 2 层的所有结点。

(3) 从左到右访问第3层的所有结点……第h层的所有结点。

例如，对图 5-12 所示的二叉树进行先序、中序、后序以及层次遍历时，得到的结点序列如下所示。

先序遍历序列：ABDGCEFH

中序遍历序列：BGDAECHF

后序遍历序列：GDBEHFCA

层次遍历序列：ABCDEFGH

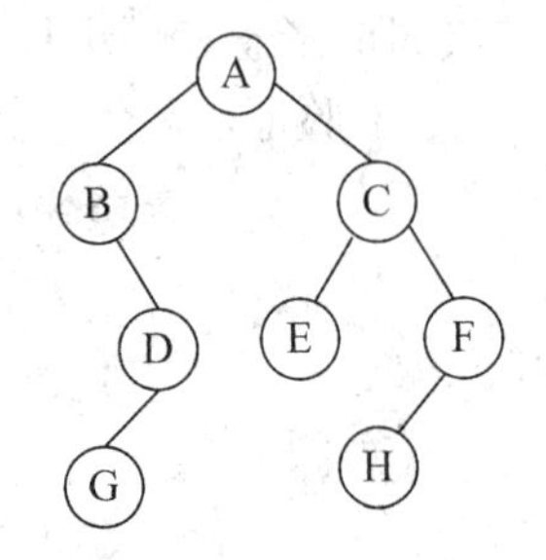

图 5-12　二叉树示例

5.4.2　二叉树遍历的递归实现

下面以二叉链表作为二叉树的存储结构，描述其先序遍历、中序遍历和后序遍历的递归实现。

1. 先序遍历

```
void  PreOrder(BiTree root)
// 先序遍历二叉树，root 为指向二叉树(或某一子树)根结点的指针
{
    if (root!= NULL)
```

```
    {
        Visit(root ->data);                //访问根结点
        PreOrder(root ->lchild);           //先序遍历左子树
        PreOrder(root ->rchild);           //先序遍历右子树
    }
}
```

2. 中序遍历

```
void  InOrder(BiTree root)
//中序遍历二叉树，root 为指向二叉树(或某一子树)根结点的指针
{  if (root!= NULL)
    {
        InOrder(root->lchild);             //中序遍历左子树
        Visit(root ->data);                //访问根结点
        InOrder(root ->rchild);            //中序遍历右子树
    }
}
```

3. 后序遍历

```
void PostOrder(BiTree root)
//后序遍历二叉树，root 为指向二叉树(或某一子树)根结点的指针
{  if(root != NULL)
    {
        PostOrder(root->lchild);           //后序遍历左子树
        PostOrder(root->rchild);           //后序遍历右子树
        Visit(root->data);                 //访问根结点
    }
}
```

从上述 3 种遍历算法实现可以看出，它们的主要区别仅是访问函数 Visit( )语句的位置不同。而访问函数 Visit( )可根据遍历操作具体需要来实现。

5.4.3　二叉树遍历的非递归实现

前面讨论的二叉树的遍历都是按照某种特定的次序访问树中的结点，使得每个结点被访问且仅访问一次。如果综合考虑，它们所走的路线是相同的，只是不同的遍历方法选择访问结点的时机不同而已。

先序遍历是每遇到一个结点，先访问根结点，再遍历左子树和右子树。中序遍历是先遍历根结点的左子树，再回过头来访问根结点，然后遍历根结点的右子树。后序遍历是先遍历根结点左子树，再遍历根结点的右子树，最后访问根结点。因此，这 3 种遍历方法用非递归的方式实现时，算法形式类似，不同的是访问根结点的时机。

在实现二叉树的非递归遍历时，需要用栈来记录遍历时回退的路径。

1. 先序遍历的非递归实现

【算法思想】

(1) 初始化栈 st，遍历指针 p 指向根结点。

(2) 重复执行如下步骤：

① 遍历指针 p 沿结点左子树访问并进栈，一路走到底。

② 若栈非空，则出栈一个结点 x，用 p 指向结点 x 的右孩子。

③ 若 p 非空，表明右子树非空，它亦为二叉树，转向①；若 p 为空，执行②，继续出栈。

④ 若 p 为空，且栈 st 也为空，则二叉树遍历完成，转向(3)。

(3) 算法结束。

【算法描述】

```
void PreOrder(BiTree root)
{   BiTNode *p = root;
    SeqStack st;                          //定义栈 st
    StackInitiate(&st);                   //初始化栈 st
    //当前结点指针及栈都为空，则遍历结束
    while (p != NULL || StackNotEmpty(st)) {
        {
            while(p!= NULL) {
                Visit(p->data);
                StackPush(&st, p);
                p = p->lchild;            //访问根结点，根指针进栈，进入左子树
            }
        }
        if(StackNotEmpty(st)) {
            StackPop(&st, &p);                //根指针出栈
            p = p->rchild;                //进入右子树
        }
    }
}
```

2. 中序遍历的非递归实现

进行中序遍历时，需要先让根结点进栈，再遍历根的左子树；左子树又是二叉树，又让根结点进栈，再遍历它的左子树……直到某个结点的左子树空为止。这是一个向左子树重复执行的过程，然后在回退时出栈，访问出栈的结点，即子树的根结点。接着再向其右方向走，遍历其右子树。当栈空且遍历指针无路可走时算法结束。

【算法思想】

(1) 初始化栈 st，遍历指针 p 指向根结点。

(2) 重复执行以下步骤：

① 从二叉树的根沿左孩子走到底，边走边把经过的结点进栈。

② 若栈不空，从栈中退出一个结点 x，用 p 指向它并访问之；然后让 p 指向右孩子结点，即 p = p->rchild。

③ 若 p 不空，说明刚访问结点 x 的右子树非空，执行①；否则执行④。

④ 若 p 为空，说明刚访问的结点的右子树为空，以此结点为根的子树遍历完成，此时，执行②，退出更上层的根结点；若栈为空，转向(3)。

(3) 算法结束。

【算法描述】

```
void InOrder(BiTree root)
{   BiTNode *p = root;
    SeqStack st;                    //定义栈指针 st
    StackInitiate(&st);             //初始化栈 st
    //当前结点指针及栈都为空，则遍历结束
    while(p!= NULL || StackNotEmpty(st)) {
        {
            while(p!= NULL)
            {   StackPush(&st, p);
                p = p->lchild;      //进入左子树
            }
        }
        if(StackNotEmpty(SeqStack st))
        {   StackPop(&st, &p);             //根指针出栈
            Visit(p->data);         //访问根结点
            p = p->rchild;          //进入右子树
        }
    }
}
```

3. 后序遍历的非递归实现

后序遍历比先序和中序遍历的情况复杂。在遍历完左子树时还不能访问根结点，需要再遍历右子树，待右子树遍历完后才访问根结点。因此，在遍历完左子树后，必须判断根的右子树是否为空或是否访问过。若根的右子树为空，则应该访问根结点；若根的右子树已访问过，根据后序遍历的次序，下一个就应该访问根；如果根结点的右子树存在且它没有被访问过，则应该遍历右子树。

【算法思想】

(1) 初始化栈 st，遍历指针指向根结点。

(2) 重复执行以下步骤：

① 从根沿结点左孩子指针走到底，边走边将经过的结点进栈。

② 若栈不空，用指针 p 指向位于栈顶的结点：若 p 的右子树为空或 p 的右子树已访

问过，则退栈，q 保存退出结点指针，访问它，置 p 为空；否则 p 进到右子树根结点。

③ 若 p 为空，栈不空，表明子树空，执行②，从栈退出更上层结点。

④ 若 p 不空，转向①，遍历 p 的右子树。

⑤ 若 p 为空，栈也空，表明遍历完成，转向(3)。

(3) 算法结束。

【算法描述】

```
void PostOrder(BiTree root)
{   SeqStack st;
    BiTree p，q;
    q = NULL;
    StackInitiate(st); p = root;
    while(p != NULL || StackNotEmpty(st))
    {   while(p!= NULL)
        {   StackPush(&st, p);
            p = p->lchild;
        }
        if(StackNotEmpty(st))
        {   StackGetTop(&st, &p)
            //判断栈顶结点的右子树是否为空，右子树是否刚访问过
            if((p->rlhild == NULL) || (p->rchild == q))
            {   StackPop(&st, &p);
                Visit(p->data);
                q = p;
                p = NULL;
            }
            else p = p->rchild;
        }
    }
}
```

5.4.4　二叉树遍历的应用

二叉树的遍历是二叉树多种操作运算的基础。在实际应用中，首先，要根据实际情况确定访问结点的具体操作；其次，要根据具体问题的需求，合理选择以先序、中序、后序等遍历策略算法为基础，设计解决实际问题的算法。以下讨论几个典型的以二叉树遍历算法为基础的应用问题。

1. 统计二叉树的结点数

【算法思想】

统计二叉树的结点并无次序要求，可采用任何一种遍历算法来实现，只需在访问结点

时实现累计计数操作即可。下面采用先序遍历方法实现算法。

【算法描述】

```
void PreOrder(BiTree root)
//Count 为统计结点数目的全局变量，调用前初始值为 0
{   if(root)
    {
        Count ++;                      //统计结点数
        PreOrder(root->lchild);        //先序遍历左子树
        PreOrder(root->rchild);        //先序遍历右子树
    }
}
```

2. 输出二叉树的叶子结点

【算法思想】

三种二叉树的遍历方法访问结点的次序不同，但对叶子结点的访问次序是一样的，因此可任意选择一种遍历方法。要输出叶子结点，应在遍历过程中每到一个结点均测试是否满足叶子结点的条件。下面给出采用中序遍历方法实现的算法。

【算法描述】

```
void InOrder( BiTree root)
{
    if(root)
    {
        InOrder(root->lchild)
        if (root->lchild == NULL && root->rchild = = NULL)
            printf(root->data);            //输出叶子结点
        InOnder(root->rchild);
    }
}
```

3. 统计叶子结点数目

【算法思想】

在统计二叉树结点的算法中，采用全局变量的方法来实现，这里采用函数返回值的方法实现。读者可自己完成采用全局变量的方法。采用函数返回值的方法，主要思想为如果是二叉树为空，返回 0；如果是叶子结点，返回 1；否则，返回左、右子树的叶子结点数之和。此方法中必须在左、右子树的叶子结点数求出之后才可求出树的叶子结点数，因此要用后序遍历方法来实现。

【算法描述】

```
int leaf( BiTree root)
{
    int nl, nr;
```

```
    if (root = = NULL) return 0;
    if ((root->lchild = = NULL)&&( root->rchild = = NULL)) return 1;
    nl = leaf(root->lchild);                    //递归求左子树的叶子数
    nr = leaf((root->rchild);                   //递归求右子树的叶子数
    return (nl+nr);
}
```

4. 求二叉树的高度

【算法思想】

采用递归求解的思想，如果是空树，则高度为 0；否则，树高度应为其左右子树高度的最大值加 1。此方法必须先求出左右子树的高度，然后才可求出树的高度，因此应采用后序遍历方法来实现。

【算法描述】

```
int TreeDepth(BiTree root)
{   int hl, hr, h;
    if(root == NULL) return 0;
    else
    {
        hl = TreeDepth(root ->lchild);          //递归求左子树高度
        hr = TreeDepth(root ->rchild);          //递归求右子树高度
        h = (hl>hr?hl: hr)+1;
        return h;
    }
}
```

5. 求结点双亲

【算法思想】

求给定结点双亲的方法是：可以采用先序遍历方法来实现，在遍历过程中，若当前结点非空，且当前结点的左孩子或右孩子就是给定结点，则已找到双亲；否则可先在左子树中找，找到则返回双亲结点指针，未找到则继续在右子树中找。

【算法描述】

```
BiTree parent( BiTree root, BiTree curr)
//在以 root 为根的二叉树中找结点 curr 的双亲
{   BiTree p;
    if (root == NULL) return NULL;
    if (root->lchild == curr|| root->rchild == curr)
    return root;                                //root 为 curr 的双亲
    p = parent( root ->lchild, curr);           //递归在左子树中找
    if (p!= NULL) return p;
```

```
    else return parent( root ->rchild, curr)      //递归在右子树中找
}
```

6. 按树的形状打印二叉树

假设在以二叉链表存储的二叉树中，每个结点的数据元素均为单字母。要求实现二叉树的横向打印，如图 5-13 所示。

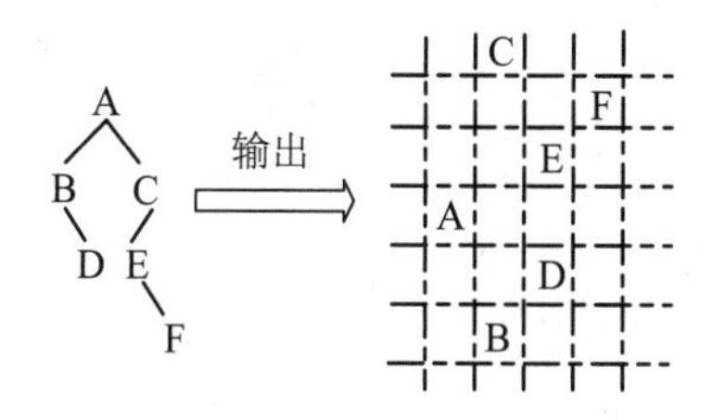

图 5-13　树状打印的二叉树

【算法思想】

分析图 5-13 可知，这种树形打印格式要求先打印右子树，再打印根，最后打印左子树，即相当于按先右后左的策略用中序遍历二叉树。此外，在这种输出格式中，结点的横向位置由结点在树中的层次决定，所以算法中需要设置表示结点层次的参数 h，以控制结点输出时的左右位置。

【算法描述】

```
void PrintTree( BiTree root, int h)
{   if (root = = NULL) return;
    PrintTree( root->rchild, h+1)                //先打印右子树
    for( int i = 0; i<h; i++) printf(" ");       //层次决定结点的左右位置
        printf("%c\n", root->data);              //输出结点
    PrintTree( root->lchild, h+1);               //后打印左子树
}
```

7. 建立二叉链表存储的二叉树

通常二叉树的遍历序列不能唯一确定一棵二叉树，但是先序、后序或者层次遍历的扩展的遍历序列能够唯一确定一棵二叉树。在通常的遍历序列中，均忽略空子树，而在扩展的遍历序列中，必须用特定的元素表示空子树。例如，图 5-14 所示二叉树的扩展先序序列为 ABD#G###CE#H##F##，其中“#”表示空子树。下面以扩展的先序序列为例说明建立二叉链表存储的二叉树的算法实现。

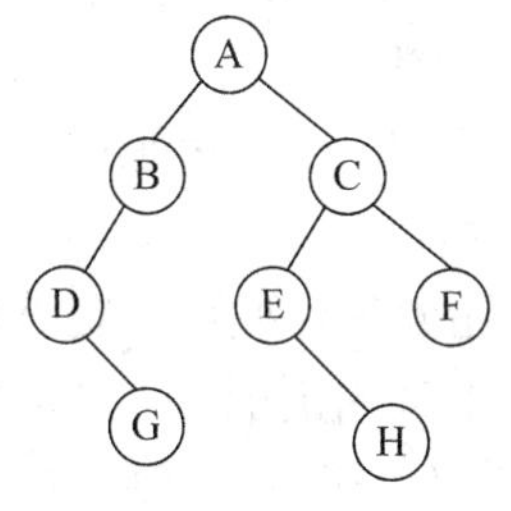

图 5-14　一棵二叉树

【算法思想】

以扩展的先序序列作为输入数据，采用类似先序遍历的递归算法创建二叉树。如果是“#”，则当前树根置空；否则申请结点空间，存入结点数据，分别用当前根结点的左子树指针域和右子树指针域进行递归调用，创建左右子树。

【算法描述】

```
void CreateBiTree(BiTree *root)
{
    char ch;
    ch=getchar( );
    if (ch = = '# ')    *root = = NULL;
    else
    {
        *root = ( BiTree) malloc(sizeof( BiTNode));
         (*root)->data = ch;
        CreateBiTree(&((*root)->lchild));
        CreateBiTree(&((*root)->rchild));
    }
}
```

5.4.5　由遍历序列确定二叉树

由二叉树的遍历可知，任意一棵二叉树的先序、中序、后序遍历序列均是唯一的，由二叉树的先序、中序、后序遍历序列中的任意一个序列是不能唯一确定一棵二叉树。但将中序和先序序列，或者中序和后序序列结合起来可以唯一确定一棵二叉树。

1. 由先序和中序序列确定二叉树

根据二叉树遍历的定义可知，二叉树的先序遍历是先访问根结点 D，其次遍历左子树 L，最后遍历右子树 R。因此，在先序序列中，第一个结点必是根 D。而另一方面，由于中序遍历是先遍历左子树 L，其次访问根 D，最后遍历右子树 R，所以在中序序列中，根结点前面是左子树序列，后面是右子树序列。因此，由先序和中序序列确定二叉树的方法如下：

(1) 由先序序列中的第一个结点确定根结点 D。

(2) 由根结点 D 分割中序序列：D 之前是左子树 L 的中序序列，D 之后是右子树 R 的中序序列，同时得到 L 和 R 的结点个数。

(3) 根据左子树 L 的结点个数，分割先序序列。第一个结点根 D 之后是左子树 L 的先序序列，最后是右子树 R 的先序序列。

如此类推，对每棵子树进行上述处理，便可确定整棵二叉树。

例如，已知先序序列为 ABDGCEF，中序序列为 DGBAECF，则构造二叉树的过程如图 5-15 所示。由先序序列可知根结点为 A；确定根结点后，由中序序列可知左右子树的中序序列分别为 DGB、ECF；再结合先序序列，可知左右子树的先序序列分别为 BDG、CEF。通过上述方式可依次确定二叉树的每个结点。

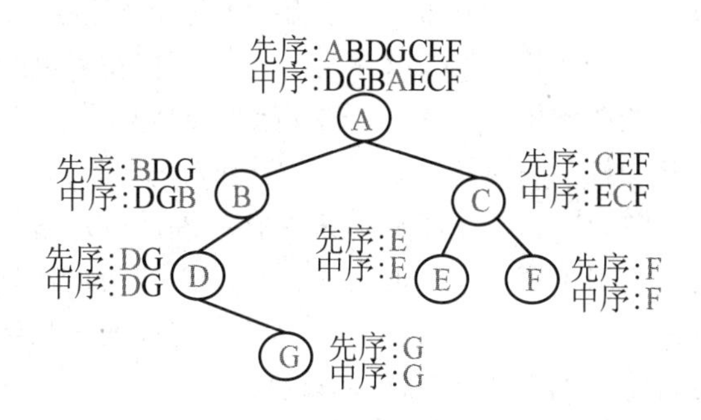

图 5-15 由先序序列和中序序列构造二叉树的过程

2. 由中序和后序序列确定二叉树

类似于上述由先序和中序序列确定二叉树的方法，可得到由中序和后序序列确定二叉树的方法如下：

(1) 由后序序列中的最后一个结点确定根结点 D。

(2) 由根结点 D 分割中序序列：D 之前是左子树 L 的中序序列，D 之后是右子树 R 的中序序列，同时获得 L 和 R 的结点个数。

(3) 根据左子树 L 的结点个数分割后序序列。首先是左子树 L 的后序序列，随后是右子树 R 的后序序列，最后是根结点 D。

如此类推，再对每棵子树进行上述处理，便可确定整棵二叉树。

例如，已知中序序列为 DGBAECF，后序序列为 GDBEFCA。对应的构造二叉树的过程如图 5-16 所示。

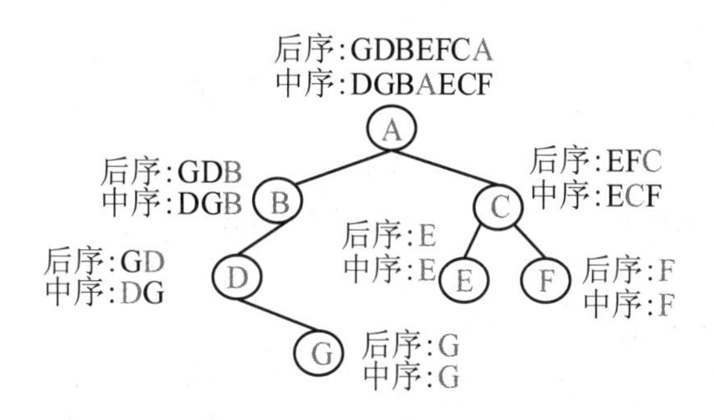

图 5-16 由中序序列和后序序列构造二叉树的过程

5.5 线索二叉树

5.5.1 线索二叉树的基本概念

遍历二叉树是以一定的规则将二叉树中的结点排列成一个线性序列，从而得到二叉树结点的先序、中序或后序序列。其实质是对一个非线性结构进行线性化操作，使序列中的每个结点(除第一个和最后一个结点外)都有一个直接前驱和直接后继。

二叉树的二叉链存储仅能体现一种父子关系，不能直接得到结点在遍历序列中的前驱或后继信息，这种信息只能在遍历的动态过程中得到。问题是如何保存这些信息呢？我们知道，当用二叉链表存储一棵含有 n 个结点的二叉树时，共有 2n 个指针域，但有 n+1 个都是空指针域。因此，如果利用这些空指针域来保存在遍历的动态过程中得到有关结点的前驱和后继信息，既充分利用了空间，同时还不需要利用栈就能实现对二叉树的非递归遍历。当按某种方式遍历二叉树时，保存遍历时得到结点的前驱和后继信息的最常用方法是建立线索二叉树。下面讨论线索二叉树的基本概念。

现做如下规定：若结点有左孩子，则其 lchild 域指示其左孩子，否则令 lchild 域指示其前驱；若结点有右孩子，则其 rchild 域指示其右孩子，否则令 rchild 域指示其后继。另外，还需要增加两个标志域来区分当前指针所指对象是指向孩子结点还是指向直接前驱(或后继)。为此需要在结点结构中增设两个标志域，如图 5-17 所示。

ltag	lchild	data	rchild	rtag

图 5-17　线索二叉树的结点结构

其中标志域的含义如下：

$$ltag=\begin{cases}0 & \text{lchild 域指示结点的左孩子}\\1 & \text{lchild 域指示结点的前驱}\end{cases}$$

$$rtag=\begin{cases}0 & \text{rchild 域指示结点的右孩子}\\1 & \text{rchild 域指示结点的后继}\end{cases}$$

线索二叉树的存储结构描述如下：

```
typedef struct Node{
    Datatype data;                  //数据元素
    struct Node *lchild, *rchild;   //左、右孩子指针
    int ltag, rtag;                 //左、右线索标志
}ThreadNode, *ThreadTree;
```

这种结点结构构成的二叉链表作为二叉树的存储结构，叫作线索链表。其中指向结点前驱和后继的指针叫作**线索**，加上线索的二叉树称之为**线索二叉树**。而对二叉树以某种次序遍历使其变为线索二叉树的过程叫作**线索化**。

5.5.2　二叉树线索化

对二叉树线索化，实质上就是遍历一次二叉树。只是在遍历的过程中，检查当前结点的左、右指针域是否为空，若为空，则将它们改为指向前驱结点或后继结点的线索。对二叉树按照不同的遍历方法进行线索化，可以得到不同的线索二叉树，包括先序线索二叉树、中序线索二叉树和后序线索二叉树。图 5-18(b)、(c)和(d)分别为(a)的先

序线索二叉树、中序线索二叉树和后序线索二叉树。这里重点讨论中序线索二叉树的算法。

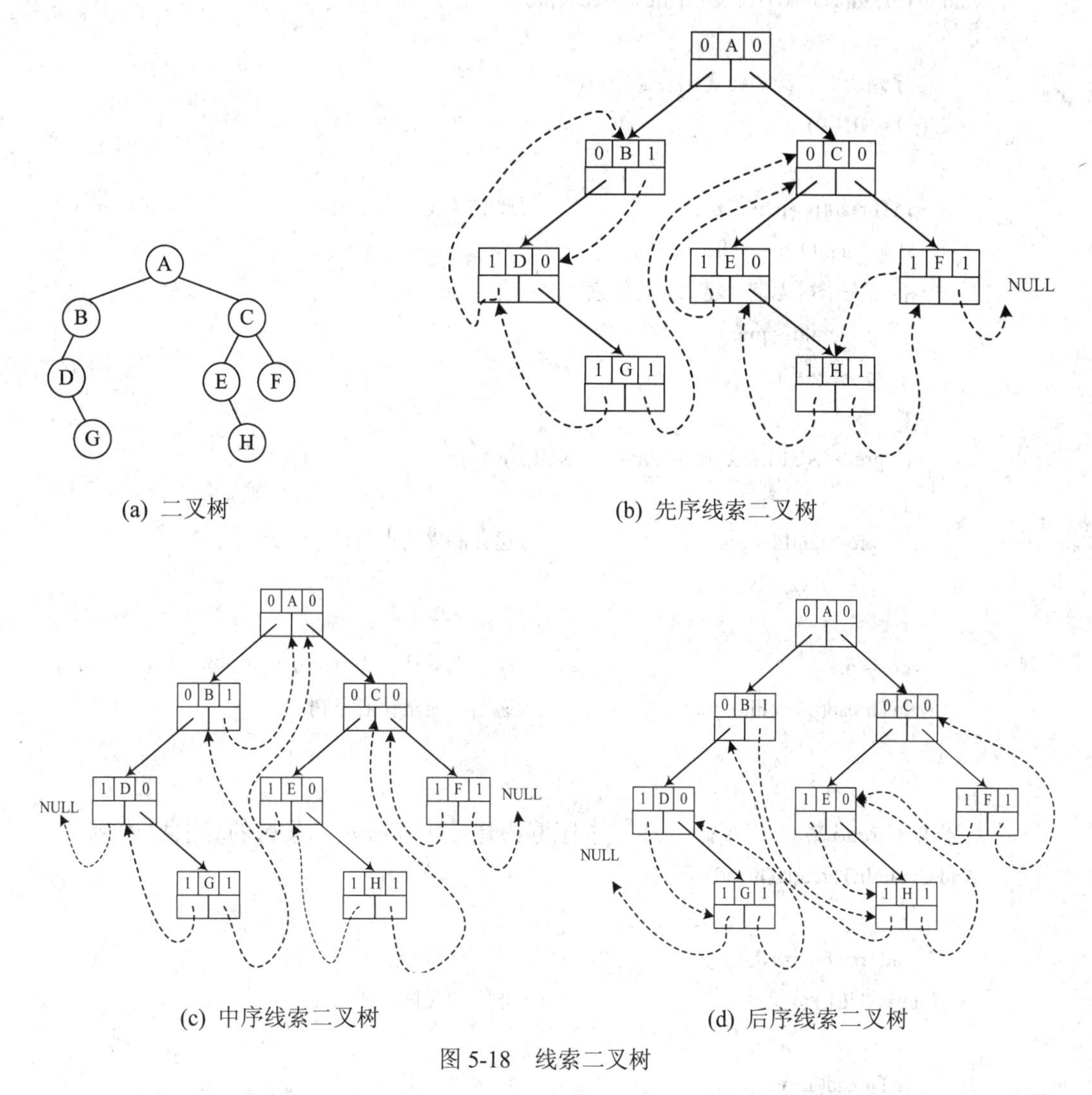

(a) 二叉树

(b) 先序线索二叉树

(c) 中序线索二叉树

(d) 后序线索二叉树

图5-18 线索二叉树

下面先给出以结点p为根的子树的中序线索化算法，设pre指向刚访问过的结点，结点pre是结点p的前驱，结点p是结点pre的后继。

【算法思想】

(1) 如果p非空，左子树递归线索化。

(2) 如果p的左孩子为空，则给p加上左线索，将其ltag置为1，让p的左孩子指针指向pre(前驱)；否则将p的ltag置为0。

(3) 如果pre的右孩子为空，则给pre加上右线索，将其rtag置为1，让pre的右孩子指针指向p(后继)；否则将pre的rtag置为0。

(4) 将pre指向刚访问过的结点p，即pre = p。

(5) 右子树递归线索化。

结点 p 为根的子树中序线索化算法描述如下所示。

【算法描述】

```
void InThread(ThreadTree &p, ThreadTree &pre)
{
    //中序遍历对二叉树线索化的递归算法
    if (p != NULL)
    {
        InThread(p->lchild, pre);                //递归，线索化左子树
        if (p->lchild = = NULL)
        {   //左子树为空，建立前驱线索
            p->lchild = pre;
            p->ltag = 1;
        }
        if (pre != NULL&&pre->rchild = = NULL)
        {
            pre->rchild = p;                     //建立前驱结点的后继线索
            pre->rtag = l;
        }
        pre = p;                                 //标记当前结点为刚刚访问过的结点
        InThread(p->rchild, pre);                //递归，线索化右子树
    }
}
```

以上述 InThread 算法为基础，通过中序遍历建立中序线索二叉树的算法描述为

```
void CreateInThread(ThreadTree T)
{
    ThreadTree pre = NULL;
    if(T!= NULL)                                 //非空二叉树，线索化
    {
        InThread(T, pre);                        //线索化二叉树
        pre->rchild = NULL;                      //处理遍历的最后一个结点
        pre->rtag = l;
    }
}
```

有时为了方便，仿照线性表的链式存储结构，在二叉树的线索链表上也可以添加一个头结点，如图 5-19 所示，令其 lchild 域的指针指向二叉树的根结点，令其 rchild 域的指针指向中序遍历时访问的最后一个结点；反之，令二叉树中序序列中的第一个结点的 lchild 域的指针和最后一个结点的 rchild 域的指针均指向头结点。这相当于为二叉树建立了一个双向线索链表，既可以从第一个结点起按照中序序列的正序方向进行遍历，又可从最后一个结点起按照中序序列的逆序进行遍历。

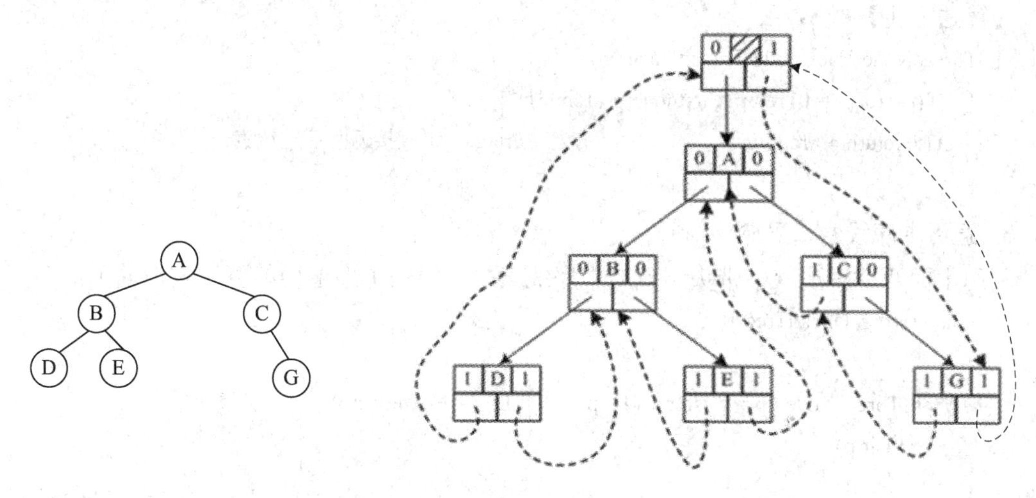

图 5-19　带头结点的中序线索二叉树

5.5.3　线索二叉树的遍历

遍历线索二叉树的问题可以分为两步：第一步是求出某种遍历次序下第一个被访问的结点；第二步是连续求出刚访问的结点的后继结点，直至所有的结点均被访问。下面以遍历中序线索二叉树为例进行说明。

中序线索二叉树的遍历不再需要借助堆栈，因为它的结点中隐含了线索二叉树的前驱和后继信息。利用线索二叉树，可以实现对二叉树遍历的非递归算法。不带头结点的线索二叉树的遍历算法如下。

1. 在中序线索二叉树上求中序遍历的第一个结点

【算法思想】

通常二叉树的中序遍历策略是：首先访问左子树，再访问根结点，最后访问右子树。对于左子树，依然是先访问其左子树，再访问其根结点，最后访问其右子树。因此，整棵树中第一个被访问的结点就是树中最左下端的结点，即沿左孩子链走到最下端，找到第一个没有左孩子(ltag == 1)的结点。

【算法描述】

```
ThreadNode *Firstnode(ThreadTree p)
{   while(p->ltag == 0) p = p->lchild;              //找最左下结点(不一定是叶结点)
    return p;
}
```

2. 在中序线索二叉树上求结点 p 在中序序列中的后继结点

【算法思想】

由线索二叉树的定义可知，如果 p->rtag = 0，结点 p 的直接后继为 p 的右子树第一个被访问的结点，可以通过调用上述算法实现；如果 p->rtag = 1，p->rchlid 指向 p 的直接后继。

【算法描述】

```
ThreadNode *Nextnode(ThreadNode *p)
{   if (p->rtag == 0) return Firstnode(p->rchild);
    else return p->rchlid;                    //rtag == 1 直接返回后继线索
}
```

3. 遍历中序线索二叉树

利用上面两个算法，不带头结点的中序线索二叉树的中序遍历的算法实现如下：

```
void Inorder(ThreadTree T)
{
    for (ThreadNode *p = Firstnode(T); p!= NULL; p = Nextnode(p))
        Visit(p);
}
```

5.6 哈夫曼树及其应用

5.6.1 哈夫曼树的基本概念

哈夫曼(Huffman)**树**又称最优树，是一类带权路径长度最短的树。利用哈夫曼树可以构造最优编码，用于信息传输、数据压缩等方面。哈夫曼树的定义涉及路径、路径长度、权等概念，下面先介绍这些概念，然后再给出哈夫曼树的定义。

(1) **路径**：从树中一个结点到另一个结点之间的分支序列构成这两个结点之间的路径。

(2) **路径长度**：路径上分支的条数称为路径长度。

(3) **树的路径长度**：从树根到每一结点的路径长度之和称为树的路径长度。

(4) **结点的权**：在实际应用中，常常给树中的结点赋予一个有实际意义的数值，该数值称为结点的权。

(5) **结点的带权路径长度**：从树的根结点到某一结点之间的路径长度与该结点权的乘积，称为该结点的带权路径长度。

(6) **树的带权路径长度**：树中所有叶子结点的带权路径长度之和称为树的带权路径长度，通常记为 WPL。

$$\mathrm{WPL}=\sum_{i=1}^{n} w_i l_i$$

其中，n 为叶子结点的个数，w_i 为第 i 个叶子结点的权值，l_i 为第 i 个叶子结点的路径长度。

(7) **哈夫曼树**：假设有 n 个权值$\{w_1, w_2, \cdots, w_n\}$，可以构造一棵含 n 个叶子结点的二叉树，第 i 个叶子结点的权值为 w_i。则其中带权路径长度 WPL 最小的二叉树称为最优二叉树或哈夫曼树。

例如，图 5-20 所示的 3 棵二叉树，都含有 4 个叶子结点 a、b、c、d，权值分别为 7、5、2、4，它们的带权路径长度分别为 36、46 和 35。

图 5-20(c)所示的树的带权路径长度最小。可以验证，它恰为哈夫曼树，即其带权路径长度在所有带权为 7、5、2、4 的 4 个叶子结点的二叉树中最小。

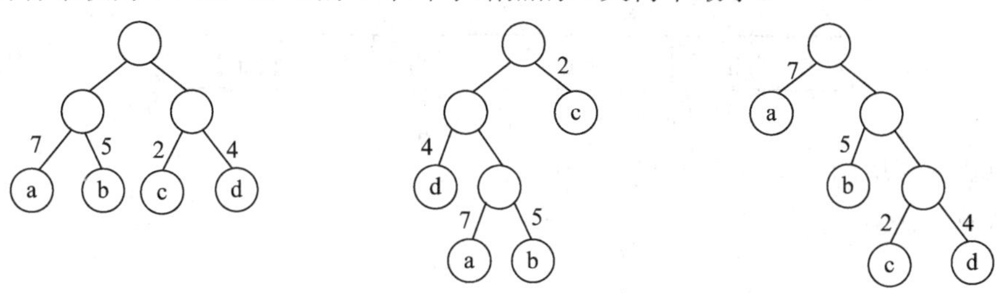

图 5-20　具有不同带权路径长度的二叉树

5.6.2　哈夫曼树的构造

1. 哈夫曼树的构造过程

(1) 根据给定的 n 个权值{w_1, w_2, …, w_n}，构造 n 棵只有根结点的二叉树，这 n 棵二叉树构成一个森林 F。

(2) 在森林 F 中选取两棵根结点的权值最小的树作为左右子树构造一棵新的二叉树，且新的二叉树的根结点的权值为其左、右子树上根结点的权值之和。

(3) 在森林 F 中删除这两棵树，同时将新得到的二叉树加入 F 中。

(4) 重复(2)和(3)，直到 F 只含一棵树为止。这棵树便是哈夫曼树。

例如，权值为{5, 7, 3, 2, 8}的哈夫曼树构造过程如图 5-21 所示。

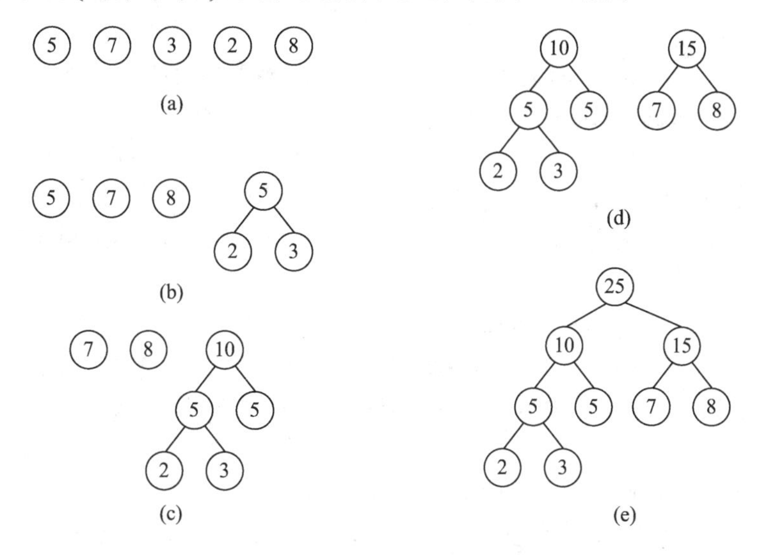

图 5-21　哈夫曼树的构造过程

2. 哈夫曼树的算法实现

哈夫曼树是一种二叉树，当然可以采用前面介绍的存储方法。哈夫曼树中没有度为 1 的结点，因此，一棵具有 n 个叶子结点的哈夫曼树共有 2n−1 个结点，可以存储在一个大小为 2n−1 的一维数组中。因为树中每个结点需要包含双亲信息和孩子结点信息，所以采用静态三叉链表存储哈夫曼树。每个结点的结构设计如图 5-22 所示，其中 weight、parent、lchild 和 rchild 分别表示权值、双亲序号、左孩子序号和右孩子序号。

weight	parent	lchild	rchild

图 5-22　哈夫曼树的结点结构

存储哈夫曼树的静态三叉链表结点结构定义如下：

```
typedef struct
{   int weight;                          //结点权值
    int parent;                          //双亲结点序号
    int lchild;                          //左孩子结点序号
    int rchild;                          //右孩子结点序号
}HTNode;
```

【算法描述】

```
void HuffmanTree(HTNode ht[], int w[], int n)
{   //建立叶子结点个数为 n、权值为 w 的哈夫曼树 ht
    int i, k, lnode, rnode, minl, min2;
    for(i = 0; i < 2*n-1; i ++)                    //结点初始化
    {
        if(i<n) ht[i].weight = w[i];
        else ht[i].weight = 0;
        ht[i].parent = ht[i].lchild = ht[i].rchild = -1;   //所有结点的相关域初始化
    }
    for(i = n; i < 2*n-1; i ++)                    //构造哈夫曼树的 n−1 个分支结点
    {   minl = min2 = maxWeight;                   //min1 是最小值，min2 是次小值
        lnode = rnode = -1;                        //lnode 和 rnode 为最小权重的两个结点位置
        for (k = 0; k <= i-1; k ++)                //在 ht[0…i−1]中找权值最小的两个结点
            if (ht[k].parent == -1)                //只在双亲为−1 的结点中查找
            {
                if (ht[k].weight < minl)
                {   min2 = minl; rnode = lnode;    //原来最小结点变次小结点
                    minl = ht[k].weight; lnode = k;   //新的权值最小结点
                }
            else if (ht[k].weight < min2)          //新的次小结点
            {   min2 = ht[k].weight;
                rnode = k;
            }
        }
        ht [i].weight = ht[lnode].weight+ ht[rnode].weight;     //新子树根结点的权值
        ht [i].lchild = lnode; ht[i].rchild = rnode;
```

```
        ht[lnode].parent = i; ht[rnode].parent = i;          //ht[i]作为双亲结点
    }
}
```

图 5-23 展示了图 5-21 所示的哈夫曼树建立时，上述算法中 ht 的初始状态和最终状态。

	weight	parent	lchlid	rchlid
0	5	−1	−1	−1
1	7	−1	−1	−1
2	3	−1	−1	−1
3	2	−1	−1	−1
4	8	−1	−1	−1
5	0	−1	−1	−1
6	0	−1	−1	−1
7	0	−1	−1	−1
8	0	−1	−1	−1

(a) ht 的初态

	weight	parent	lchlid	rchlid
0	5	6	−1	−1
1	7	7	−1	−1
2	3	5	−1	−1
3	2	5	−1	−1
4	8	7	−1	−1
5	5	6	2	3
6	10	8	0	5
7	15	8	1	4
8	25	−1	6	7

(b) ht 的终态

图 5-23　哈夫曼树 ht 的初态和终态

5.6.3　哈夫曼编码

1. 哈夫曼编码的概念

对于一个待处理的字符串序列，若对每个字符用同样长度的二进制表示，则称这种编码方式为固定长度编码；若允许对不同字符用不等长的二进制表示，则这种编码方式称为可变长度编码。可变长度编码与固定长度编码相比，具有更好的压缩比，其特点是对频率高的字符赋以较短的编码，而对频率较低的字符则赋以较长的编码，从而可以使字符平均编码长度减短，起到压缩数据的效果。哈夫曼编码是一种广泛应用而且非常有效的数据压缩编码。下面给出有关编码的两个概念。

(1) **前缀编码**：如果在一个编码方案中，任一个编码都不是其他任何编码的前缀(最左子串)，则称编码是前缀编码。例如，对于字符集{A，B，C，D}，若编码集为{0，10，110，111}，则是前缀编码，对于任何有效的编码串均可以唯一地识别、译码；而如果编码集为{0，1，00，01}，则不是前缀编码，不加分界符是无法识别编码串的。例如对于编码串01000001，无法识别其为“ABACAD”还是“DCCD”或是“ABAAAAAB”。

(2) **哈夫曼编码**：对一棵具有 n 个叶子的哈夫曼树，若对树中的每个左分支赋予 0，右分支赋予 1，则从根到每个叶子结点的路径上，各分支的赋值分别构成一个二进制串，该二进制串称为哈夫曼编码。

可以证明，哈夫曼编码是可以使信息压缩达到最短的二进制前缀编码，即最优二进制前缀编码。具体分析如下：

首先，每个字符的哈夫曼编码是从根到相应叶子结点的路径上分支符号组成的串，字符不同，相应的叶子就不同。从根到每个叶子的路径均是不同的，两条路经的前半部分可能相同，但两条路径的最后一定分叉，所以一条路径不可能是另一条路径的前缀。因此，哈夫曼编码是前缀码。

其次，假设由 n 个字符组成的待处理信息中，每个字符出现的次数为 w_i，其编码长度为 L_i，则信息编码的总长为 $\sum_{i=1}^{n} w_i L_i$。若以 w_i 为叶子的权值构造哈夫曼树，叶子结点编码的长度 L_i 为从根到叶子的路径长度，则信息编码的总长度正好为哈夫曼树的带权路径长度。如前所述哈夫曼树是 WPL 最小的树，因此，哈夫曼编码可以使信息压缩为最小的编码，所以哈夫曼编码是最优二进制前缀编码。

2. 哈夫曼编码的算法实现

实现哈夫曼编码的算法可以分为以下两大部分：构造哈夫曼树；在哈夫曼树上求各叶子结点编码。构造哈夫曼树的算法前面已经介绍过，下面讨论在哈夫曼树上求各叶子结点编码的算法。

由于每个哈夫曼编码的长度不等，因此可以按编码的实际长度动态分配空间。但需用一个指针数组存放每个编码串的头指针，其定义如下：

```
typedef char *HuffmanCode[N]      //存储哈夫曼编码的头指针数组，N 为最大编码串的个数
```

【算法思想】

在哈夫曼树上求各叶子结点编码的算法描述如下：

(1) 从叶子结点开始，沿结点的双亲链向上追溯到根结点。在追溯过程中，每经过一条分支，便可得到一位哈夫曼编码值，左分支得到 0，右分支得到 1。

(2) 从叶子追溯到根的过程所得到的码串为哈夫曼编码的逆串，因此，在产生哈夫曼编码串时，使用一个临时数组 cd，每位编码从后向前逐位放入 cd 中，由 start 指针控制存放的次序。

(3) 将 cd 数组中以 start 开始的串复制到动态申请的编码串空间中。

【算法描述】

```
void CrtHuffmanCode(HTNode ht[], huffmanCode hc, int n)
//从叶子到根，逆向求各叶子结点的编码
{
    char *cd;
    int start;
    cd = (char*)malloc(n* sizeof(char));          //临时编码数组
    cd[n-1] = '\0';                               //从后向前逐位求编码，首先放编码结束符
    for(i = 0; i < n; i ++)                       //从每个叶子开始，求相应的哈夫曼编码
    {
        start = n-1;
        c = i;
        p = ht[i].parent                          //c 为当前结点，p 为其双亲
        while (p!= -1)
        {
```

```
            --start;
            if(ht[p].lchild == c) cd[start] = '0';    //左分支为 0
            else cd[start] = '1';                      //右分支为 1
            c = p; p = ht[p].parent;                   //向上层追溯
        }
        hc[i] = (char *)malloc((n-start)*sizeof(char));
        strcpy(hc[i], &cd[start]);
    }
    free(cd);
}
```

【例 5-3】 假设用于通信的电文仅由 A、B、C、D、E、F 六个字母组成，字母在电文中出现的频率分别为 0.45、0.13、0.12、0.16、0.09 和 0.05，请设计哈夫曼编码。

先将字符出现的频率放大 100 倍，得权重(45、13、12、16、9、5)，然后根据权重构造哈夫曼树，如图 5-24 所示，将树的左分支标记为 0，右分支标记为 1，得各字母的哈夫曼编码为

A：0；　B：101；　C：100；　D：111；　E：1101；　F：1100

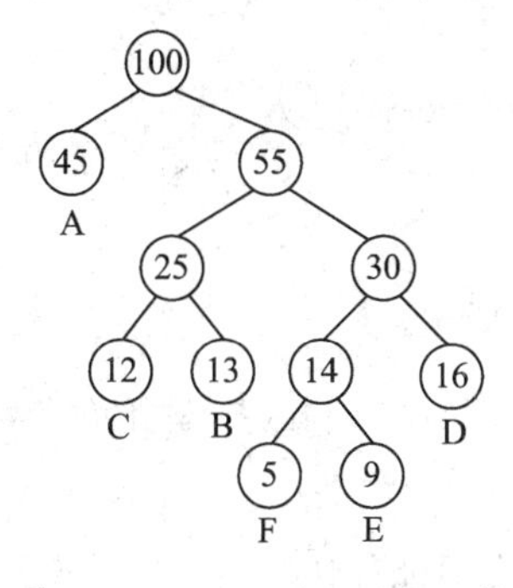

图 5-24　由权重(45、13、12、16、9、5)构造的哈夫曼树

任何经过编码压缩、传输的数据使用时均应进行译码。译码的过程是识别各个字符，还原数据的过程。对用哈夫曼编码压缩的数据，译码时要使用哈夫曼树，其译码方法如下所示。

从哈夫曼树的根出发，根据每一位的编码 0 或 1 确定进入左子树或右子树，直至到达叶子结点，便识别了一个相应的字符。重复此过程，直至编码串处理结束。译码算法的实现较为简单，留给读者自己完成。

5.7　树 与 森 林

5.7.1　树、森林与二叉树的转换

1. 树转换为二叉树

对于一棵无序树，树中结点的各孩子的次序是无关紧要的，而二叉树中结点的左右孩

子结点是有区别的。为了避免混淆，约定树中每一个结点的孩子结点按从左到右的次序编号，也就是说，把树作为有序树看待。如图 5-25 所示的一棵树，根结点 B 有三个孩子 F、G、H，可以认为它们依次是结点 B 的第一个、第二个和第三个孩子结点。

一棵树转换为二叉树的方法如下：

(1) **加线**：树中所有相邻兄弟之间加条连线。

(2) **删线**：对树中的每个结点，只保留其与第一个孩子结点之间的连线，删除该结点与其他孩子结点之间的连线。

(3) **旋转调整**：以树的根结点为轴心，将整棵树顺时针旋转一定的角度，使之结构层次分明。

可以证明，经过上述转换所构成的二叉树是唯一的。图 5-25 展示了将树转换为二叉树的过程。

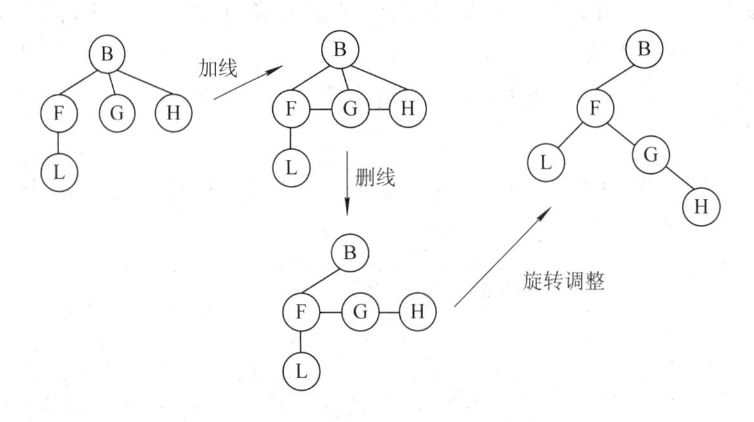

图 5-25　树到二叉树的转换

通过转换过程可以发现，树中某结点的第一个孩子在二叉树中是相应结点的左孩子，树中某结点的右兄弟结点在二叉树中是相应结点的右孩子。也就是说，在二叉树中，左分支上的各结点在原来的树中是父子关系，而右分支上的各结点在原来的树中是兄弟关系。由于树的根结点没有兄弟，所以变换后的二叉树的根结点没有右子树。

事实上，一棵树采用孩子兄弟表示法所建立的存储结构与它所对应的二叉树的二叉链表存储结构是完全相同的，只是两个指针域的名称及解释不同而已。因此，二叉链表的有关处理算法可以很方便地转换为树的孩子兄弟链表的处理算法。

2. 森林转换为二叉树

森林是若干树的集合，与树类似，森林也可以转换为二叉树。将森林转换为二叉树的方法如下：

(1) **转换**：将森林中的每一棵树转换成相应的二叉树。

(2) **加线**：在相邻的各棵二叉树的根结点之间连线，使之成为一个整体。

(3) **旋转调整**：以第一棵二叉树的根结点为轴心，将整棵树顺时针旋转一定的角度，使之层次结构清晰、左右子树分明，然后依次把后一棵二叉树的根结点调整到前一棵二叉树根结点的右孩子的位置。

图 5-26 所示为森林到二叉树的转换过程。

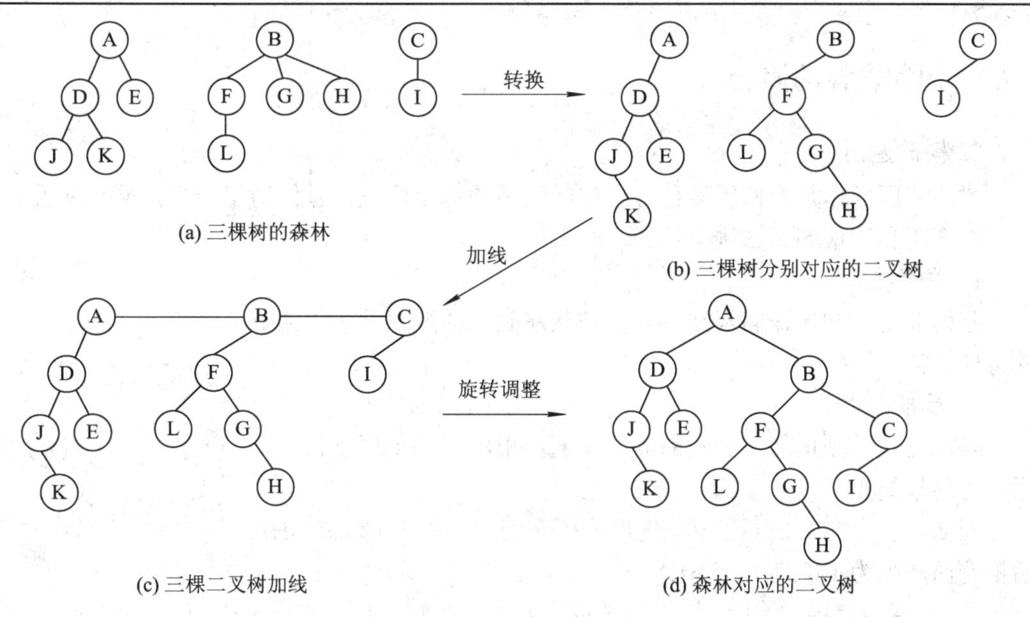

图 5-26　森林到二叉树的转换

3. 二叉树转换为树或森林

树和森林都可以转换为二叉树，二者不同的是由树转换而成的二叉树根结点必然无右孩子，而森林转换得到的二叉树的根结点有右孩子。将一棵二叉树转换为森林或者树的方法如下：

(1) **加线**：若某结点是其双亲的左孩子，则把该结点的右孩子、右孩子的右孩子等都与该结点的双亲结点间加上连线。

(2) **删线**：删掉原二叉树中所有双亲结点与右孩子间的连线。

(3) **旋转调整**：旋转并整理由步骤(1)(2)所得到的各棵树，使之结构清晰、层次分明。

图 5-27 所示为二叉树到森林的转换过程。

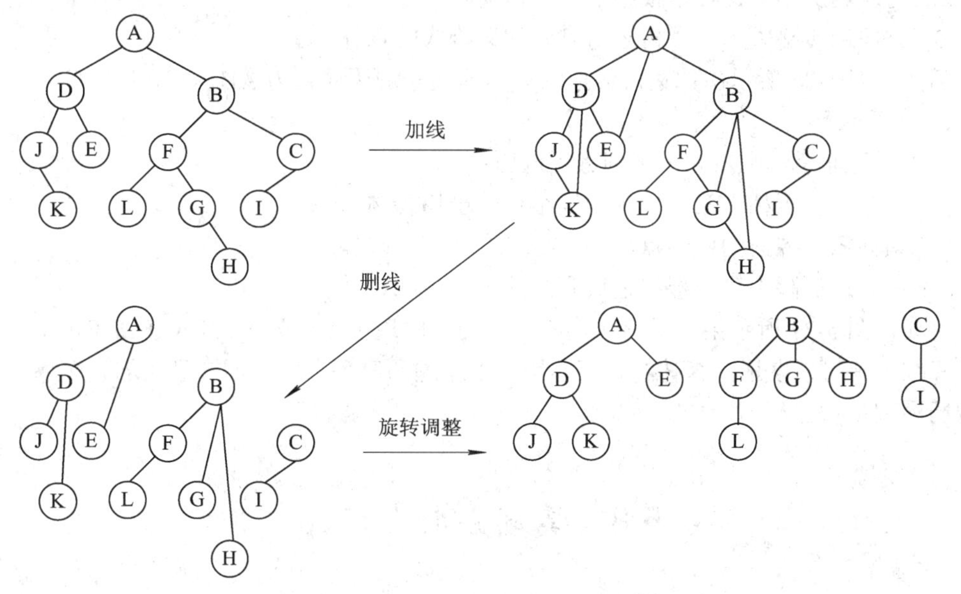

图 5-27　二叉树到森林的转换过程

5.7.2　树和森林的遍历

1. 树的遍历

树的遍历操作是指按照某种方式访问树中的每个结点，且仅访问一次。树的遍历主要有先根遍历和后根遍历 2 种方法。

1) 先根遍历

若树非空，则先访问根结点，再按从左到右的顺序遍历根结点的每棵子树。

2) 后根遍历

若树非空，则按从左到右的顺序先遍历根结点的每棵子树，之后再访问根结点。

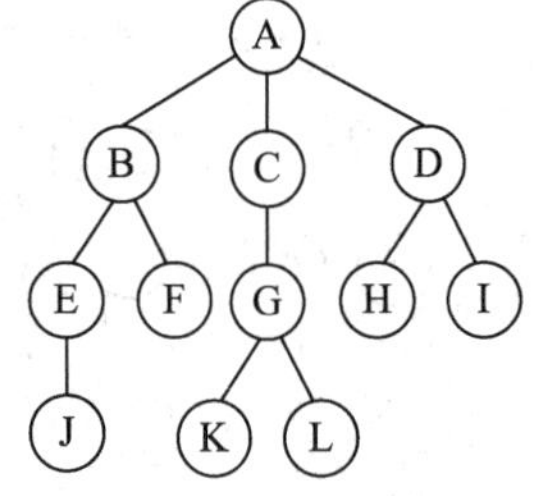

图 5-28　一棵树

例如，对图 5-28 所示的树，先根遍历序列为 ABEJFCGKLDHI，后根遍历序列为 JEFBKLGCHIDA。

另外，树也有层次遍历，与二叉树的层次遍历思想基本相同，即按层序依次访问各结点。

仔细观察可以发现，树的遍历序列与由树转换为二叉树的遍历序列有如下对应关系：树的先根遍历序列对应于转换的二叉树的先序遍历序列；树的后根遍历序列对应于转换的二叉树的中序遍历序列。

2. 森林的遍历

森林的遍历方法主要有 2 种：先序遍历和中序遍历。

1) 先序遍历

若森林为非空，则按如下规则进行遍历：

(1) 访问森林中第一棵树的根结点。

(2) 先序遍历第一棵树中根结点的子树森林。

(3) 先序遍历除去第一棵树之后剩余的树构成的森林。

例如，图 5-27 所示由二叉树转换的森林的先序遍历序列为 ADJKEBFLGHCI。

2) 中序遍历

若森林为非空，则按如下规则进行遍历：

(1) 中序遍历森林中第一棵树的根结点的子树森林。

(2) 访问第一棵树的根结点。

(3) 中序遍历除去第一棵树之后剩余的树构成的森林。

例如，图 5-27 所示由二叉树转换的森林的中序遍历序列为 JKDEALFGHBIC。

仔细观察可以发现，森林的先序遍历、中序遍历序列与相应的二叉树的先序遍历、中序遍历序列是对应相同的。

5.8　实例分析与实现

下面对例 5-2 进行详细分析，并给出其算法实现。

【实例分析】

1. 等价关系和等价类

在离散数学中给出等价关系的定义如下：

若集合 X 上的关系 R 是自反的、对称的和传递的，则称关系 R 是集合 X 上的等价关系。

集合 X 上的等价关系 R 说明如下：

设关系 R 为定义在集合 X 上的二元关系，若对于每个 $x\in X$，都有 $(x, x)\in R$，则称 R 是自反的；若对于任意的 $x, y\in X$，当 $(x, y)\in R$ 时，有 $(y, x)\in R$，则称 R 是对称的；如果对于任意的 $x, y, z\in R$，当 $(x, y)\in R$ 且 $(y, z)\in R$ 时，有 $(x, z)\in R$，则称 R 是传递的。例如，相等关系自反的、对称的和传递的。

若关系 R 是集合 X 上一个等价关系，则可以按照 R 将集合 X 划分成 m 个互不相交的子集 $X_1, X_2, \cdots, X_m$，且 $X_1\cup X_2\cup\cdots\cup X_m = X$，则称这些子集为集合 X 上关于关系 R 的等价类。

2. 确定等价类的并查算法

并查算法是确定等价类的有效算法，算法的主要步骤如下：

(1) 令有 n 个元素的集合 X 中的每个元素各自构成一个只含单个元素的子集 X_1, X_2, $\cdots$, X_n。

(2) 重复读入 m 个等价对(x, y)。对于每个读入的等价对(x, y)，设 $x\subset X_i$，$y\subset X_j$，如果 $X_i = X_j$，则不做任何操作；如果 $X_i\neq X_j$，则将 X_j 并入 X_i 中，并将 X_j 置为空(或将 X_i 并入 X_j 中，并将 X_i 置为空)。

(3) 当 m 个等价对处理完后，$X_1, X_2, \cdots, X_n$ 中所有非空子集即为 X 关于 R 的等价类。

3. 等价类与树

等价类可以采用树结构表示。用一棵树表示一个集合，如果两个结点在同一棵树中，则认为这两个结点在同一个集合中。

用树结构表示等价类，树中的结点表示子集中的元素，所有相同的等价类放在同一个根结点的树中。根据集合元素间的关系特性，树中结点间的父子关系等均无意义。为了操作方便，树采用双亲表示法。下面举例说明。

设集合 $X = \{x|1\leqslant x\leqslant 10$，且 x 是整数$\}$，R 是 X 上的等价关系：

$$R = \{(1, 3), (3, 5), (3, 7), (2, 4), (4, 6), (2, 8)\}$$

求集合 X 关于 R 的等价类。

说明：这里省略了自反关系(如(1, 1))、对称关系(如(3, 1))及部分传递关系(如(1, 5))。

集合中的元素全部存放在数组 X 中，数组元素包括两个域，data 域表示集合的元素，parent 域为该元素的双亲元素的仿真指针。初始时，因为每个元素自成一棵树，所以 parent 域均为 −1。初始状态如图 5-29(a)所示。

依次建立等价关系，建立等价关系(1, 3)就是让元素 3 的 parent 域指向元素 1(也可以让元素 1 的 parent 域指向元素 3)，并把元素 1 的 parent 域值改为 −2。−2 表示以元素 1 为根结点的树共有两个元素。通常，让元素个数少的根结点的 parent 域指向个数多的元素。这样，树的高度会低一些，从而提高查操作的速度。建立等价关系(1, 3)，(3, 5)，(3, 7)后的状态如图 5-29(b)所示。建立等价关系(2, 4)，(4, 6)，(2, 8)后的状态如图 5-29(c)所示。图 5-30 为最终表示等价类的树结构。

data	parent
1	−1
2	−1
3	−1
4	−1
5	−1
6	−1
7	−1
8	−1
9	−1
10	−1

(a) 初始化

data	parent
1	−4
2	−1
3	1
4	−1
5	3
6	−1
7	3
8	−1
9	−1
10	−1

(b) (1, 3)，(3, 5)，(3, 7)后的状态

data	parent
1	−4
2	−4
3	1
4	2
5	3
6	4
7	3
8	2
9	−1
10	−1

(c) (2, 4)，(4, 6)，(2, 8)后的状态

图 5-29　求等价类的过程

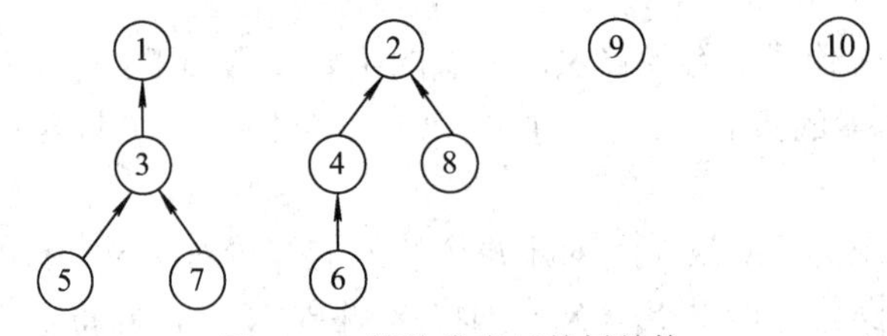

图 5-30　等价类表示的树结构

通过上述分析可知，划分等价类需要对集合进行以下 3 个主要操作：

(1) 等价类的初始化操作：构造只含单个元素的集合。

(2) 等价类的查操作：判断某个元素 x 所在的子集。

(3) 等价类的归并操作：归并两个互不相交的集合为一个集合。

下面通过 Initialize、Find 和 Union 三个函数实现上述 3 个操作。

【算法描述】

```
typdef struct
{
    int data;                      //数据元素
    int parent;                    //双亲指针
}ESet
void Initialize(ESet x[], int n)
//初始化操作，每个类(或树)有一个元素
{
    for (int e = 1; e <= n; e ++)
    {
        x[e].data = e;
        x[e].parent = -1;
    }
}
int Find(ESet x[], int i)
```

```
//查操作，返回包含结点 i 的树的根结点
{
    int e=i;
    while(x[e].parent >= 0)
        e = x[e].parent;
    return e;
}
void Union(ESet[], int i, int j)
//并操作，将根为 j 的树并到根为 i 的树上
{
    x[j].parent = i;
    int e = Find(x, i);
    x[e].parent = x[e].parent -1;
}
```

习　题　5

一、单项选择题

1. 一棵完全二叉树上有 1001 个结点，其中叶子结点的个数是(　　)。

A. 250　　B. 500　　C. 254　　D. 501

2. 利用二叉链表存储树，则根结点的右指针是(　　)。

A. 指向最左孩子　　B. 指向最右孩子

C. 空　　D. 非空

3. 一棵非空的二叉树的先序遍历序列与后序遍历序列正好相反，则该二叉树一定(　　)。

A. 所有的结点均无左孩子　　B. 所有的结点均无右孩子

C. 只有一个叶子结点　　D. 是一棵任意二叉树

4. 设哈夫曼树中有 199 个结点，则该哈夫曼树中有(　　)个叶子结点。

A. 99　　B. 100　　C. 101　　D. 102

5. 引入线索二叉树的目的是(　　)。

A. 加快查找结点的前驱或后继的速度

B. 能在二叉树中方便地进行插入与删除

C. 能方便地找到双亲

D. 使二叉树的遍历结果唯一

6. 【2009 年统考真题】n(n≥2)个权值均不相同的字符构成哈夫曼树，关于该树的叙述中，错误的是(　　)。

A. 该树一定是一棵完全二叉树

B. 树中一定没有度为 1 的结点

C. 树中两个权值最小的结点一定是兄弟结点

D. 树中任意非叶结点的权值一定大于等于下一层任意结点的权值

7. 【2009 年统考真题】 已知一棵完全二叉树的第 6 层(设根为第 1 层)有 8 个叶子结点，则该完全二叉树的结点个数最多是(　　)。

A. 39　　B. 52　　C. 111　　D. 119

8. 【2009 年统考真题】 将森林转换为对应的二叉树，若在二叉树中，结点 u 是结点 v 的父结点的父结点，则在原来的森林中，u 和 v 可能具有的关系是(　　)。

Ⅰ. 父子关系　　Ⅱ. 兄弟关系　　Ⅲ. u 的父结点与 v 的父结点是兄弟关系

A. 只有Ⅱ　　B. Ⅰ和Ⅱ　　C. Ⅰ和Ⅲ　　D. Ⅰ、Ⅱ和Ⅲ

9. 【2010 年统考真题】 对于图 5-31 所示的线索二叉树(用虚线表示线索)，符合后序线索树定义的是(　　)。

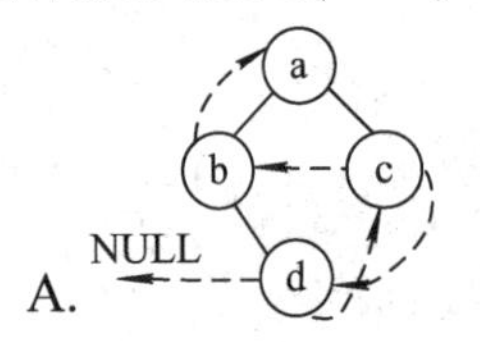

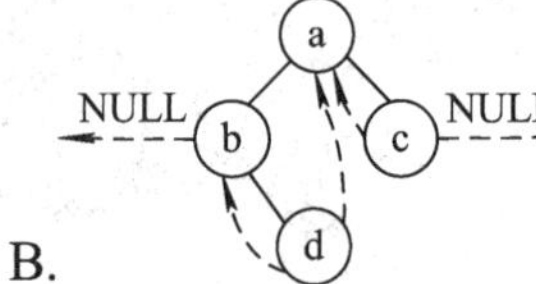

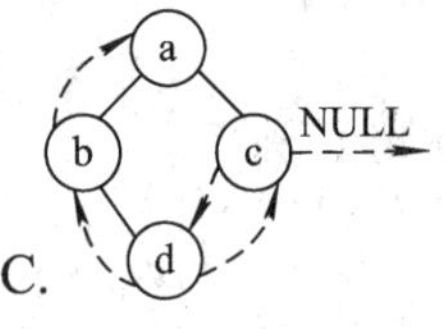

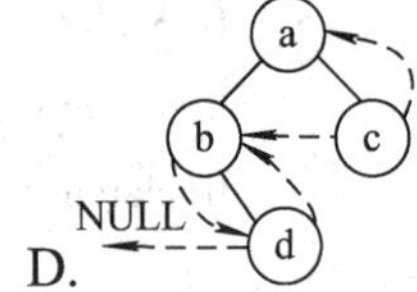

图 5-31　线索二叉树

10. 若一棵完全二叉树有 768 个结点，则该二叉树中叶子结点的个数是(　　)。

A. 257　　B. 258　　C. 384　　D. 385

11. 【2012 年统考真题】 若一棵二叉树的前序遍历序列为 a，e，b，d，c，后序遍历序列为 b，c，d，e，a，则根结点的孩子结点(　　)。

A. 只有 e　　B. 有 e、b　　C. 有 e、c　　D. 无法确定

12. 【2013 年统考真题】 若 X 是后序线索二叉树中的叶子结点，且 X 存在左兄弟结点 Y，则 X 的右线索指向的(　　)。

A. X 的父结点　　B. 以 Y 为根的子树的最左下结点

C. X 的左兄弟结点 Y　　D. 以 Y 为根的子树的最右下结点

13. 【2014 年统考真题】 若对图 5-32 所示的二叉树进行中序线索化，则结点 x 的左、右线索指向的结点分别是(　　)。

A. e、c　　B. e、a　　C. d、c　　D. b、a

14. 【2014 年统考真题】 将森林 F 转换为对应的二叉树 T，F 中叶子结点的个数等于(　　)。

A. T 中叶子结点的个数

B. T 中度为 1 的结点个数

C. T 中左孩子指针为空的结点个数

D. T 中右孩子指针为空的结点个数

图 5-32　二叉树

15. 【2014 年统考真题】 5 个字符有如下 4 种编码方案，不是前缀编码的是(　　)。

A. 01, 0000, 0001, 001, 1　　B. 011, 000, 001, 010, 1

C. 000, 001, 010, 011, 100　　D. 0, 100, 110, 1110, 1100

16. 【2015 年统考真题】 下列选项给出的是从根分别到达两个叶子结点路径上的权值序列，能属于同一棵哈夫曼树的是(　　)。

A. 24, 10, 5 和 24, 10, 7　　B. 24, 10, 5 和 24, 12, 7

C. 24, 10, 10 和 24, 14, 11　　D. 24, 10, 5 和 24, 14, 6

17.【2016 年统考真题】若森林 F 有 15 条边、25 个结点，则 F 包含树的个数是(　　)。

A. 8　　B. 9　　C. 10　　D. 11

18.【2017 年统考真题】要使一棵非空二叉树的先序序列与中序序列相同，其所有非叶子结点必须满足的条件是(　　)。

A. 只有左子树　　B. 只有右子树

C. 结点的度均为 1　　D. 结点的度均为 2

二、应用题

1. 试找出分别满足下列条件的二叉树：

(1) 先序序列与后序序列相同。

(2) 中序序列与后序序列相同。

(3) 先序序列与中序序列相同。

(4) 中序序列与层次遍历序列相同。

2. 设一棵二叉树的先序序列为 A B D F C E G H，中序序列为 B F D A G E H C。

(1) 画出这棵二叉树。

(2) 画出这棵二叉树的后序线索树。

(3) 将这棵二叉树转换成对应的树(或森林)。

3. 假设用于通信的电文仅由8个字母组成，字母在电文中出现的频率分别为0.07, 0.19, 0.02, 0.06, 0.32, 0.03, 0.21, 0.10。

(1) 试为这 8 个字母设计哈夫曼编码。

(2) 试设计另一种由二进制表示的等长编码方案。

(3) 对于上述实例，比较两种方案的优缺点。

4. 什么叫有序树？什么叫无序树？一棵度为 2 的树和一棵二叉树的区别是什么？

5. 给出如图 5-33(a)和 5-33(b)所示二叉树的先序遍历、中序遍历、后序遍历和层序遍历得到的结点序列。

6. 画出如图 5-33(a)所示二叉树的前序线索二叉树、中序线索二叉树和后序线索二叉树。

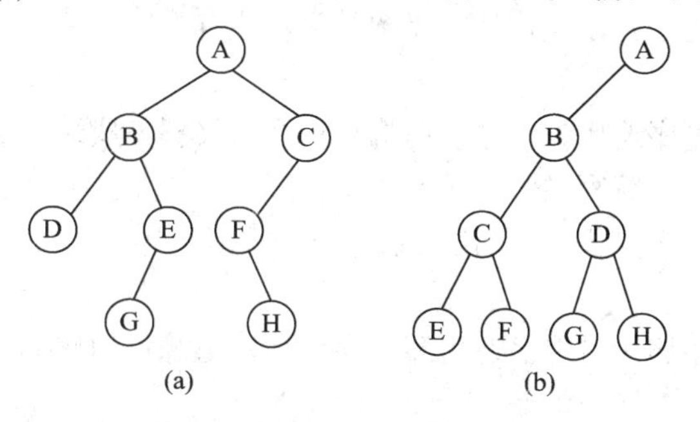

图 5-33　二叉树

7. 【2016 年统考真题】 若一棵非空 $k(k \geqslant 2)$叉树 T 中的每个非叶子结点都有 k 个孩子，则称 T 为正则 k 叉树。请回答下列问题并给出推导过程。

(1) 若 T 有 m 个非叶子结点，则 T 中的叶子结点有多少个？

(2) 若 T 的高度为 h(单结点树 $h = 1$)，则 T 的结点数最多为多少个？最少为多少个？

三、算法设计题

1. 以二叉链表作为二叉树的存储结构，判断两棵树是否相等。

2. 以二叉链表作为二叉树的存储结构，交换每个结点的左孩子和右孩子。

3. 计算二叉树的最大宽度(二叉树的最大宽度是二叉树所有层中结点个数的最大值)。

4. 输出二叉树中每个叶子结点到根结点的路径。

5. 判断一个二叉链存储的二叉树是否为完全二叉树。

6. 用按层次遍历二叉树的方法统计树中度为 1 的结点数目。

7. 【2014 年统考真题】二叉树的带权路径长度(WPL)是二叉树中所有叶子结点的带权路径长度之和，给定一棵二叉树 T，采用二叉链表存储，结点结构如下：

left	weight	right

其中叶子结点的 weight 域保存该结点的非负权值。设 root 为指向 T 的根结点的指针，请设计求 T 的 WPL 的算法，要求：

(1) 给出算法的基本设计思想。

(2) 使用 C 或 C++ 语言，给出二叉树结点的数据类型定义。

(3) 根据设计思想，采用 C 或 C++ 语言描述算法，关键之处给出注释。

四、上机实验题

1. 二叉树基本操作的实现。

实验目的：

掌握二叉树的逻辑结构；掌握二叉树的二叉链表存储结构；掌握基于二叉链表存储的二叉树的遍历操作的实现。

实验内容：

设计二叉树的基本操作；按照建立一棵实际二叉树的操作需要，编写建立二叉树、遍历二叉树的函数以及测试主函数。

2. 由遍历序列构造二叉树。

实验目的：

领会二叉树的构造过程以及构造二叉树的算法设计。

实验内容：

实现由二叉树的先序遍历、中序遍历构造一棵二叉树；实现由二叉树的后序遍历、中序遍历构造一棵二叉树；编写并测试主函数。

3. 求二叉树中从根结点到叶子结点的路径。

实验目的：

掌握二叉树的先序遍历、中序遍历和后序遍历，熟练使用它们的递归和非递归算法进行二叉树问题求解。

实验内容：

采用先序遍历的方法输出所有从叶子结点到根结点的逆路径；采用先序遍历的方法输出第一条最长的路径；采用后序非递归遍历方法输出所有从叶子结点到根结点的逆路径；采用层次遍历方法输出所有从叶子结点到根结点的逆路径。

第 6 章　图

图是一种比线性表和树更为复杂的数据结构。在线性表中，数据元素之间仅有线性关系，每个数据元素只有一个直接前驱和一个直接后继(第一个数据元素和最后一个数据元素除外)。在树形结构中，数据元素之间有着明显的层次关系，每一层中的数据元素可能和下一层中的多个数据元素(即其孩子结点)相关，但只能和上一层中一个数据元素(即其双亲结点，根结点除外)相关。而在图结构中，结点之间的关系可以是任意的，图中任意两个数据元素之间都可能相关。因此，图的应用极为广泛，已渗入到诸如物理、化学、电信工程、计算机科学以及数学等其他分支中。在离散数学中，图论是专门讨论图性质的数学分支。在数据结构中，则应用图论的知识分析如何在计算机上实现图的操作，因此主要研究图的存储结构、图操作的实现，以及应用图来解决一些实际问题。

6.1　实例引入

【例 6-1】 六度空间理论。

20 世纪 60 年代美国心理学家斯坦利·米格兰姆(Stanley Milgram)提出的六度空间理论是一个数学领域的猜想，又称为六度分割理论或小世界理论等。理论指出：你和任何一个陌生人之间所间隔的人不会超过 6 个，也就是说，最多通过 6 个中间人你就能够认识任何一个陌生人，如图 6-1 所示。六度空间理论是社会网络的理论基础，人们在近几年越来越关注社会网络的研究，很多网络软件也开始支持人们建立更加互信和紧密的社会关联。六度分割和互联网的紧密结合，已经开始显露出商业价值。

图 6-1　六度空间理论示意图

六度空间理论的出现使得人们对于自身的人际关系网络的威力有了新的认识。但为什么偏偏是六度，而不是其他呢？这一点可以从人际关系网络的另外一个特征 150 定律来寻找解释。150 定律指出，人类智力允许人类拥有稳定社交网络的人数是 148 人，可近似认为 150 人。这样可以对六度空间理论做如下数学解释：若每个人平均认识 150 人，其六度便是 $150^6 = 1\,139\,062\,500\,000$，即使消除一些重复的结点，也远远超过了整个地球人口。

六度空间理论的数学模型是图结构。如果把六度空间理论中的人际关系网络图抽象成一个无向图 G，用图 G 中的一个顶点表示一个人，一条边表示两个人是否认识，我们可以利用本章所学的图的有关算法从理论上验证六度空间理论。本章 6.6 节将给出此实例的分析与实现。

6.2　图的基本概念

6.2.1　图的定义

图(Graph)G 由顶点集 V 和边集 E 组成，记为 G = (V, E)，其中 V 是顶点的有限非空集合，E 是 V 中顶点之间关系(边)的集合。V(G)和 E(G)通常分别表示图 G 的顶点集合和边集合。E(G)可以为空集。若 E(G)为空，则图 G 只有顶点而没有边。若 $V = \{v_1, v_2, \cdots, v_n\}$，则用|V|表示图 G 中顶点的个数，也称为图的阶。若 $E = \{(u, v) \mid u \in V, v \in V\}$，用|E|表示图中边的个数。

对于图 G，若边集 E(G)为有向边的集合，则称该图为**有向图**；若边集 E(G)为无向边的集合，则称该图为**无向图**。图 6-2 中 G_1 和 G_2 分别为有向图和无向图。

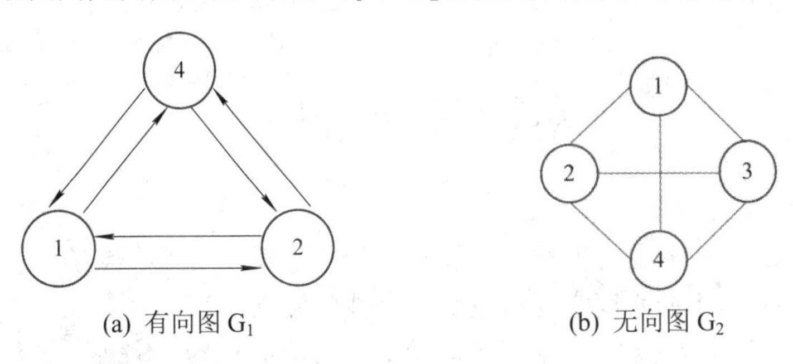

(a) 有向图 G_1　　(b) 无向图 G_2

图 6-2　图的示例

在有向图中，顶点对<x, y>是有序的，它称为从顶点 x 到顶点 y 的一条有向边。因此，<x, y>与<y, x>是不同的两条边。顶点对用一对尖括号括起来，x 是有向边的始点，y 是有向边的终点。<x, y>也称作条**弧**，其中，x 为弧尾，y 为弧头。图 6-2(a)的有向图可以表示为：

$$G_1 = (V_1, E_1)$$

$$V_1 = \{1, 2, 3\}$$

$$E_1 = \{<1, 2>, <2, 1>, <2, 3>\}$$

在无向图中，顶点对(x, y)是无序的，它称为与顶点 x 和顶点 y 相关联的一条边。这条边没有方向，(x, y)和(y, x)表示同一条边。为了有别于有向图，无向图的顶点对用一对圆括号括起来。图 6-2(b)的无向图可以表示为：

$$G_2 = (V_2, E_2)$$

$$V_2 = \{1, 2, 3, 4\}$$

$$E_2 = \{(1, 2), (1, 3), (1, 4), (2, 3), (2, 4), (3, 4)\}$$

6.2.2　图的基本术语

1. 简单图

一个图 G 若满足：

(1) 不存在重复边，

(2) 不存在顶点到自身的边，

则称图 G 为简单图。图 6-2 中的 G_1 和 G_2 均为简单图。数据结构课程中仅讨论简单图。

2. 多重图

若图 G 中某两个顶点之间的边数多于一条，又允许顶点通过同一条边和自己关联，则称图 G 为多重图。多重图的定义和简单图的定义是相对的。图 6-3(a)、(b)分别为多重无向图和多重有向图。

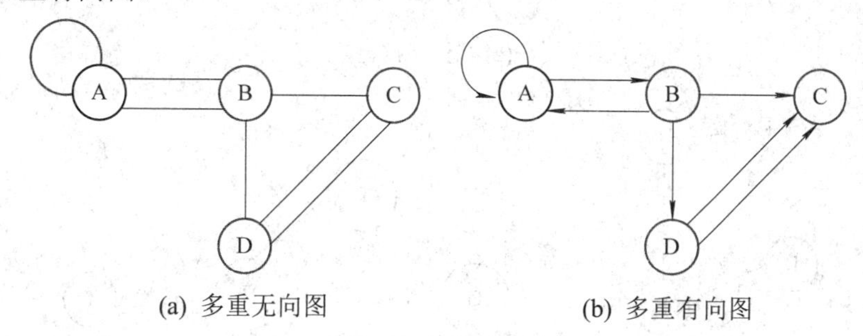

(a) 多重无向图　　(b) 多重有向图

图 6-3　多重图示例

3. 完全图(也称简单完全图)

在无向图中，若任意两个顶点之间都存在边，则称该图为无向完全图。含有 n 个顶点的无向完全图有 n(n−1)/2 条边。在有向图中，若任意两个顶点之间都存在方向相反的两条边(弧)，则称该图为有向完全图。含有 n 个顶点的有向完全图有 n(n−1)条有向边。图 6-2 中的 G_2 为无向完全图，而图 6-4 中的 G_3 为有向完全图。

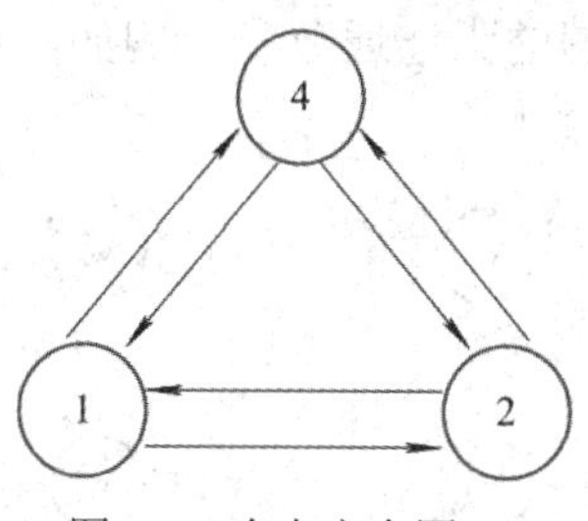

图 6-4　有向完全图 G_3

4. 子图

设有两个图 G = (V, E)和 G′ = (V′, E′)，若 V′是 V 的子集，且 E′是 E 的子集，则称 G′ 是 G 的子图，若有满足 V(G) = V(G′)的子图 G′，则称其为 G 的生成子图。图 6-4 中 G_3 为图 6-2 中 G_1 的子图。注意，并非 V 和 E 的任何子集都能构成 G 的子图。

5. 连通、连通图和连通分量

在无向图中，若从顶点 v 到顶点 w 有路径存在，则称 v 和 w 是连通的。若图 G 中任意两个顶点都是连通的，则称图 G 为连通图，否则称为非连通图。无向图中的极大连通子图称为连通分量。若一个图有 n 个顶点，并且边数小于 n−1，则此图必是非连通图。图 6-5(a)中的 G_4 有 3 个连通分量，如图 6-5(b)所示。

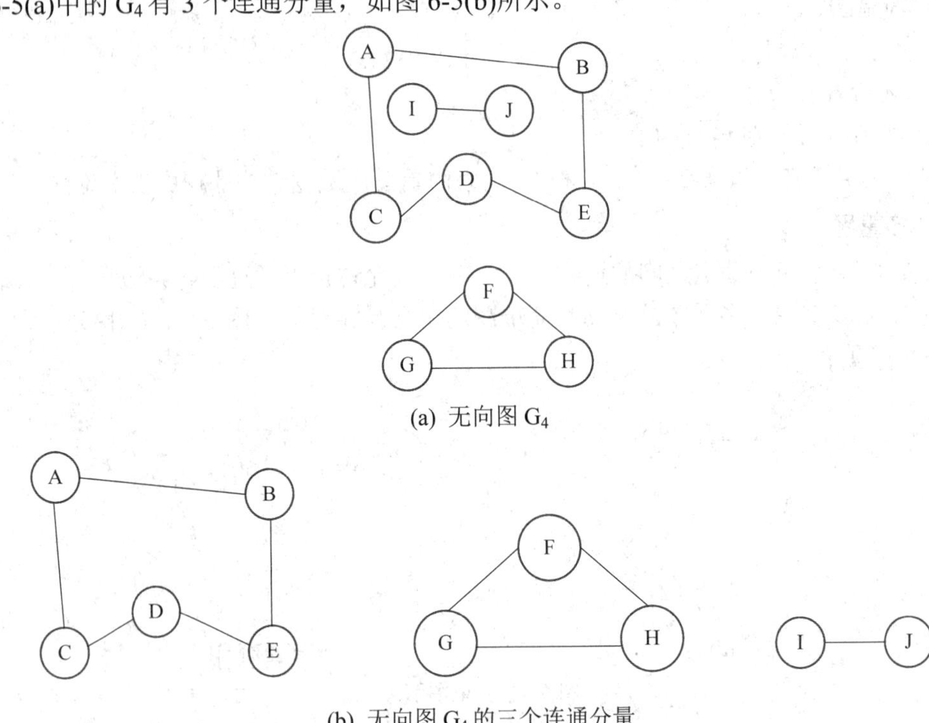

(a) 无向图 G_4

(b) 无向图 G_4 的三个连通分量

图 6-5　无向图及其连通分量

6. 强连通图和强连通分量

在有向图中，若从顶点 v 到顶点 w 和从顶点 w 到顶点 v 之间都有路径，则称这两个顶点是强连通的。若图中任意两个顶点都是强连通的，则称此图为强连通图。有向图中的极大强连通子图称为有向图的强连通分量。例如，图 6-6(a)中 G_5 的强连通分量如图 6-6(b)所示。

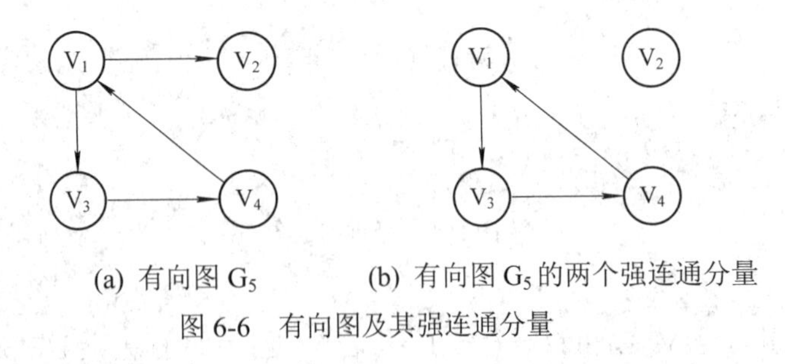

(a) 有向图 G_5　　(b) 有向图 G_5 的两个强连通分量

图 6-6　有向图及其强连通分量

7. 生成树和生成森林

连通图的生成树是包含图中全部顶点的一个极小连通子图。若图中顶点数为 n，则它的生成树含有 n−1 条边。对生成树而言，若去掉它的一条边，则会变成非连通图，若加上一条边则会形成一个回路。在非连通图中，连通分量的生成树构成了非连通图的生成森林。例如，图 6-2 中 G_2 的一个生成树如图 6-7 所示。

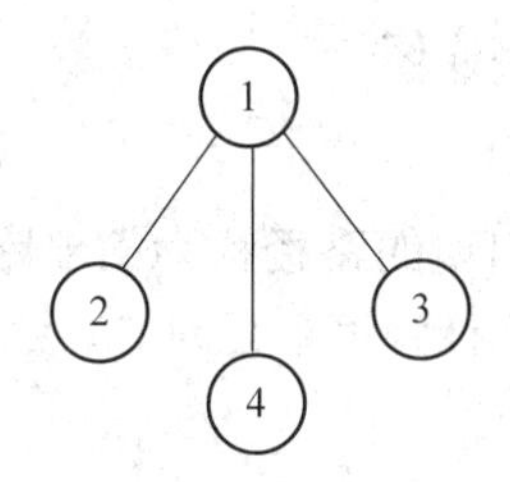

图 6-7　图 G_2 的一个生成树

8. 顶点的度、入度和出度

图中顶点 v 的**度**是指与 v 相关联的边的数目，记为 TD(v)。例如，图 6-2(b)中每个顶点的度均为 3。

在具有 n 个顶点、e 条边的无向图中，因为每条边和两个顶点相关联，所以无向图的全部顶点的度之和等于边数的 2 倍，即 $\sum_{i=1}^{n} TD(v_i) = 2e$ 。

对于有向图，顶点 v 的度分为入度和出度，**入度**是以顶点 v 为终点的有向边的数目，记为 ID(v)；**出度**是以顶点 v 为起点的有向边的数目，记为 OD(v)。顶点 v 的度等于该顶点的入度加上它的出度，即 TD(v) = ID(v) + OD(v)。例如，图 6-6(a)中有向图 G_5 中顶点 V_1 的出度为 2，入度为 1，度为 3。

在具有 n 个顶点、e 条边的有向图中，因为每条有向边都有一个起点和终点，所以有向图的全部顶点的入度之和与出度之和相等，并且等于边数，即 $\sum_{i=1}^{n} ID(v_i) = \sum_{i=1}^{n} OD(v_i) = e$ 。

9. 邻接顶点

在无向图 G = (V, E)中，若(u, v)是 E 中的一条边，则称 u 和 v 互为邻接顶点，并称边(u, v)依附于顶点 u 和 v。在有向图 G = (V, E)中，若<u, v>是 E 中的一条边，则称顶点 u 邻接到顶点 v，顶点 v 邻接自顶点 u，并称边<u, v>与顶点 u 和 v 相关联。

10. 权和网

在一个图中，每条边都可以赋予具有某种含义的数值，该数值称为该边的**权**值。权值可以表示一个顶点到另一个顶点的距离、花费的代价、所需要的时间等。边上带有权值的图称为**带权图**，也称**网**。

11. 稠密图和稀疏图

边数很少的图称为**稀疏图**，反之称为**稠密图**。稀疏图和稠密图常常是相对而言的。一般当图 G 满足 $|E| < |V|\log|V|$ 时，可以将 G 视为稀疏图。

12. 路径、路径长度和回路

在无向图中，顶点 v_p 到顶点 v_q 之间的一条路径是指顶点序列 $(v_p = v_{i_0}, v_{i_1}, \cdots, v_{i_m} = v_q)$ ，其中 $(v_{i_{j-1}}, v_{i_j}) \in E$，$1 \leqslant j \leqslant m$。如果是有向图， $<v_{i_{j-1}}, v_{i_j}> \in E$ ，路径是有向的。路径上

边的数目称为**路径长度**。对于带权图，路径长度为路径上边的权值之和。第一个顶点和最后一个顶点相同的路径称为**回路**或**环**。

13. 简单路径和简单回路

在路径序列中，顶点不重复出现的路径称为**简单路径**。除第一个顶点和最后个顶点外，其余各顶点不重复出现的回路称为**简单回路**。

6.3 图的存储结构

存储图时必须要完整、准确地反映顶点集和边集的信息，根据图的结构和算法的不同，可以采用不同的存储方式。不同的存储方式将对算法的效率产生较大的影响，因此所选的存储结构应适于求解的问题。图的存储方法有很多种，下面介绍 4 种较常用的方法：邻接矩阵、邻接表、十字链表和邻接多重表。

6.3.1 邻接矩阵

1. 邻接矩阵表示法

图的**邻接矩阵**(Adjacency Matrix)表示法用两个数组来表示图，一个一维数组用来存储图中顶点的信息，而另一个二维数组用来存储图中边的信息，即各顶点之间的邻接关系。存储顶点之间邻接关系的二维数组称为邻接矩阵。

若 G 是一个具有 n 顶点的无权图，顶点编号为 v_1, v_2, …, v_n，则 G 的邻接矩阵是具有如下性质的 n × n 的矩阵 A：

$$A[i][j]=\begin{cases}1 & (若(v_i，v_j)\in E(G)或<v_i，v_j>\in E(G))\\0 & (反之)\end{cases}$$

若 G 是一个具有 n 顶点的带权图或网，则 G 的邻接矩阵是具有如下性质的 n × n 的矩阵 A：

$$A[i][j]=\begin{cases}w_{ij} & (若(v_i，v_j)\in E(G)\ 或<v_i，v_j>\in E(G))\\\infty & (反之)\end{cases}$$

上式中，w_{ij} 表示边(v_i, v_j)或者$<v_i, v_j>$上的权值，∞表示顶点之间不存在边，它是计算机允许的、大于所有边上权值的一个数。

例如，图 6-8 所示分别为有向图、无向图和网对应的邻接矩阵。

图的邻接矩阵表示法存储结构定义如下：

```
#define INFINITY 32767              //表示极大值∞
#define MaxVertexNum 100            //最大顶点数
typedef char VertexType;            //假设顶点的数据类型为字符型
typedef int EdgeType;               //假设边的权值为整型
```

```
typedef struct
{
    VertexType Vex[MaxVertexNum];                      //顶点表
    EdgeType Edge[MaxVertexNum][MaxVertexNum];         //邻接矩阵
    int vexnum, edgenum;                               //图的当前顶点数和边数
}MGraph;
```

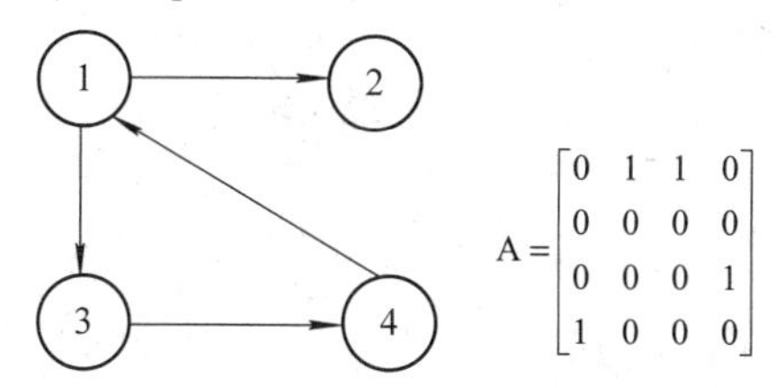

(a) 有向图及其邻接矩阵

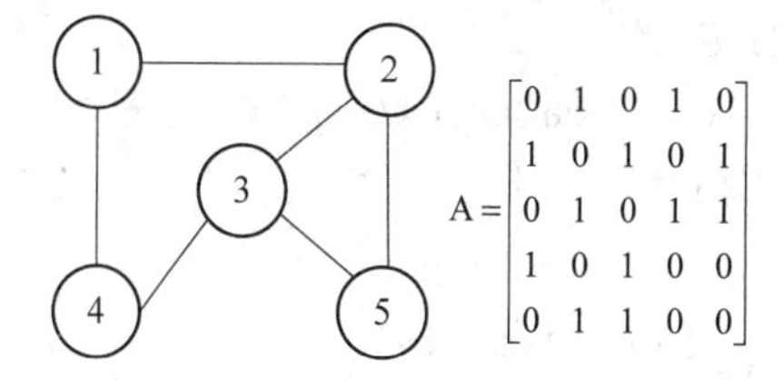

(b) 无向图及其邻接矩阵

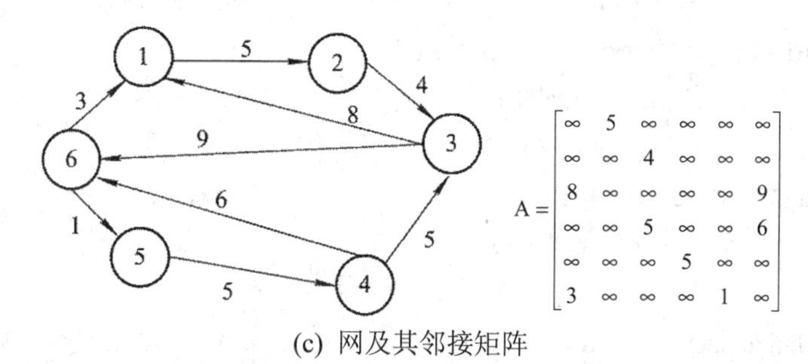

(c) 网及其邻接矩阵

图 6-8　有向图、无向图及网的邻接矩阵

2. 采用邻接矩阵表示法创建无向图

已知图的顶点和边，使用邻接矩阵表示法创建图的方法比较简单，下面以一个无向图为例说明创建图的算法。

【算法思想】

采用邻接矩阵表示法创建无向图，实际上就是将顶点信息保存在顶点表中，将边的信息保存在邻接矩阵中。算法的主要步骤如下：

(1) 输入总顶点数和总边数。

(2) 初始化邻接矩阵，使每个边的权值为极大值。

(3) 依次输入顶点信息并保持在顶点表中。

(4) 构造邻接矩阵，即输入每条边依附的顶点和权值，确定顶点在图中的位置后，为相应边赋相应的权值，同时使其对称边赋相同权值。

由于在邻接矩阵中输入每条边依附的顶点时，需要确定顶点的位置，因此，下面先给出求顶点位置的算法描述，然后在此基础上给出采用邻接矩阵表示法创建无向图的算法描述。

【算法描述】

(1) 求顶点位置。

```
int LocateVertex (MGraph *G, VertexType v)                //求顶点 v 在顶点数组中的下标
```

```
{
    int k;
    for(k = 0; k<G->vexnum; k ++ )
        if(G->Vex[k] = = v) return k;
    return(-1);
}
```

(2) 创建一个无向图。

```
void CreateUDN (MGraph*G)                                  //创建一个无向图
{
    int i, j, k, weight;
    VertexType vl, v2;
    scanf("%d, %d", &G-> vexnum, &G->edgenum);             //输入图的顶点数和边数
    for(i = 0; i < G->vexmum; i ++ )                        //初始化邻接矩阵
        for(j = 0; j < G->vexnum; j ++ )
            G->Edge[i][j] = INFINITY;
    for(i = 0; i < G->vexnum; i ++ )
        scanf("c%", &G->Vex [i]);                          //输入图的顶点
    for(k = 0; k < G->edgenum; k ++ )
    {
        scanf("c%, c%, c%", &v1, &v2, &weight);            //输入一条边的两个顶点及权值
        i = LocateVextex(G, v1);
        j = LocateVextex(G, v2);
        G->edge[i][j] = weight;
        G->edge[j][i] = weight;
    }
}
```

3. 邻接矩阵表示法的主要特点

图的邻接矩阵存储表示法具有以下特点：

(1) 无向图的邻接矩阵是一个对称矩阵，并且唯一。因此，在实际存储邻接矩阵时只需存储上(或下)三角矩阵的元素。

(2) 对于无向图，邻接矩阵的第 i 行(或第 i 列)非零元素(或非∞元素)的个数正好是第 i 个顶点的度。

(3) 对于有向图，邻接矩阵的第 i 行(或第 i 列)非零元素(或非∞元素)的个数正好是第 i 个顶点的出度(或入度)。

(4) 采用邻接矩阵法存储图，很容易确定图中任意两个顶点之间是否有边相连。但是，要确定图中有多少条边，则必须按行、按列对邻接矩阵中的每个元素进行判断，所花费的时间代价较大。这是用邻接矩阵存储图的局限性。

(5) 稠密图适合使用邻接矩阵的存储表示法。

6.3.2　邻接表

1. 邻接表表示法

邻接表(Adjacency List)是图的一种链式存储结构。在邻接表中，对图中每个顶点 v_i 建立一个单链表，把与 v_i 相邻接的顶点放在这个链表中。邻接表中每个单链表的第一个结点存放有关顶点的信息，把这一结点看成链表的表头，其余结点存放有关边的信息，这样邻接表便由两部分组成：表头结点表和边表。

(1) **表头结点表**：以顺序结构形式存储所有表头结点，以便可以随机访问任意顶点的边链表。表头结点包括数据域(data)和链域(firstarc)两部分，如图 6-9(a)所示。其中，数据域用于存储顶点 v_i 的名称或其他有关信息；链域用于指向链表中的第一个结点，即与顶点 v_i 邻接的第一个邻接顶点。

(2) **边表**：由表示图中顶点间关系的 n 个边链表组成。边链表中边结点包括邻接点域(adjvex)、数据域(info)和链域(nextarc)三部分，如图 6-9(b)所示。其中，邻接点域指示与顶点 v_i 邻接的顶点在图中的位置；数据域存储和边相关的信息，如权值等；链域指示与顶点 v_i 邻接的下一条边的结点。

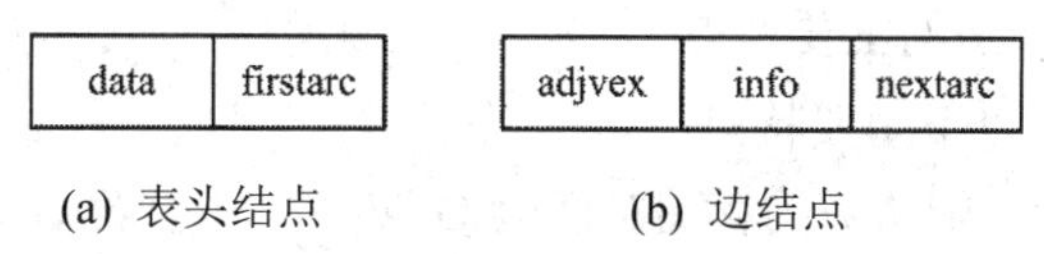

(a) 表头结点　　　(b) 边结点

图 6-9　表头结点和边结点

例如，图 6-10(a)为有向图及其邻接表表示，图 6-10(b)为无向图及其邻接表表示边结点省略了数据域。

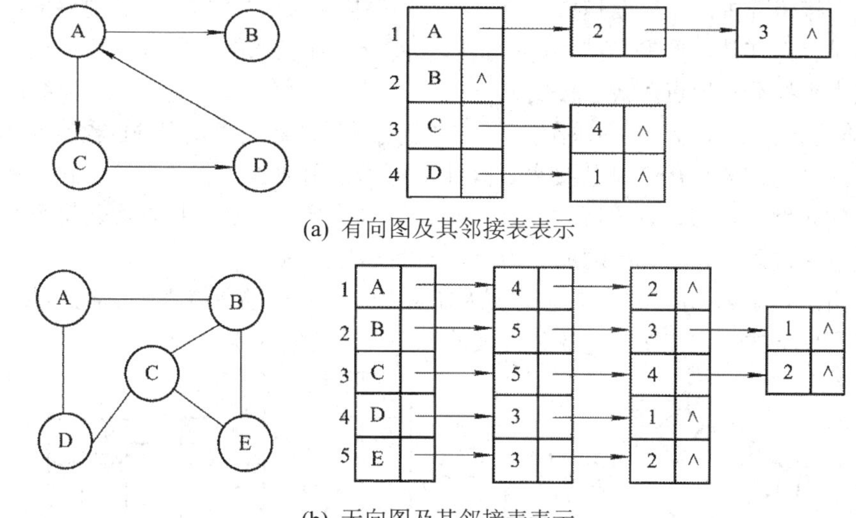

(a) 有向图及其邻接表表示

(b) 无向图及其邻接表表示

图 6-10　图的邻接表表示法

图的邻接表表示法存储结构定义如下：

```
#define MaxVertexNum 100                    //最大顶点数
typedef struct Node                         //边结点
```

```
{
    int adjvex;                          //该边所指向的顶点的位置
    struct Node * nextarc;               //指向下一条边的指针
    OtherInfo info;                      //和边相关的信息
}ArcNode;
typedef struct                           //顶点信息
{
    VertexType data;
    ArcNode *firstarc;                   //指向第一条依附该顶点的边的指针
}VNode, AdjList[MaxVertexNum];           //AdjList 表示邻接表类型
typedef struct                           //邻接表
{
    AdjList vertices;
    int vexnum, arcnum;                  //图的当前顶点数和边数
} ALGraph;
```

2. 图的邻接表表示法的主要特点

邻接表表示法具有以下主要特点：

(1) 若 G 为无向图，则所需的存储空间为 O(|V| + 2|E|)。若 G 为有向图，则所需的存储空间为 O(|V| + |E|)。前者的倍数 2 是由于在无向图中，每条边在邻接表中出现了两次。

(2) 对于稀疏图，采用邻接表表示法将极大地节省存储空间。

(3) 在邻接表中，给定一顶点，很容易找出它的所有邻边，因为只需要读取它的邻接表。而在邻接矩阵中，则需要扫描一行，花费的时间为 O(n)。但是，若要确定给定的两个顶点间是否存在边，则在邻接矩阵中很容易实现，而在邻接表中则需要在相应结点对应的边表中查找另一顶点，效率较低。

(4) 在有向图的邻接表中，求给定顶点的出度只需计算其邻接表中的结点个数；但求其顶点的入度则需要遍历全部邻接表。因此，可以采用逆邻接表的存储方式来加速求解给定顶点的入度。当然，这实际上与邻接表存储方式是类似的，只是边表每个结点存放的是该顶点通过入度弧所邻接的所有顶点，如图 6-11 所示。

(5) 图的邻接表表示不唯一，这是因为在每个顶点对应的单链表中，各边结点的链接次序可以是任意的，它取决于建立邻接表的算法及边的输入次序。

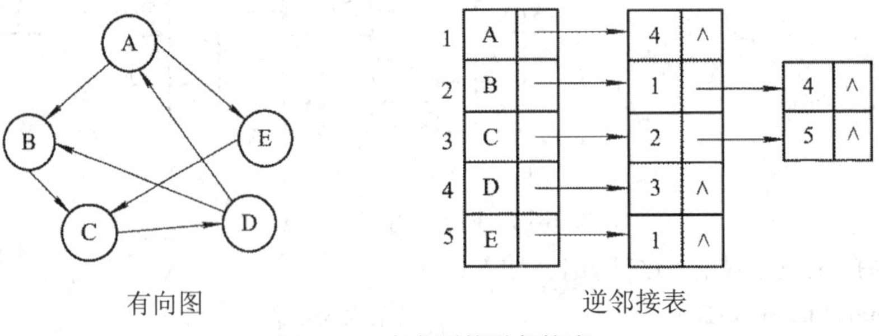

图 6-11　有向图的逆邻接表

6.3.3　其他存储结构

1. 十字链表

十字链表(Orthogonal List)是有向图的一种链式存储结构。在十字链表中，对应于有向图中的每条弧有一个结点，对应于每个顶点也有一个结点。这些结点的结构如图 6-12 所示。

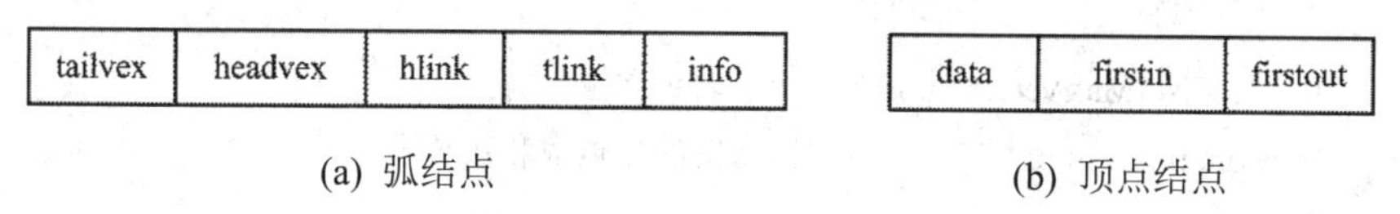

(a) 弧结点　　　　(b) 顶点结点

图 6-12　弧结点和顶点结点

弧结点中有 5 个域：尾域(tailvex)和头域(headvex)分别指示弧尾和弧头这两个顶点在图中的位置；链域 hlink 指向弧头相同的下条弧；链域 tlink 指向弧尾相同的下一条弧；info 域指向该弧的相关信息。这样弧头相同的弧就在同一个链表上，弧尾相同的弧也在同一个链表上。

顶点结点中有 3 个域：data 域存放顶点相关的数据信息，如顶点名称等；firstin 和 firstout 两个域分别指向以该顶点为弧头或弧尾的第一个弧结点。

图 6-13(b)为图 6-13(a)所示有向图的十字链表表示法。在图的十字链表中，弧结点所在的链表是非循环链表，结点之间的相对位置自然形成，不一定按顶点序号排序。表头结点即顶点结点，是顺序存储，而不是链表。

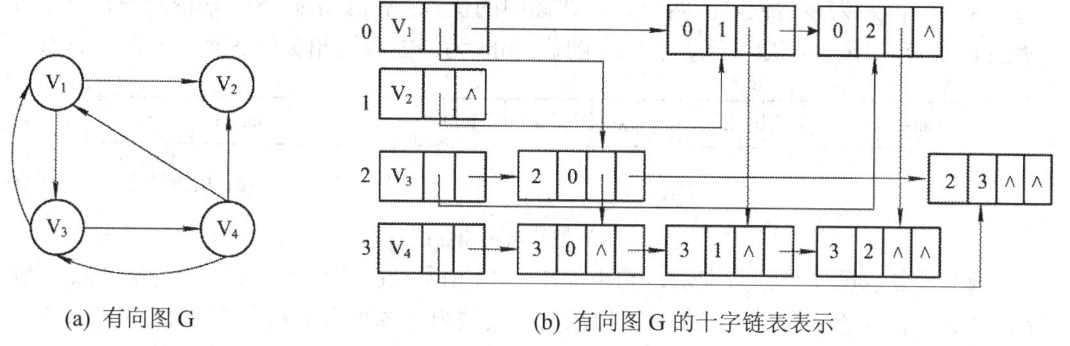

(a) 有向图 G　　　　(b) 有向图 G 的十字链表表示

图 6-13　有向图的十字链表表示法

在十字链表中，很容易找到以 v_i 为尾的弧，也很容易找到 v_i 为头的弧，因而很容易求得顶点的入度和出度。这里需要说明的是，图的十字链表表示法不唯一。

有向图的十字链表存储结构定义如下：

```
typedef struct ArcNode                    //边表结点
{
    int tailvex, headvex;                 //该弧的头尾结点
    struct ArcNode *hlink, *tlink;        //分别指向弧头相同和弧尾相同的结点
    InfoType *info;                       //相关信息指针
} ArcNode;
```

```
typedef struct VNode
{
    VertexType data;                    //顶点信息
    ArcNode *firstin, *firstout;        //指向第一条入弧和出弧
} VNode
typedef struct
{
    VNode xlist [MaxVertexNum];         //表头向量
    int vexnum, arcnum;                 //图的顶点数和弧数
}GLGraph;
```

2. 邻接多重表

邻接多重表(Adjacency Multilist)是无向图的另一种链式存储结构。虽然邻接表是无向图的一种很有效的存储结构，在邻接表中容易求得顶点和边的各种信息，但是在邻接表中每条边(v_i, v_j)有两个结点，分别在第 i 个和第 j 个链表中，这给某些图的操作带来了不便。例如，在某些图的应用问题中需要对边进行某种操作，如对已被搜索过的边作记号或删除一条边等，此时需要找到表示同一条边的两个结点。在这类无向图的问题中采用邻接多重表作存储结构更为适宜。

邻接多重表的结构和十字链表类似。在邻接多重表中，每条边用一个结点表示，它由如图 6-14(a)所示的 6 个域组成。其中，mark 为标志域，可用于标记该条边是否被搜索过；ivex 和 jvex 为该边依附的两个顶点在图中的位置；ilink 指向下一条依附于顶点 ivex 的边；jlink 指向下一条依附于顶点 jvex 的边；info 为指向和边相关的各种信息的指针域。

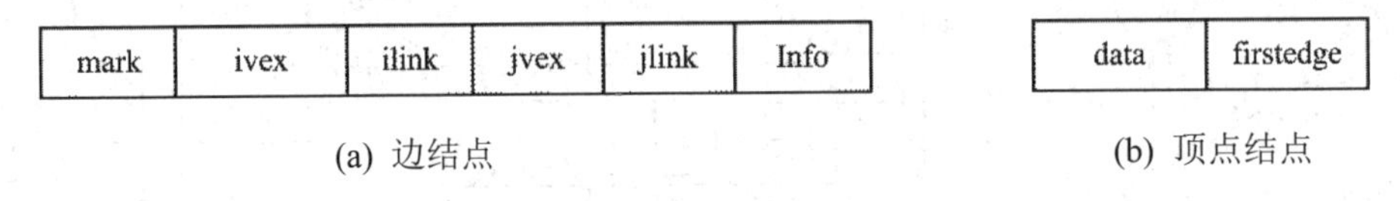

图 6-14　边结点和顶点结点

每个顶点也用一个结点表示，它由如图 6-14(b)所示的两个域组成。其中，data 域存储和该顶点相关的信息；firstedge 域指示第一条依附于该顶点的边。图 6-15 为无向图的邻接多重表表示。

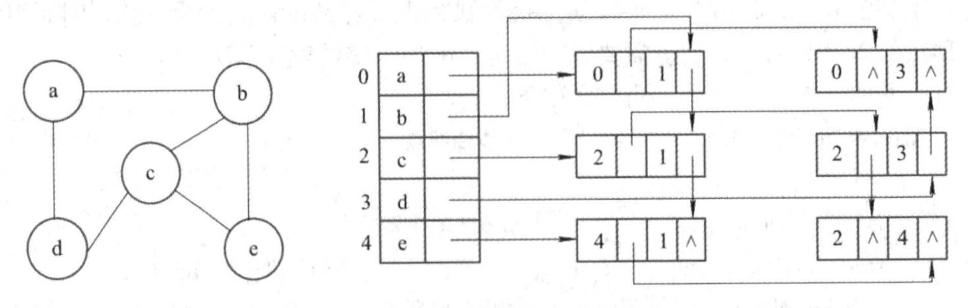

图 6-15　无向图的邻接多重表表示

在邻接多重表中，所有依附于同一顶点的边串联在同一链表中。由于每条边依附于

两个顶点，因此每个边结点同时链接在两个链表中。可见，对无向图而言，其邻接多重表和邻接表的差别仅仅在于同一条边在邻接表中用两个结点表示，而在邻接多重表中只有一个结点。

邻接多重表存储结构定义如下：

```
typedef struct ArcNode                    //边结点
{
    bool mark;                            //访问标记
    int ivex, jvex;                       //分别指向该弧的两个结点
    struct ArcNode *ilink, *jlink;        //分别指向两个顶点的下一条边
    InfoType info;                        //相关信息指针
}
typedef struct VNode                      //顶点表结点
{
    VertexType data;                      //顶点信息
    ArcNode*firstedge;                    //指向第一条依附于该顶点的边
}VNode;
typedef struct
{
    VNode adjmulist[MaxVertexNum];        //邻接表
    int vexnum, arcnum;                   //图的顶点数和弧数
}AMLGraph;
```

6.4 图的遍历

类似于树的遍历，图的遍历是指从图中的某一顶点出发，按照某种方式访问图中所有顶点且仅访问一次。图的遍历算法是求解图的连通性问题、拓扑排序和关键路径等算法的基础。然而，图的遍历要比树的遍历复杂得多。因为图的任意顶点都可能和其余的多个顶点相邻接，所以在访问了某个顶点之后，可能沿着某条路径搜索之后又回到该顶点上。为了避免同一顶点被访问多次，在遍历图的过程中，必须记录每个已访问过的顶点。为此，设一个访问标志数组 visited[n]，用于标识每个顶点是否被访问过，初始值置为 false 或者 0，一旦访问了顶点 v_i，则置 visited[i]为 true 或者 1。

图的遍历主要有 2 种方法：深度优先搜索和广度优先搜索。这 2 种方法对无向图和有向图均适用。

6.4.1 深度优先搜索

1. 图的深度优先搜索过程

深度优先搜索(Depth First Search，DFS)算法是指按照深度的方向搜索，它类似于树

的先序遍历，是树的先序遍历的推广。每次在访问完当前顶点后，首先访问当前顶点的第一个邻接顶点。对于一个连通图，从初始顶点出发一定存在路径和图中的其他所有顶点相连。因此，对于连通图，从初始顶点出发一定可以遍历该图。连通图的深度优先搜索过程如下：

(1) 从图中某个顶点 v 出发，访问 v。

(2) 找出刚访问过的顶点的第一个未被访问的邻接点，访问该顶点。以该顶点为新顶点，重复此步骤，直至刚访问过的顶点没有未被访问的邻接点为止。

(3) 返回前一个访问过的且仍有未被访问的邻接点的顶点，找出该顶点的下一个未被访问的邻接点，访问该顶点。

(4) 重复步骤(2)和(3)，直至图中所有顶点都被访问过，搜索结束。

图 6-16 为一个连通图的深度优先搜索过程的图示，A 为起始顶点。图中实线箭头表示访问方向，虚线箭头表示回溯方向，箭头旁边的数字表示搜索顺序。

先访问 A，然后按图中序号对应的顺序进行深度优先搜索。图中序号对应步骤的解释如下：

① 顶点 A 的未访邻接点有 B、D、E，首先访问 A 的第一个未访邻接点 B。

② 顶点 B 的未访邻接点有 C、D，首先访问 B 的第一个未访邻接点 C。

③ 顶点 C 的未访邻接点只有 F，访问 F。

④ 顶点 F 没有未访邻接点，回溯到 C。

⑤ 顶点 C 没有未访邻接点，回溯到 B。

⑥ 顶点 B 的未访邻接点只剩下 D，访问 D。

⑦ 顶点 D 的未访邻接点只剩下 G，访问 G。

⑧ 顶点 G 的未访邻接点有 E、H，首先访问 G 的第一个未访邻接点 E。

⑨ 顶点 E 没有未访邻接点，回溯到 G。

⑩ 顶点 G 的未访邻接点只剩下 H，访问 H。

⑪ 顶点 H 的未访邻接点只有 I，访问 I。

注意，虽然访问完了所有图中的顶点，但是搜索并没有结束，还需要继续下面的步骤，直至回溯到 A。

⑫ 顶点 I 没有未访邻接点，回溯到 H。

⑬ 顶点 H 已没有未访邻接点，回溯到 G。

⑭ 顶点 G 已没有未访邻接点，回溯到 D。

⑮ 顶点 D 已没有未访邻接点，回溯到 B。

⑯ 顶点 B 已没有未访邻接点，回溯到 A。

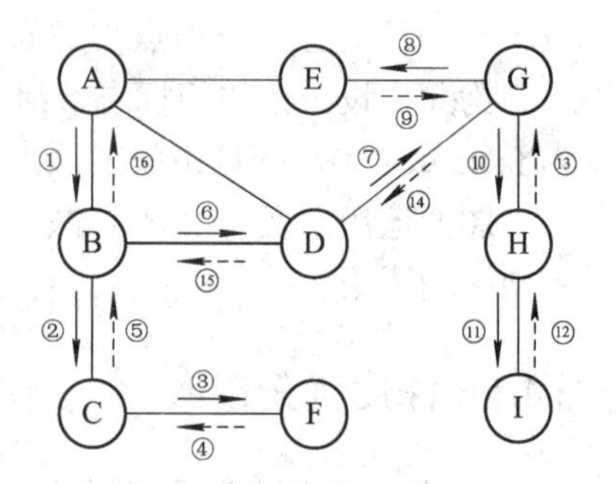

图 6-16　深度优先搜索过程

至此，深度优先搜索过程结束，相应的访问序列为 ABCFDGEHI。图 6-16 中所有顶点加上标有实线箭头的边，构成一棵以 A 为根的树，称为**深度优先搜索树**。

对于非连通图，可以依次把每个顶点作为初始顶点进行一次遍历搜索，并根据每个顶点的访问标记判断该顶点是否已被访问过。如果没有访问，则访问之，否则跳过该顶点。这样就一定可以访问非连通图的所有顶点。

2. 深度优先搜索算法的实现

连通图的深度优先搜索是一个递归过程，为了在遍历过程中便于区分顶点是否已被访问，需附设访问标志数组 visited[n]，其初值为 false，一旦某个顶点被访问过，则其相应的值置为 true。

1) 连通图的深度优先搜索

【算法思想】

连通图的深度优先搜索采用递归方法实现，主要步骤如下：

(1) 从图中某个顶点 v 出发，访问 v，并置 visited[v]的值为 true。

(2) 依次检查 v 的所有邻接点 w，如果 visited[w]的值为 false，再从 w 出发进行递归遍历，直到图中所有顶点都被访问过为止。

【算法描述】

```
bool visited[MaxVertexNum]; //访问标志数组，其初始值为 false
void DFS(Graph G, int v)      //从顶点 v 出发对图 G 进行深度优先递归遍历
{
    visit(v);
    visited[v] = true;          //访问第一个顶点，并置访问标志数组相应值为 true
    w = FirstAdjVex(G, v);      // FirstAdjVex(G, v)表示找 v 的第一个邻接点，w = −1 表示不存在
    while(w != -1)              //依次检查 v 的所有邻接点
    {
        if(!visited[w]) DFS(G, w);   //递归搜索
        w = NextAdjVex(G, v, w);     // NextAdjVex(G, v, w)返回 v 相对于 w 的下一个邻接点
    }
}
```

2) 非连通图的深度优先搜索

【算法思想】

若是非连通图，则上述遍历过程执行之后，图中一定还有顶点未被访问，需要从图中另选一个未被访问的顶点作为起始点，重复上述深度优先搜索过程，直到图中所有顶点均被访问过为止。对于非连通图，依次以每个顶点为初始遍历顶点，如果该顶点没有被访问，则调用上述连通图的深度优先搜索算法。

【算法描述】

```
void DFSTraverse(Graph G)
{
    for (v = 0; v < G.vexnum; v ++ ) visited[v] = false;       //初始化访问标志数组
    for (v = 0; v < G.vexnum; v ++ )                            //循环调用连通图遍历算法
        if(!visted[v]) DFS(G, v);                               //对没有访问的顶点调用 DFS
}
```

在上述两个算法中，Graph 泛指采用任意一种存储结构图，因为不确定，所以没有给

出查找邻接点的操作 FirstAdjVex(G, v)和 NextAdjVex(G, v, w)的具体实现方法。因为图采用不同的存储结构，这两个操作的实现方法不同，耗时也不同。下面分别给出采用邻接矩阵和邻接表实现连通图的深度优先搜索算法。

3) 采用邻接矩阵表示图的深度优先搜索

【算法思想】

采用邻接矩阵表示的连通图的深度优先遍历主要步骤如下：

(1) 从给定的顶点 v 出发，访问 v，并置 visited[v]的值为 true。

(2) 依次检查邻接矩阵 v 所在的行，如果存在边(v, w)或<v, w>，且 visited[w]的值为 false，再从 w 出发进行递归遍历。

【算法描述】

```
void DFS_AM(MGraph G, int v)
{
    visit(v);                       //访问操作函数
    visited[v] = true;              //访问第一个顶点，并置访问标志数组相应分量值为 true
    for (w = 0; w < G.vexnum; w ++ )
    //如果 v 的邻接顶点 w 存在，且没有访问，则递归调用 DFS_AM(G, w)
    if(G.Edge[v][w]!= 0 && (!visited[w])) DFS_AM(G, w);
}
```

4) 采用邻接表表示图的深度优先搜索

【算法思想】

(1) 从给定的顶点 v 出发，访问 v，并置 visited[v]的值为 true。

(2) 依次遍历 v 所在行的边链表，如果存在边(v, w)或<v, w>，且 visited[w]的值为 false，则从 w 出发进行递归遍历。

【算法实现】

```
void DFS_AL(ALGraph G, int v)
{
    visit(v);
    visited[v] = true;              //访问第一个顶点，并置访问标志数组相应分量值为 true
    p = G.vertices[v].firstarc;
    while(p!= NULL)                 //边结点非空
    {
        w = p->adjvex;              //w 为 v 的邻接点
        if(!visited[w]) DFS_AL(G, w); //如果 w 没有访问，则递归调用 DFS_AL
        p = p->nextarc;
    }
}
```

3. 深度优先搜索算法分析

DFS 算法是一个递归过程，程序运行时需要借助一个递归工作栈，最坏的情况下所

有顶点进栈一次，故其空间复杂度为 O(|V|)。

在进行深度优先搜索时，因为某个顶点被标志成已访问，就不再从它出发进行搜索，所以对图中每个顶点至多调用一次 DFS 函数。图的遍历过程实质上是对每个顶点查找其邻接点的过程，其耗费的时间则取决于所采用的存储结构。当用邻接矩阵表示图时，查找每个顶点的邻接点的时间复杂度为 O(|V|)，故总的时间复杂度为 $O(|V|^2)$；而当以邻接表作为图的存储结构时，查找所有邻接点的时间复杂度为 O(|E|)，访问顶点所需的时间为 O(|V|)，因此总的时间复杂度为 O(|V| + |E|)。

6.4.2　广度优先搜索

1. 广度优先搜索过程

广度优先搜索(Breadth First Search，BFS)类似于树的层次遍历过程。广度优先搜索是一个分层搜索的过程，具体搜索过程如下：

(1) 从给定顶点 v 出发，访问 v。

(2) 依次访问 v 的各个未曾访问过的邻接顶点 $w_1, w_2, \cdots, w_k$。

(3) 分别从 $w_1, w_2, \cdots, w_k$ 出发，依次访问它们的邻接顶点。重复步骤(3)，直至图中所有的顶点都被访问过。

图 6-17 给出了一个广度优先搜索过程图示，其中 A 为起始顶点，箭头代表搜索方向，箭头旁边的数字代表搜索顺序。

先访问 A，然后按图中序号对应的顺序进行广度优先搜索。图中序号对应步骤的解释如下：

① 顶点 A 的未访邻接点有 B、D、E。首先访问 A 的邻接点 B。

② 访问 A 的未访邻接点 D。

③ 访问 A 的未访邻接点 E。

④ 由于要按照前面的访问顺序 B、D、E 依次访问它们的邻接顶点，故接下来应访问 B 的未访邻接点。B 的未访邻接点只有 C，所以访问 C。

⑤ D 的未访邻接点只有 G，访问 G。

⑥ 由于 E 没有未访邻接点，接下来访问顺序为 C、G，依次访问它们的邻接顶点。接下来应访问 C 的未访邻接点，C 的未访邻接点只有 F，则访问 F。

⑦ G 的未访邻接点只有 H，则访问 H。

⑧ 再按照 F、H 的顺序依次访问它们的未访邻接顶点，则访问 I。

至此，广度优先搜索过程结束，相应的访问序列为 ABDECGFHI。图 6-17 中所有顶点加上标有实线箭头的边，构成一棵以 A 为根的树，称为**广度优先搜索树**。

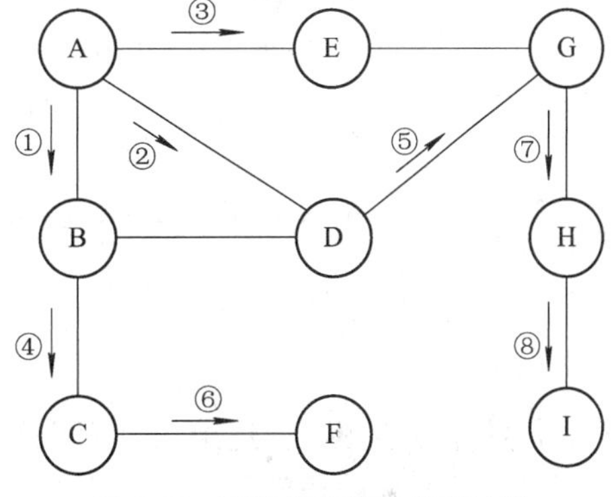

图 6-17　图的广度优先搜索过程

2. 广度优先搜索算法的实现

广度优先搜索类似于树的层次遍历，可以利用队列保存已访问过的顶点，利用队列的先进先出的特点，使得先访问的顶点的邻接顶点在下一轮优先被访问到。另外，与深度优先搜索类似，广度优先搜索在遍历过程中也需要设置一个访问标志数组。

【算法思想】

连通图的广度优先搜索算法的主要步骤如下：

(1) 从图中给定顶点 v 出发，访问 v，并置 visited[v]的值为 true，然后将 v 入队。

(2) 重复如下步骤，直到队列为空。

① 队头顶点 u 出队。

② 依次检查 u 的所有邻接顶点 w，如果 visited[w]的值为 false，则访问 w，并置 visited[w]的值为 true，然后将 w 进队。

【算法描述】

```
void BFS(Graph G, int v)
{
    visit(v);                          //访问顶点 v
    visited[v]=true;                   //将顶点 v 的访问标记置为 true
    QueueInitiate(&Q);                 //初始化一个空的队列
    QueueAppend(&Q, v);                //顶点 v 入队
    while(QueueNotEmpty (Q));
    {
        QueueDelete (&Q, &u);          //队头元素出队，并置为 u
        w = FirstAdjVertex(G, u)       //取 u 的第一个邻接顶点 w
        while (w!=-1)                  //依次检查 u 的所有邻接顶点 w
        {
            if(!visited[w])
            {
                visit(w);
                visited[w] = true;
                QueueAppend(&Q, w);    //顶点 w 入队
            }
            w=NextAdjVertex(G, u, w);  //u 相对于 w 的下一邻接顶点
        }
    }
}
```

若是非连通图，上述遍历过程执行之后，图中一定还有顶点未被访问，此时需要从图中另选一个未被访问的顶点作为起始点，重复上述广度优先搜索过程，直到图中所有顶点均被访问过为止。对于非连通图的遍历，实现算法类似于 6.4.1 节算法，仅需将原算法中的 DFS 函数改为调用 BFS 函数。

与深度优先搜索类似，可以采用邻接矩阵或邻接表存储图，从而实现广度优先搜索。读者可自己编程实现。

3. 广度优先搜索算法分析

无论是邻接表还是邻接矩阵的存储方式，BFS 算法都需要借助辅助队列。所有顶点均需入队一次，在最坏的情况下，空间复杂度为 $O(|V|)$。

采用邻接表存储方式时，每个顶点均需搜索一次(或入队一次)，其时间复杂度为 $O(|V|)$，在搜索任意顶点的邻接点时，每条边至少访问一次，故时间复杂度为 $O(|E|)$，算法总的时间复杂度为 $O(|V| + |E|)$。采用邻接矩阵存储方式时，查找每个顶点的邻接点所需的时间为 $O(|V|)$，故算法总的时间复杂度为 $O(|V|^2)$。

6.5 图 的 应 用

6.5.1 最小生成树

假设要在 n 个城市建立通信网，通过 n−1 条线路就可以连通这 n 个城市，问题是如何在最节省经费的前提下建立这个通信网。我们知道，在每两个城市之间都可以设置一条线路，相应地要付出一定的代价，n 个城市最多可以设置 n(n−1)/2 条线路。如何在这些可能的线路中选择 n−1 条线路，使得总的费用最少？

如果用顶点表示城市，顶点之间边的权值表示在两个城市之间设置线路的费用，那么可以用连通网(带权的连通图)表示这个通信网。对于具有 n 个顶点的连通网，可以建立许多种不同的生成树，每棵生成树都可以是一个通信网。最合理的通信网应该是代价最小的生成树。

在一个连通网的所有生成树中，各边权值(代价)之和最小的那棵生成树称为连通网的**最小代价生成树**(Minimum Cost Spanning Tree，MST)，简称**最小生成树**。最小生成树具有如下特点：

(1) 当图 G 中的各边权值互不相等时，G 的最小生成树是唯一的，否则最小生成树不唯一，即最小生成树的树形不唯一。

(2) 若无向连通图 G 的边数比顶点数少 1，即 G 本身是一棵树时，则 G 的最小生成树就是它本身。

(3) 虽然最小生成树的形态可能不唯一，但是最小生成树的边的权值之和是唯一的，而且是最小的。

(4) 最小生成树的边数为顶点数减 1。

构造最小生成树的算法虽然有多种，但大多数都利用了最小生成树的如下重要性质。

MST 性质：设图 $G = \langle V, E\rangle$ 是一个带权的连通图，集合 U 是顶点 V 的一个非空子集。若(u, v)是一条具有最小权值的边，其中 $u \in U$，$v \in V - U$，则必存在一棵包含(u, v)的最小生成树。

MST 性质采用反证法证明如下：

假设图 G 的任何一棵最小生成树都不包含边(u, v)。设 T 是连通图上的一棵最小生成树，当将边(u，v)加入到 T 后，必存在一条包含(u, v)的回路。

另一方面，由于 T 是生成树，则在 T 上必存在另一条边(u′, v′)，其中 $u' \in U$，$v' \in V - U$，且 u 和 u′之间、v 和 v′之间均有路径相通。删去边(u′, v′)，便可以消除上述回路，同时得到另一棵生成树 T′。因为(u′, v′)的权值大于等于(u, v)的权值，所以 T 的权值大于等于 T′的权值。因此 T′是一棵包含边(u, v)的最小生成树。与假设矛盾，故 MST 性质成立。

下面介绍两种利用 MST 性质构造最小生成树的典型算法：普里姆(Prim)算法和克鲁斯卡尔(Kruskal)算法。

1. 普里姆算法

1) *利用普里姆算法构造最小生成树的过程*

假设 N = (V, E)是连通网，TE 是最小生成树中边的集合，U 是求得生成树的顶点集。

(1) $U = \{u_0\}(u_0 \in V)$，TE = {}。

(2) 在所有 $u \in U$，$v \in V - U$ 的边(u, v)中选择代价最小的一条边(u_0, v_0)并入集合 TE，同时将 v_0 并入 U。

(3) 重复(2)，直至 U = V 为止。

此时 TE 中必有 n−1 条边，则 T = (U, TE)为 N 的最小生成树。

图 6-18(a)为一个具有 6 个顶点 10 条边的连通网。图 6-18(b)～(f)给出了利用普里姆算法构造最小生成树的过程。具体描述如下：

(1) 初始时，集合 $U = \{V_0\}$，集合 $V - U = \{V_1, V_2, V_3, V_4, V_5\}$，TE = {}。

(2) 一个顶点在集合 U 中，另一个顶点在集合 V − U 中，且权值最小的边是(V_0, V_2)，将 V_2 从集合 V − U 移入集合 U，将边(V_0, V_2)加入到 TE 中，如图 6-18(b)所示。此时，$U = \{V_0, V_2\}$，$V - U = \{V_1, V_3, V_4, V_5\}$，$TE = \{(V_0, V_2)\}$。

(3) 一个顶点在集合 U 中，另一个顶点在集合 V − U 中，且权值最小的边是(V_2, V_5)，将 V_5 从集合 V − U 移入集合 U，将边(V_2, V_5)加入到 TE 中，如图 6-18(c)所示。此时，$U = \{V_0, V_2, V_5\}$，$V - U = \{V_1, V_3, V_4\}$，$TE = \{(V_0, V_2), (V_2, V_5)\}$。

(4) 一个顶点在集合 U 中，另一个顶点在集合 V − U 中，且权值最小的边是(V_5, V_3)，将 V_3 从集合 V − U 移入集合 U，将(V_5, V_3)加入到 TE 中，如图 6-18(d)所示。此时，$U = \{V_0, V_2, V_5, V_3\}$，$V - U = \{V_1, V_4\}$，$TE = \{(V_0, V_2), (V_2, V_5), (V_5, V_3)\}$。

(5) 一个顶点在集合 U 中，另一个顶点在集合 V − U 中，且权值最小的边是(V_2, V_1)，将 V_1 从集合 V − U 移入集合 U，将(V_2, V_1)加入到 TE 中，如图 6-18(e)所示。此时，$U = \{V_0, V_2, V_5, V_3, V_1\}$，$V - U = \{V_4\}$，$TE = \{(V_0, V_2), (V_2, V_5), (V_5, V_3), (V_2, V_1)\}$。

(6) 一个顶点在集合 U 中，另一个顶点在集合 V − U 中，且权值最小的边是(V_2, V_4)，将 V_4 从集合 V − U 移入集合 U，将(V_1, V_4)加入到 TE 中，如图 6-18(e)所示。此时，$U = \{V_0, V_2, V_5, V_3, V_1, V_4\}$，$V - U = \{\ \}$，$TE = \{(V_0, V_2), (V_2, V_5), (V_5, V_3), (V_2, V_1), (V_1, V_4)\}$。算法结束。

可以看出，普里姆算法是逐步增加 U 中的顶点，称为**加点法**。

这里需要注意的是，在每次选择最小权值的边时，可能有多条同样权值的边，在这种情况下，任选其中一条边即可。

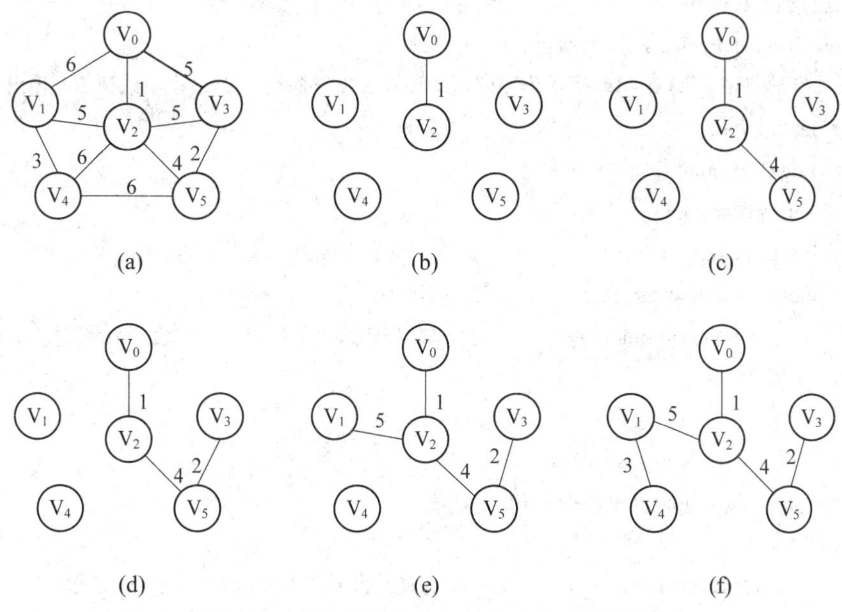

图 6-18　普里姆算法构造最小生成树的过程

2) 普里姆算法的实现

假定：连通网 G 采用邻接矩阵存储，从顶点 u 出发构造最小生成树，输出 TE 中各条边。

为了实现这个算法，需要设置一个辅助数组 closedge 记录从 U 到 U－V 具有最小权值的边。对每个顶点 $v_i \in V-U$，closedge[i] 包含两个域：lowcost 和 adjvex。lowcost 存储最小边的权值，adjvex 存储最小边在 U 中的顶点。

$$closedge[i].lowcost = Min\{cost(u, v_i) \mid u \in U\}$$

辅助数组 closedge 的结构体定义如下：

```
struct
{
    VertexType adjvex;              //最小边在 U 中的顶点
    EdgeType lowcost;               //最小边上的权值
}closedge[MaxVertexNum];
```

【算法思想】

用普里姆算法构造最小生成树，算法的主要步骤描述如下：

(1) 将初始点 u 加入到 U 中，对其余的每一个顶点 v_i，将 closedge[i] 均初始化为到 u 的边信息。

(2) 循环 n−1 次，进行如下处理：

① 从 closedge 中选出权值最小的边 closedge[k]，输出此边。

② 将第 k 个顶点加入到 U 中。

③ 更新剩余的每组最小边信息 closedge[j]，对于 U－V 中的边，新增一条从 k 到 j 的边。如果新边的权值比 closedge[j].lowcost 小，则将 closedge[j].lowcost 更新为新边的权值。

【算法描述】

```
void Prim(MGraph G，VertexType u)
{  //无向带权图 G 采用邻接矩阵存储，从顶点 u 出发构造 G 的最小生成树 T，输出各条边
   int k, i, j, k;
   EdgeType min;
   VertexType u0,v0;
   k=LocateVextex(G, u);                    // LocateVextex()求顶点 u 的下标
   closedge[k].lowcost=0;                   //初始化，U={u}
   for(i=0; i<G.vexnum; i++)                //对 V-U 的每个顶点，初始化 closedge
       if(i!=k)
       {
           closedge[i].adjvex=u;
           closedge[i].lowcost=G.Edge[k][i];
       }
   for(i=1; i<G.vexnum; i++)                //选择其余 n-1 个顶点，生成 n-1 条边
   {
       //选择最小权值边
       min = INFINITY;                      // INFINITY 定义为最大权值
       for (j=0; j<G.vexnum; j++)
           if (closedge[j].lowcost != 0 && closedge[j].lowcost<min)
           {
               k=j;
               min = closedge[j].lowcost;
           }
       u0 = closedge[k].adjvex;             //u0 为最小边的一个顶点，u0∈U
       v0 = G.Vex[k];                       //v0 为最小边的另一个顶点，v0∈U - V
       printf(u0, v0);                      //输出当前的最小边(u0, v0)
       closedge[k].1owcost = 0;             //第 k 个顶点并入 U
   for (j=0; j<G.vexnum; j++)
       if(G.Edge[k][j] < closedge[j].lowcost)       //新顶点并入 U 后重新选择最小边
       {
           closedge[j].adjvex = G.Vex[k];
           closedge[j].lowcost = G.Edge[k][j];
       }
   }
}
```

【算法分析】

普里姆算法的实现函数主要是一个两重循环，因为其中每重循环的次数都等于顶点

个数 n，所以该算法的时间复杂度是 $O(n^2)$。由于该算法的时间复杂度只与图中的顶点个数有关，而与图中的边数无关，因此对于边比较稠密的图，此算法的时间复杂度较低。

利用上述算法对图 6-18(a)所示的连通网从顶点 v_0 开始构造最小生成树，算法中各参数的变化如表 6-1 所示。

表 6-1　图 6-18 构造最小生成树过程中辅助数组中分量的变化

<table>
<tr><th rowspan="2">Closedge[i]</th><th colspan="6">i</th><th rowspan="2">U</th><th rowspan="2">V − U</th><th rowspan="2">k</th><th rowspan="2">(u_0, v_0)</th></tr>
<tr><th>0</th><th>1</th><th>2</th><th>3</th><th>4</th><th>5</th></tr>
<tr><td>Adjvex
lowcost</td><td>0</td><td>v_0
6</td><td>v_0
1</td><td>v_0
5</td><td>v_0
∞</td><td>v_0
∞</td><td>$\{v_0\}$</td><td>$\{v_1, v_2, v_3, v_4, v_5\}$</td><td>2</td><td>$(v_0, v_2)$</td></tr>
<tr><td>Adjvex
lowcost</td><td>0</td><td>v_2
5</td><td>0</td><td>v_0
5</td><td>v_2
6</td><td>v_2
4</td><td>$\{v_0, v_2\}$</td><td>$\{v_1, v_3, v_4, v_5\}$</td><td>5</td><td>(v_2, v_5)</td></tr>
<tr><td>Adjvex
lowcost</td><td>0</td><td>v_2
5</td><td>0</td><td>v_5
2</td><td>v_2
6</td><td>0</td><td>$\{v_0, v_2, v_5\}$</td><td>$\{v_1, v_3, v_4\}$</td><td>3</td><td>(v_5, v_3)</td></tr>
<tr><td>Adjvex
lowcost</td><td>0</td><td>v_2
5</td><td>0</td><td>0</td><td>v_2
6</td><td>0</td><td>$\{v_0, v_2, v_5, v_3\}$</td><td>$\{v_1, v_4\}$</td><td>1</td><td>(v_2, v_1)</td></tr>
<tr><td>Adjvex
lowcost</td><td>0</td><td>0</td><td>0</td><td>0</td><td>v_1
3</td><td>0</td><td>$\{v_0, v_2, v_5, v_3, v_1\}$</td><td>$\{v_4\}$</td><td>4</td><td>$(v_1, v_4)$</td></tr>
<tr><td>Adjvex
lowcost</td><td>0</td><td>0</td><td>0</td><td>0</td><td>0</td><td>0</td><td>$\{v_0, v_2, v_5, v_3, v_1, v_4\}$</td><td>{}</td><td></td><td></td></tr>
</table>

初始状态时，由于 $U = \{v_0\}$，则从 U 到 V − U 中各顶点的最小边(即为从依附于顶点 v_0 的各条边中)，找到这条权值最小的边 (v_0, v_2) 为生成树上的第一条边，同时将顶点 v_2 并入集合 U 中，然后修改辅助数组中的值。将 closedge[2].lowcost 改为 0，表明顶点 v_2 已并入 U。由于边 (v_2, v_1) 上的权值小于 closedge[1].lowcost，则需修改 closedge[1]为边 (v_2, v_1) 及其权值。同理修改 closedge[4]和 closedge[5]。依次类推，直到 U = V。

2. 克鲁斯卡尔算法

不同于普里姆算法，克鲁斯卡尔算法是一种按照边的权值递增顺序构造最小生成树的方法。假设连通网 N = (V, E)，将 N 中的边按权值从小到大的顺序排列。

(1) 初始状态：只有 n 个顶点而无边的非连通图 T = (V, { })。图中每个顶点自成一个连通分量。

(2) 在 E 中选择权值最小的边，若该边依附的顶点落在 T 中不同的连通分量上(即不形成回路)，则将此边加入到 T 中，否则舍去此边而选择下一条权值最小的边。

(3) 重复(2)，直至 T 中所有顶点都在同一连通分量上为止。

例如，对于图 6-18(a)所示的连通网，按照克鲁斯卡尔算法构造一棵最小生成树的过程如图 6-19 所示。由于权值分别为 1、2、3、4 的 4 条边满足上述条件，则先后被加入到 T 中。权值为 5 的两条边 (v_0, v_3) 和 (v_2, v_3) 被舍去，它们依附的两个顶点在同一连通分量上，它们若加入 T 中，则会使 T 中产生回路。而下一条权值(=5)最小的边 (v_1, v_2) 连接两个连通分量，则可加入 T，由此构造成一棵最小生成树。

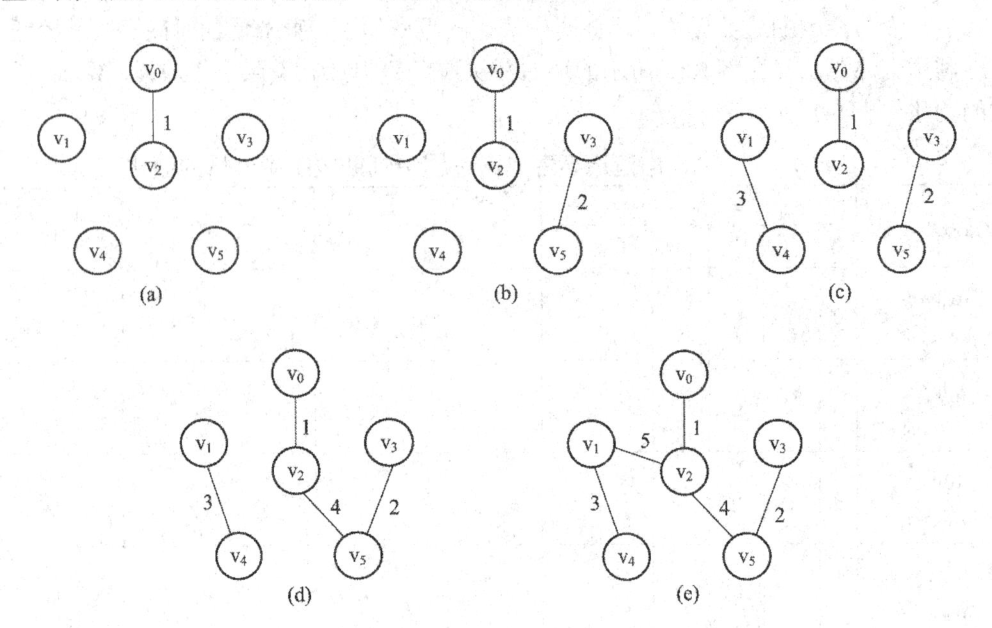

图 6-19　克鲁斯卡尔算法构造最小生成树的过程

可以看出，克鲁斯卡尔算法是逐步增加生成树的边，与普里姆算法相比，可称为**加边法**。与普里姆算法类似，每次选择权值最小边时，可能有多条同样权值的边可选，此时可任选其一。

6.5.2　最短路径

1. 最短路径的基本概念

在一个图中，若从一个顶点到另一个顶点存在着路径，则定义**路径长度**为一条路径上所经过的边的数目。图中从一个顶点到另一个顶点可能存在着多条路径，我们把路径长度最短的那条路径叫作**最短路径**，其路径长度叫作**最短路径长度**或**最短距离**。

在一个带权图中，若从一个顶点到另一个顶点存在着一条路径，则称该路径上所经过边的权值之和为该路径上的**带权路径长度**。带权图中从一个顶点到另一个顶点可能存在着多条路径，我们把带权路径长度值最小的那条路径也叫作**最短路径**，其带权路径长度叫作**最短路径长度**或**最短距离**。

实际上，不带权图的最短路径问题也可以归结为带权图的最短路径问题。只要把不带权的图的所有边的权值均定义为 1，则不带权图的最短路径问题就归结为带权图的最短路径问题。另一方面，带权图分为无向带权图和有向带权图。如果把无向边(u, v)可看作两条有向边<u, v>和<v, u>，那么无向图就变成了有向图。为了不失一般性，这里只讨论有向带权图的最短路径问题。

图 6-20 是一个有向带权图及其邻接矩阵，该带权图从顶点 A 到顶点 D 有 3 条路径，分别为：路径(A, D)，其带权路径长度为 30；路径(A, C, F, D)，其带权路径长度为 22；路径(A, C, B, E, D)，其带权路径长度为 32。其中，路径(A, C, F, D)称为最短路径，其带

权路径长度 22 称为最短距离。

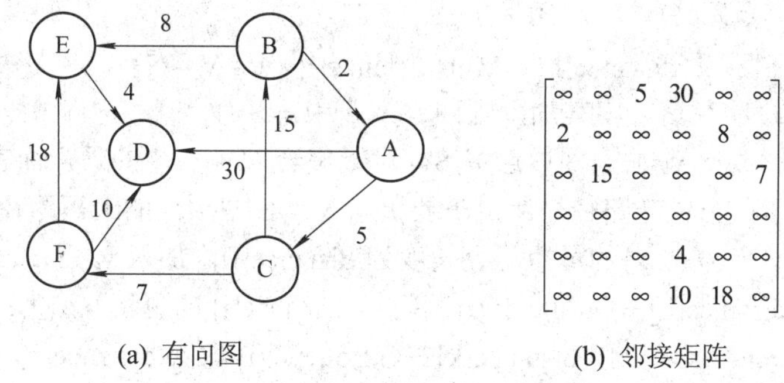

(a) 有向图　　　　(b) 邻接矩阵

图 6-20　有向带权图及其邻接矩阵

本节讨论带权有向图的 2 种最常见的最短路径问题：

(1) 求某源点到其余各顶点的最短路径问题。

(2) 求每一对顶点之间的最短路径问题。

2. 从某源点到其余各顶点的最短路径

给定有向带权图 G 和源点 v_0，对于求从 v_0 到 G 中其余各顶点的最短路径问题，迪杰斯特拉(Dijkstra)提出了一个按路径长度递增的次序产生最短路径的算法，称为迪杰斯特拉算法。

1) 迪杰斯特拉算法的求解过程

对于带权有向图 G = (V, E)，将 G 中的顶点分为两组：

第一组 S：已求出的最短路径的终点集合(初始时只包含源点 v_0)。

第二组 V−S：尚未求出最短路径的顶点集合(初始时为 $V - \{v_0\}$)。

算法将按照最短路径长度递增的次序，逐个将集合 V − S 中的顶点加入到集合 S 中，直到 S = V 为止。下述定理保证了该方法的正确性。

定理：下一条最短路径或者是边(v_0, v_x)，或者是中间经过 S 中的某些顶点，然后到达 v_x 的路径。

证明：采用反证法证明。假设下一条最短路径上有一个顶点 v_y 不在 S 中，即此路径为(v_0, …, v_y, …, v_x)。显然路径(v_0, …, v_y)的长度小于(v_0, …, v_y, …, v_x)的长度，故下一条最短路径应为(v_0, …, v_y)，这与假设矛盾。因此，下一条最短路径上不可能有不在 S 中的顶点 v_y。

2) 迪杰斯特拉算法的实现

假设用邻接矩阵存储带权有向图 G，源点为 v_0，G.Edge[i][j]表示边<v_i, v_j>的权值。如果边<v_i, v_j>不存在，则置 G.Edge[i][j]为∞。迪杰斯特拉算法实现需要引入以下辅助的数据结构：

(1) 一维数组 s[i]：记录从源点 v_0 到终点 v_i 是否已被确定最短路径长度，1 表示已确定，0 表示尚未确定。

(2) 一维数组 path[i]：记录从源点 v_0 到终点 v_i 的当前最短路径上 v_i 的直接前驱顶点序号，初始化时，如果从 v_0 到 v_i 有边，则 path[i]为 v_0，否则为 −1。

(3) 一维数组 distance[i]：记录从源点 v_0 到终点 v_i 的当前最短路径长度。初始化时，

如果从 v_0 到 v_i 有边，则 distance[i]为边上的权值，否则为∞。

长度最短的一条路径(v_0，v_k)满足条件：

$$distance[k] = Min\{distance[i] \mid v_i \in V - S\}$$

求得顶点 v_k 的最短路径后，将其加入到顶点集 S 中。

每当一个新的顶点 v_k 加入到顶点集 S，对于集合 V – S 中的顶点而言，多了一个中转顶点，也就多了一个中转路径，所以需要更新 V – S 中顶点的最短路径长度。

我们知道，原来 v_0 到 v_i 的最短路径长度为 distance[i]，加入 v_k 后，以 v_k 作为中转的最短路径长度为 distance[k] + G.Edge[k][i]。因此，distance[i] 的更新方法为：若 distance[k] + G.Edge[k][i] < distance[i]，则用 distance[k] + G.Edge[k][i] 取代 distance[i]。

更新后再选择数组 distance 中值最小的顶点加入到顶点集 S 中，如此进行下去，直到所有顶点都加入到集合 S 中。

【算法思想】

引入上述辅助数据结构后，迪杰斯特拉算法的主要步骤可描述如下：

(1) 初始化。

① 初始化数组 s，s[i] = 0。将源点 v_0 加入到集 S，即 s[v_0] = 1。

② 初始化数组 distance：distance[i] = G.Edge[v_0][v_i] ($v_i \in V - S$)。

③ 初始化数组 path：如果 v_0 和顶点 v_i 之间有边，则将 v_i 的前驱置为 v_0，即 path[i] = v_0，否则 path[i] = −1。

(2) 循环执行以下操作 n−1 次。

① 选择下一条最短路径的终点 v_k，满足 distance[k] = Min{distance[i] | $v_i \in V - S$}。

② 将 v_k 加到 S 中，即 s[v_k] = 1。

③ 更新从 v_0 到集合 V – S 上任一顶点的最短路径长度，若 distance[k] + G.Edge[k][i]< distance[i]成立，则更新 distance[i] = distance[k] + G.Edge[k][i]，同时更新 v_i 的前驱为 v_k，即 path[i] = k。

【算法描述】

```
void ShortestPath_DIJ(MGraph G, int v0, int distance[], int path[])
{
    int n = G.vexnum;
    int *s = (int *)malloc(sizeof(int)*n);
    int minDis, i, j, k;
    //初始化
    for(i = 0; i < n; i ++)
    {
        distance[i] = G.Edge[v0][vi];
        s[i] = 0;
        if(i != v0 && distance[i] <INFINITY)    // INFINITY 为一个大于所有权重的常数
            path[i] = v0;
        else
```

```
            path[i] = -1;
        }
        s[v0] = 1;                          //标记顶点 v0 已加入到集合 S 中
        // 在当前还未找到最短路径的顶点集中选取具有最短距离的顶点 k
        for(i = 1; i < n; i ++)
        {
            minDis = INFINITY;
            for(j = 0; j < n; j ++)
                if(s[j] = = 0 && distance[j] < minDis)
                {
                    k = j;
                    minDis = distance[j];
                }
            //当不再存在路径时算法结束；此语句对非连通图是必需的语句
            if(minDis = = INFINITY) return;
            s[k] = 1;                       //标记顶点 k 已加入到集合 S 中
            //修改从 v0 到其他顶点的最短距离和最短路径
            for(j = 0; j < n; j++)
                if(s[j] == 0 &&G.Edge[k][j] < INFINITY&&
                distance[k] + G.Edge[k][j] < distance[j])
                {
                    //顶点 v0 经顶点 k 到其他顶点的最短距离和最短路径
                    distance[j] = distance[k] + G.Edge[k][j];
                    path[j] = k;
                }
        }
    }
```

【例 6-2】 利用迪杰斯特拉算法，对图 6-20(a)所示的有向网求源点 A 到其他顶点的最短路径，请给出算法中各参量的初始化结果和求解过程中的变化。

(1) 对图中的 6 个顶点依次初始化，初始化结果如表 6-2 所示。

表 6-2　迪杰斯特拉算法各参量的初始化结果

参量	i = 0	i = 1	i = 2	i = 3	i = 4	i = 5
s	1	0	0	0	0	0
distance	0	∞	5	30	∞	∞
path	−1	−1	0	0	−1	−1

(2) 求解过程中各参量变化如表 6-3 所示。

表 6-3　迪杰斯特拉算法求解过程中各参量的变化

终点	从 A 到各终点的最短路径长度 distance 值和最短路径求解过程				
	i = 1	i = 2	i = 3	i = 4	i = 5
B(1)	∞	20(A, C, B)	**20** (A, C, B)		
C(2)	**5** (A, B)				
D(3)	30(A, D)	30(A, D)	22 (A, C, F, D)	**22** (A, C, F, D)	
E(4)	∞	∞	30 (A, C, F, E)	28 (A, C, B, E)	**28** (A, C, B, E)
F(5)	∞	**12** (A, C, F)			
v	C	F	B	D	
path		path[1]=2 path[5]=2	path[3]=5 path[4]=5	path[4]=1	
s	s[2]=1 {A, C}	s[5]=1 {A, C, F}	s[1]=1 {A, B, C, F}	s[3]=1 {A, B, C, D, F}	s[4]=1 {A, B, C, D, E, F}

从表 6-3 中很容易得到源点 A 到终点 v 的最短路径。现以顶点 E 为例进行说明：

$$\text{Path}[4] = 1 \rightarrow \text{path}[1] = 2 \rightarrow \text{path}[2] = 0$$

反过来排列得到 0、2、1、4，所以 A 到 E 的最短路径为 A、C、B、E。

【算法分析】

迪杰斯特拉求解最短路径的主循环共进行 n−1 次，因为每次执行的时间是 O(n)，所以算法的时间复杂度是 $O(n^2)$。如果用带权的邻接表作为有向图的存储结构，虽然修改 distance 的时间可以减少，但由于在 distance 向量中选择最小分量的时间不变，所以时间复杂度仍为 $O(n^2)$。

这里需要说明的是，虽然人们有时可能只希望找到从源点到某个特定终点的最短路径，但是这个问题和求源点到其他所有顶点的最短路径一样复杂。这也需要利用迪杰斯特拉算法来解决，其时间复杂度仍为 $O(n^2)$。

3. 每一对顶点之间的最短路径

求解每一对顶点之间的最短路径有 2 种方法：其一是分别以图中的每个顶点为源点，调用 n 次迪杰斯特拉算法；其二是采用弗洛伊德(Floyd)算法。迪杰斯特拉算法的时间复杂度是 $O(n^2)$，所以调用 n 次迪杰斯特拉算法求解每一对顶点之间的最短路径，其时间复杂度为 $O(n^3)$。弗洛伊德算法的时间复杂度虽然也为 $O(n^3)$，但形式上较简单。

弗洛伊德算法采用邻接矩阵 Edge 来表示有向网 G，求从顶点 v_i 到 v_j 的最短路径，其算法的实现需要引入以下辅助的数据结构。

(1) 二维数组 path[i][j]：从顶点 v_i 到 v_j 最短路径上顶点 v_j 的前一顶点的序号。

(2) 二维数组 D[i][j]：记录顶点 v_i 到 v_j 之间的最短路径长度。

【算法思想】

初始化 v_i 到 v_j 的最短路径长度，即 D[i][j] = G.Edge[i][j]，然后进行如下 n 次比较和更新：

(1) 在 v_i 和 v_j 间加入顶点 v_0，比较 (v_i, v_j) 和 (v_i, v_0, v_j) 的路径长度，将其中较短者作为 v_i 到 v_j 的且中间顶点序号不大于 0 的最短路径。

(2) 在 v_i 和 v_j 间加入顶点 v_1，得到 $(v_i, \cdots, v_1)$ 和 $(v_1, \cdots, v_j)$，其中 $(v_i, \cdots, v_1)$ 是 v_i 到 v_1 的且中间顶点的序号不大于 0 的最短路径，$(v_1, \cdots, v_j)$ 是 v_1 到 v_j 的且中间顶点的序号不大于 0 的最短路径，这两条路径已在上一步中求出。比较 $(v_i, \cdots, v_1, \cdots, v_j)$ 与上一步已求出的 v_i 到 v_j 的且中间顶点序号不大于 0 的最短路径，将其中较短者作为 v_i 到 v_j 的且中间顶点序号不大于 1 的最短路径。

(3) 依次类推，在 v_i 和 v_j 间加入顶点 v_k，若 $(v_i, \cdots, v_k)$ 和 $(v_k, \cdots, v_j)$ 分别是从 v_i 到 v_k 和从 v_k 到 v_j 的且中间顶点的序号不大于 k−1 的最短路径，则将 $(v_i, \cdots, v_k, \cdots, v_j)$ 和已经得到的从 v_i 到 v_j 的且中间顶点序号不大于 k−1 的最短路径相比较，其长度较短者便是从 v_i 到 v_j 的且中间顶点的序号不大于 k 的最短路径。

经过 n 次比较和修正后，在第 n−1 步求得从 v_i 到 v_j 的中间顶点的序号不大于 n−1 的最短路径，这便是从 v_i 到 v_j 的最短路径。

在上述求解过程中，图中所有顶点偶对 v_i 和 v_j 间的最短路径长度对应一个 n 阶方阵 D。在上述 n−1 中，D 值不断变化，对应一个 n 阶方阵序列。

定义：n 阶方阵序列 $D^{(-1)}, D^{(0)}, D^{(1)}, \cdots, D^{(k)}, \cdots, D^{(n-1)}$。其中：

$$D^{(-1)}[i][j] = G.Edge[i][j]$$

$$D^{(k)}[i][j] = \mathrm{Min}\{D^{(k-1)}[i][j],\ D^{(k-1)}[i][k] + D^{(k-1)}[k][j]\}\ (0 \leqslant k \leqslant n-1)$$

显然，$D^{(n-1)}[i][j]$ 是最终的从 v_i 到 v_j 的最短路径长度。

【算法描述】

```
void ShortestPath_Floyd(MGraph G, int D[][N], int path[][N])
//弗洛伊德算法，N 为图中的顶点数的最大值
{
    int i, j, k;
    n=G.vexnum;
    //初始化
    for(i = 0; i < n; i++)
        for(j = 0; j < n; j++)
        {
            D[i][j] = G.Edge[i][j];
            if(D[i][j]<INFINITY &&i!=j)     path[i][j] = i;
            else path[i][j] = -1
        }
    for(k = 0; k < n; k++)
    {
        for(i = 0; i < n; i++)
            for(j = 0; j < n; j++)
```

```
            if(D[i][j] > D[i][k]   + D[k][j])
            {
                D[i][j] = D[i][k]  + D[k][j];          //得到新的最短路径长度
                path[i][j] = path[k][j];                 //更新 j 的前驱为 k
            }
        }
    }
```

【例 6-3】 利用弗洛伊德算法对图 6-21 所示的有向图求解最短路径，并给出每一对顶点之间的最短路径及其路径长度在求解过程中的变化。

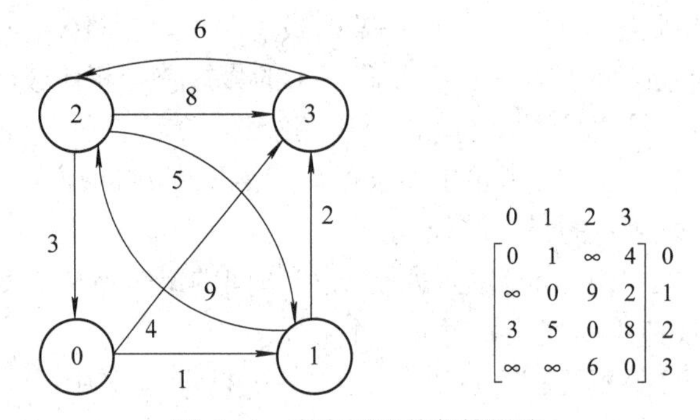

图 6-21　有向图及其邻接矩阵

利用弗洛伊德算法对图 6-21 所示有向图求解最短路径，每一对顶点 i 和 j 之间的最短路径 path[i][j] 以及最短路径长度 D[i][j]在求解过程的变化如表 6-4 所示。

表 6-4　弗洛伊德算法求解过程中最短路径及其路径长度的变化

	$D^{(-1)}$				$D^{(0)}$				$D^{(1)}$				$D^{(2)}$				$D^{(3)}$			
	0	1	2	3	0	1	2	3	0	1	2	3	0	1	2	3	0	1	2	3
0	0	1	∞	4	0	1	∞	4	0	1	10	3	0	1	10	3	0	1	9	3
1	∞	0	9	2	∞	0	9	2	∞	0	9	2	12	0	9	2	11	0	8	2
2	3	5	0	8	3	4	0	7	3	4	0	6	3	4	0	6	3	4	0	6
3	∞	∞	6	0	∞	∞	6	0	∞	∞	6	0	9	10	6	0	9	10	6	0
	$Path^{(-1)}$				$Path^{(0)}$				$Path^{(1)}$				$Path^{(2)}$				$Path^{(3)}$			
	0	1	2	3	0	1	2	3	0	1	2	3	0	1	2	3	0	1	2	3
0	−1	0	−1	0	−1	0	−1	0	0	0	1	1	−1	0	1	1	−1	0	3	1
1	−1	−1	1	1	−1	−1	1	1	−1	−1	1	1	2	−1	1	1	2	−1	3	1
2	2	2	−1	2	2	0	−1	0	2	0	−1	1	2	0	−1	1	2	0	−1	1
3	−1	−1	3	−1	−1	−1	3	−1	−1	−1	3	−1	2	0	3	−1	2	0	3	−1

利用表 6-4 很容易得到两个顶点之间的最短路径。以 $path^3$ 为例，从 D^3 可知，顶点 1 到顶点 2 的最短路径长度为 D[1][2] = 8。其最短路径由 path[1][2] = 3 可知，顶点 2 的前

驱是顶点 3，再由 path[1][3] = 1 可知顶点 3 的前驱是顶点 1。因此从顶点 1 到顶点 2 的最短路径为<1, 3>，<3, 2>。

6.5.3　拓扑排序

一个无环的有向图称为**有向无环图**(Directed Acycline Graph)，简称 DAG 图。DAG 图是描述一个工程进行过程的有效工具，通常把计划、施工过程、生产流程、程序流程等当成一个工程。例如，计算机专业学生的一些必修课及其先修课的关系如表 6-5 所示。

表 6-5　选课关系表

课程编号	课程名称	先修课程
C_1	高等数学	无
C_2	程序设计基础	无
C_3	离散数学	C_1, C_2
C_4	数据结构	C_2, C_3
C_5	算法语言	C_2
C_6	编译技术	C_4, C_5
C_7	操作系统	C_4, C_9
C_8	普通物理	C_1
C_9	计算机原理	C_8

以顶点表示课程，弧表示先决条件，则上述关系可以用一个 DAG 图表示，如图 6-22 所示。

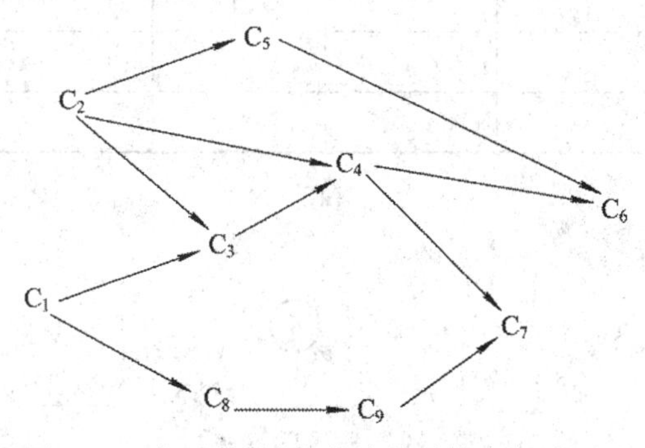

图 6-22　表示课程之间优先关系的有向无环图

上述这种用顶点表示活动、用弧表示活动间的优先关系的有向图称为顶点表示活动的网(Activity On Vertex Network)，简称 **AOV 网**。在网中，若从顶点 v_i 到顶点 v_j 有一条路径，则 v_i 是 v_j 的前驱，v_j 是 v_i 的后继。若<v_i, v_j>是网中的一条弧，则 v_i 是 v_j 的直接前驱，v_j 是 v_i 的直接后继。

在 AOV 网中不应该出现有向环，因为存在环意味着某项活动以自己为先决条件，所以这显然是不可能的。如果设计出这样的流程图，工程将无法进行。因此对给定的 AOV 网首先应判定网中是否存在环，检测的方法是对有向网中的顶点进行拓扑排序，若网中的所有顶点都在它的拓扑序列中，则 AOV 网一定不存在环。

设 G(V, E)是一个有向无环图，V 中的顶点序列 $v_0, v_1, \cdots, v_{n-1}$ 称为**拓扑序列**。当且仅当满足下列条件：若从顶点 v_i 到顶点 v_j 有一条路径，则在顶点序列中 v_i 必在 v_j 之前。例如，图 6-22 所示图的一个拓扑序列为 $C_1, C_2, C_3, C_4, C_5, C_8, C_9, C_7, C_6$。对一个有向图构造拓扑序列的过程称为**拓扑排序**。

拓扑排序的主要过程描述如下：

(1) 在图中选择一个无前驱的顶点，并将它输出。

(2) 从图中删除该顶点和所有以它为尾的弧。

(3) 重复(1)和(2)，直到不存在无前驱的顶点。

若此时输出的顶点数小于有向图中的顶点数，说明有向图中存在环，否则输出的顶点序列即为一个拓扑序列。

下面通过实例来说明拓扑排序的过程，如图 6-23(a)所示。

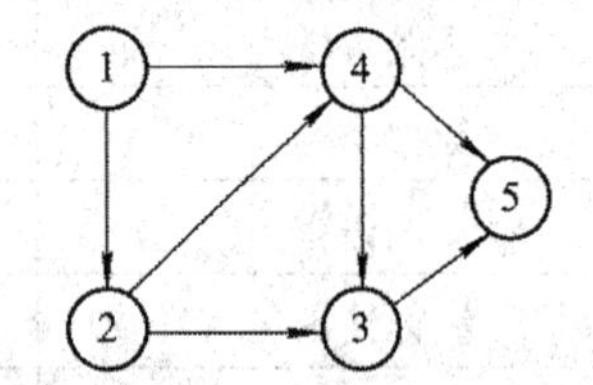

结点号	1	2	3	4	5
初始入度	0	1	2	2	2
第一轮		0	2	1	2
第二轮			1	0	2
第三轮			0		1
第四轮					0
第五轮					

(a)

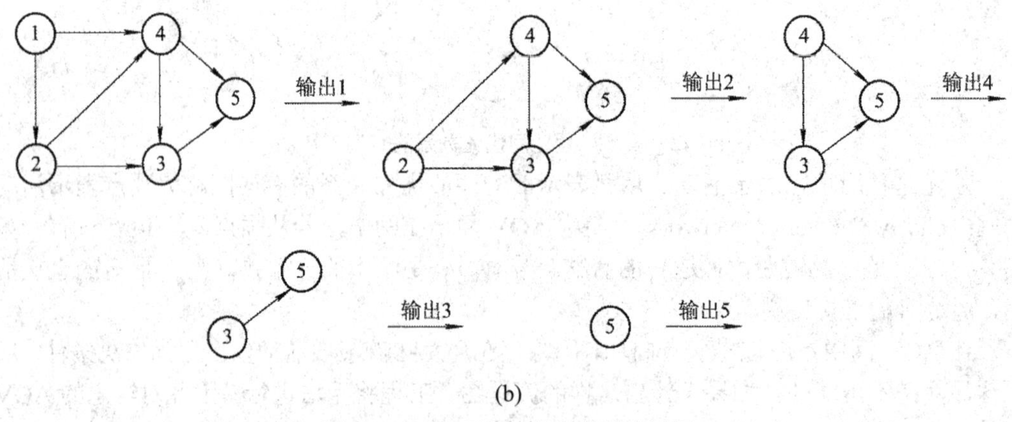

(b)

图 6-23　有向无环图的拓扑排序过程

由图 6-23(b)所示的拓扑排序过程可知，拓扑序列为{1, 2, 4, 3, 5}。

针对上述拓扑排序过程，可采用邻接表存储有向图，实现拓扑排序需要引入以下辅助数据结构：

(1) 一维数组 indegree[i]：存放各顶点入度，没有前驱的顶点就是入度为 0 的顶点。删除顶点以及以它为尾的弧的操作，可用弧头顶点的入度减 1 的方法来实现，从而不必改变图的存储结构。

(2) 栈 S：暂存所有入度为 0 的顶点，可以避免重复扫描数组 indegree 检测入度为 0 的顶点，从而提高算法的效率。

(3) 一维数组 topo[i]：记录拓扑序列的顶点序号。

【算法思想】

引入辅助数组后，拓扑排序的主要步骤可描述如下：

(1) 求出各顶点的入度存入数组 indegree[i]中，并将入度为 0 的顶点入栈。

(2) 只要栈不空，则重复以下操作：

① 将栈顶顶点 v_i 出栈并保存在拓扑序列数组 topo 中；

② 对顶点 v_i 的每个邻接点 v_k 的入度减 1，如果 v_k 的入度变为 0，则将 v_k 入栈。

(3) 如果输出顶点个数少于 AOV 网的顶点个数，则网中存在有向环，无法进行拓扑排序，否则拓扑排序成功。

【算法描述】

```
int TopologicalSort(ALGraph G, int topo[])
{  //有向图 G 采用邻接表存储结构
   //若 G 无回路，则生成 G 的一个拓扑序列 topo[]并返回 1，否则返回 0
   int i， m;
   ArcNode*p;
   FindInDegree(G,   indegree);              //求出各顶点的入度存入数组 indegree 中
   StackInitiate(S);                         //栈 S 初始化为空
   for(i = 0; i < G.vexnum; i++)
       if(indegree[i]= =0) StackPush(S, i);  //入度为 0 者进栈
   m = 0;                                    //对输出顶点计数，初始为 0
   while(StackNotEmpty(S))
   {                                         //栈 S 非空
       StackPop(S, i);                       //将栈顶顶点 vi 出栈
       topo[m]=i;                            //将 vi 保存在拓扑序列数组 topo 中
       m++;                                  //对输出顶点计数
       p = G.vertices[i].first;              //p 指向 vi 的第一个邻接点
       while(p!=NULL)
       {
           int k = p->adjvex;                //vk 为 vi 的邻接点
           --indegree[k];                    //vi 的每个邻接点的入度减 1
```

```
                if(indegree[k] ==0)   StackPush(S, k);       //若入度减为 0，则入栈
                p = p->next;                                 //p 指向顶点 vi 下一个邻接结点
            }
        }
        if(m < G.vexnum)   return 0;                         //该有向图有回路
        else return 1;
    }
```

在上述算法中，调用了求顶点入度的操作 FindInDegree，该操作描述如下：

```
    void FindInDegree(ALGraph G, int indegree[])
    {   //求出各顶点的入度存入数组 indegree 中
        int;
        ArcNode *p;
        //初始化数组 indegree
        for(i = 0; i < G.vexnum; i++)
            indegree[i]=0;
        for(i = 0; i < G.vexnum; i++)
        {   //遍历每个顶点的边链表，更新相应顶点的入度
            p = G.vertices[i].first;
            while(p!=NULL)
            {
                indegree[p->adjvex]++;
                p=p->next;
            }
        }
    }
```

【算法分析】

分析拓扑排序算法，对有 n 个顶点和 e 条边的有向图而言，求各顶点入度的时间复杂度为 O(n + e)；若采用逆邻接表法，时间复杂度为 O(e)；建立零入度顶点栈的时间复杂度为 O(n)；在拓扑排序过程中，若有向图无环，则每个顶点进一次栈，出一次栈，入度减 1 的操作在循环中总共执行 e 次，所以，总的时间复杂度为 O(n + e)。

6.5.4　关键路径

在工程规划中，经常需要考虑这样的问题：完成整个工程最短需要多长时间，工程中哪些工序是重要的工序，缩短这些重要工序的时间是否可以缩短整个工程的工期？在生产管理中，也存在类似的问题：一件产品有多道生产工序，缩短哪道工序所用的时间可以缩短产品的整个生产周期？诸如此类的问题，可以使用有向图进行描述和分析。下

面首先给出描述这类问题的有关概念，然后讨论解决方法。

1. AOE网对工程管理问题的表示

在有向图中，如果顶点表示事件，有向边表示活动，有向边上的权值表示活动持续的时间，则这样的有向图称为边表示活动的网(Activity On Edge Network)，简称**AOE网**。图6-24所示就是一个AOE网。在这个AOE网中，共有10个事件15个活动。

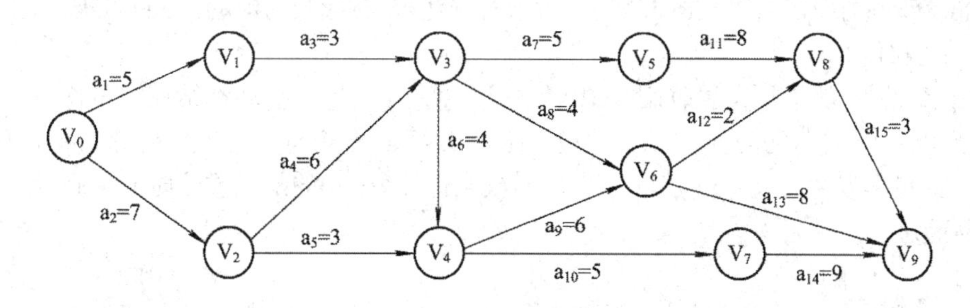

图6-24　AOE网

AOE网具有如下性质：

(1) 只有在进入某一顶点的各条有向边代表的活动结束后，该顶点所代表的事件才能发生。例如，在图6-24中，若活动 a_3 和活动 a_4 已经结束，则事件 v_3 可以发生。

(2) 只有在某个顶点代表的事件发生后，从该顶点出发的各条有向边所代表的活动才能开始。例如，在图6-24中，若事件 v_3 发生，则活动 a_6、a_7 和 a_8 可以开始。

(3) 在一个AOE网中，有一个入度为0的事件，称为**源点**，它表示整个工程的开始。同时，有一个出度为0的事件，称为**汇点**，它表示整个工程的结束。在图6-24中，顶点 v_0 是源点，顶点 v_9 是汇点。

表示一个实际工程管理问题的AOE网是一个没有回路的带权有向图。由于整个工程只有一个开始点和一个结束点。因此，AOE网中只有一个入度为0的顶点(即源点)和一个出度0的顶点(即汇点)。

AOE网在工程计划和经营管理中有着广泛的应用，针对实际的应用，通常需要解决以下两个问题：

(1) 估算完成整个工程需要多少时间。

(2) 判断哪些活动是影响工程进度的关键。

为了解决上述问题，下面先给出与AOE网持续时间有关的基本概念。

路径长度：AOE网的一条路径上所有活动(各弧上的权值)的总和称为该路径的长度。

关键路径：在AOE网中从源点到汇点的所有路径中，具有最大路径长度的路径称为关键路径。

关键活动：关键路径上的活动称为关键活动。

【例6-4】 找出图6-24所示的AOE网中的关键路径。

在图6-24所示的AOE网中，从源点 v_0 到汇点 v_9 共有15条路径，分别计算这15条路径的长度，得到最大路径长度为31。最大路径长度对应的关键路径为(v_0, v_2, v_3, v_4, v_6, v_9)和(v_0, v_2, v_3, v_4, v_7, v_9)。

关键活动是影响整个工程进度的关键，它们的提前或者拖延将使得整个工程提前或者拖延。完成整个工程的最短时间就是 AOE 网中关键路径的长度，也就是 AOE 网中各关键活动所持续时间的总和。

2. 参数的定义

为了确定关键路径，下面先定义几个参数。

(1) **活动的持续时间 dut(<j, k>)**：对于有向边<j, k>代表的活动，dut(<j, k>)是该有向边<j, k>的权值。

(2) **事件 v_k 的最早发生时间 ve(k)**：进入事件 v_k 的每一活动都结束，事件 v_k 才可以发生。所以 ve(k)是从源点到该顶点的最大路径长度。在一个有 $n+1$ 个事件的 AOE 网中，源点 v_0 的最早发生时间 ve(0)为 0。事件 $v_k(k = 1, 2, \cdots, n)$的最早发生时间 ve(k)可用递推公式表示为

$$ve(k)=\begin{cases}0 & (k=0)\\ \max\{ve(j)+dut(<j,k>)\mid <j,k>\text{为网中的有向边}\} & (\text{其他顶点})\end{cases}$$

(3) **事件 v_k 的最迟发生时间 vl(k)**：对于顶点 v_k 代表的事件，vl(k)是在保证按时完成整个工程的前提下，该事件最迟必须发生的时间。在一个有 $n+1$ 个事件的 AOE 网中，汇点 v_n 的最迟发生时间 vl(n)为工程最后的完成时间，即 vl(n)等于 ve(n)。事件 v_k 的最迟发生时间 vl(k)可用递推公式表示为

$$vl(k)=\begin{cases}ve(n) & (\text{顶点 } k=n)\\ \min\{vl(j)-dut(<k,j>)\mid <k,j>\text{为网中的有向边}\} & (\text{其他顶点})\end{cases}$$

(4) **活动 a_i =<j, k>的最早开始时间 e(i)**：对于有向边 a_i =<j, k>代表的活动，e(i)是该活动的弧尾事件的最早发生时间，因此 e(i) = ve(j)。

(5) **活动 a_i =<j, k>的最晚开始时间 l(i)**：对于有向边 a_i =<j, k>代表的活动，l(i)是该活动的弧头事件的最晚发生时间减去该活动持续的时间。l(i)是在不推迟整个工程完成的前提下，活动 a_i 必须开始的时间，因此 $l(i) = vl(k) - dut(<j, k>)$。

这样，每个活动允许的时间余量就是 $l(i) - e(i)$。关键活动就是 $l(i) - e(i) = 0$ 的那些活动，即最早开始时间 e(i)等于最晚开始时间 l(i)的那些活动就是关键活动。

3. 关键路径的求解过程

(1) 对图中顶点进行拓扑排序，在排序过程中按拓扑序列求出每个事件的最早发生时间 ve(i)。

(2) 按逆拓扑序列求出每个事件的最迟发生时间 vl(i)。

(3) 求出每个活动 a_i 的最早开始时间 e(i)。

(4) 求出每个活动 a_i 的最晚开始时间 l(i)。

(5) 找出 e(i) = l(i)的活动 a_i，即关键活动。由关键活动形成的由源点到汇点的每条路径是关键路径，关键路径有可能不止一条。

【例 6-5】 对于图 6-24 所示的 AOE 网，要求：

(1) 计算各个事件 v_k 的最早发生时间 ve(k)；

(2) 给出整个工程需要的最短时间；

(3) 计算各个事件 v_k 的最迟发生时间 vl(k)；

(4) 计算各个活动 a_i 的最早开始时间 e(i)；

(5) 计算各个活动 a_i 的最晚开始时间 l(i)；

(6) 找出所有的关键活动和关键路径。

解　(1) 各个事件 v_k 的最早发生时间 ve(k)的计算公式为 max{ve(j)+dut(<j, k>)}，计算过程如下：

源点 v_0 的最早开始时间 ve(0) = 0；

从源点 v_0 到顶点 v_1 的最大路径长度是 5，所以事件 v_1 的最早发生时间 ve(1) = 5；

从源点 v_0 到顶点 v_2 的最大路径长度是 7，所以事件 v_2 的最早发生时间 ve(2) = 7；

从源点 v_0 到顶点 v_3 的最大路径长度是 13，所以事件 v_3 的最早发生时间 ve(3) = 13；

以此类推，最终得到事件 v_k 的最早发生时间 ve(k)如表 6-6 所示。

表 6-6　事件 v_k 的最早发生时间

事件	v_0	v_1	v_2	v_3	v_4	v_5	v_6	v_7	v_8	v_9
ve(k)	0	5	7	13	17	18	23	22	26	31

(2) 完成整个工程需要的最短时间是 31。

(3) 各个事件 v_k 的最晚发生时间 vl(k)需要反向计算，计算公式为：min{vl(j) − dut(<k, j>)}。计算过程如下：

已知完成整个工程需要的最短时间是 31，所以，事件 v_9 的最晚发生时间 vl(9) = 31；

已知事件 v_9 的最晚发生时间 vl(9) = 31，所以，事件 v_8 的最晚发生时间为

$$vl(8) = vl(9) - <8, 9> = 31 - 3 = 28$$

已知事件 v_9 的最晚发生时间 vl(9) = 31，所以，事件 v_7 的最晚发生时间为

$$vl(7) = vl(9) - <7, 9> = 31 - 9 = 22$$

以此类推，最终得到各个事件 v_k 的最晚发生时间 vl(k)如表 6-7 所示。

表 6-7　事件 v_k 的最晚发生时间

事件	v_0	v_1	v_2	v_3	v_4	v_5	v_6	v_7	v_8	v_9
vl(k)	0	10	7	13	17	20	23	22	28	31

(4) 各个活动 a_i = <j，k>的最早开始时间 e(i)计算公式为 e(i) = ve(k)。计算过程如下：

活动 a_1 代表的有向边是<0，1>，事件 v_0 最早发生时间 ve(0) = 0，所以 e(1) = 0；

活动 a_2 代表的有向边是<0，2>，事件 v_0 最早发生时间 ve(0) = 0，所以 e(2) = 0；

活动 a_3 代表的有向边是<1，3>，事件 v_1 最早发生时间 ve(1) = 5，所以 e(3) = 5；

以此类推，最终得到各个活动 a_i = <j，k>的最早开始时间 e(i)如表 6-8 所示。

表 6-8　活动 a_i 的最早开始时间

活动	a_1	a_2	a_3	a_4	a_5	a_6	a_7	a_8	a_9	a_{10}	a_{11}	a_{12}	a_{13}	a_{14}	a_{15}
e(i)	0	0	5	7	7	13	13	13	17	17	18	23	23	22	26

(5) 各个活动 a_i = <j，k>的最晚开始时间 l(i)需要反向计算，计算公式为 l(i) = vl(k) − dut(<j, k>)。计算过程如下：

活动 a_{15} 代表的有向边是<8, 9>，事件 v_9 的最晚发生时间 vl(9) = 31，活动持续时

间 $dut(<8, 9>) = 3$，所以，$l(15) = vl(9) - dut(<8, 9>) = 31 - 3 = 28$；

活动 a_{14} 代表的有向边是 $<7, 9>$，事件 v_9 的最晚发生时间 $vl(9) = 31$，活动持续时间 $dut(<7, 9>) = 9$，所以，$l(14) = vl(9) - dut(<7, 9>) = 31 - 9 = 22$；

活动 a_{11} 代表的有向边是 $<5, 8>$，事件 v_8 的最晚发生时间 $vl(8) = 28$，活动持续时间 $dut(<5, 8>) = 8$，所以，$l(11) = vl(8) - dut(<5, 8>) = 28 - 8 = 20$；

以此类推，最终得到各个活动 $a_i = <j, k>$ 的最晚开始时间 $l(i)$ 如表 6-9 所示。

表 6-9　活动 a_i 的最晚开始时间

活动	a_1	a_2	a_3	a_4	a_5	a_6	a_7	a_8	a_9	a_{10}	a_{11}	a_{12}	a_{13}	a_{14}	a_{15}
l(i)	5	0	10	7	14	13	15	19	17	17	20	26	23	22	28

(6) 对于任意一个活动 a_i，若满足 $l(i) = e(i)$，则该活动为关键活动，所以关键活动有 $a_2, a_4, a_6, a_9, a_{10}, a_{13}, a_{14}$。

从源点 v_0 到汇点 v_9 只经过关键活动的路径就是关键路径。所以关键路径为 $(v_0, v_2, v_3, v_4, v_6, v_9)$ 和 $(v_0, v_2, v_3, v_4, v_7, v_9)$。

4. 关键路径算法的实现

由关键路径的求解过程可知，每个事件的最早发生时间 ve(i)和最迟发生时间 vl(i)要在拓扑序列的基础上进行计算。因此，关键路径算法的实现需要调用拓扑排序算法，这里仍采用邻接表作有向图的存储结构来实现关键路径算法。算法的实现需要引入以下辅助数据结构：

(1) 一维数组 ve[i]：事件 v_i 的最早发生时间。

(2) 一维数组 vl[i]：事件 v_i 的最迟发生时间。

(3) 一维数组 topo[i]：记录拓扑序列的顶点序号。

【算法思想】

基于上述辅助数据结构，算法实现的主要步骤如下：

(1) 调用拓扑排序算法对图中的顶点进行拓扑排序，拓扑序列保存于 topo 中。

(2) 初始化每个事件的最早发生时间为 0，即 ve[i] = 0。

(3) 求解每个事件的最早发生时间。

根据 topo 中的值，按照从前到后的顺序循环执行以下操作：

① 取顶点序号 k，k=topo[i]；

② 指针 p 依次指向 k 的每个邻接顶点，令 j = p→adjvex，依次更新顶点 j 的最早发生时间 ve[j]：如果 ve[j]＞ve[k] + p→weight，则 ve[j] = ve[k] + p→weight。

(4) 初始化每个事件的最迟发生时间为汇点的最早发生时间，即 vl[i] = ve[n]。

(5) 求解每个事件的最迟发生时间。

根据 topo 中的值，按照从后往前的顺序循环执行以下操作：

① 取顶点序号 k，k=topo[i]；

② 指针 p 依次指向 k 的每个邻接顶点，令 j = p→adjvex，依次求顶点 k 的最迟发生时间 ve[k]：如果 vl[k]＜vl[j] − p→weight，则 vl[k] = vl[j] − p→weight。

(6) 判断某一活动是否为关键活动，循环执行以下操作：对每个顶点 i，指针 p 依次指向 i 的每个邻接顶点，令 j = p→adjvex，分别计算活动<i, j>的最早和最迟开始时间 e、l：

$$e = ve[i];\ l = vl[j] - p \rightarrow weight;$$

如果 e = l，则<i, j>为关键活动，输出<i, j>。

【算法描述】

```
int CriticalPath(ALGraph G)
{
   //G 为邻接表存储的有向网，输出 G 的各项关键活动
   int n, i, k, j, e, l;
   if (TopologicalSort (G, topo)= =0)   return 0;
   //调用拓扑排序算法，使拓扑序列保存在 topo 中，若调用失败，则存在有向环，返回 0
   n = G.vexnum;                              //n 为顶点个数
   for(i = 0; i < n; i++)                     //给每个事件的最早发生时间置初值 0
      ve[i] = 0;
/*---------------------按拓扑次序求每个事件的最早发生时间---------------------*/
   for(i = 0; i < n; i++)
   {
      k = topo[i];                            //取得拓扑序列中的顶点序号 k
      ArcNode *p = G.vertices[k].first;  //p 指向 k 的第一个邻接顶点
      while(p != NULL)
      {  //依次更新 k 的所有邻接顶点的最早发生时间
         j = p->adjvex;                       //j 为邻接顶点的序号
         if(ve[j] < ve[k] + p->weight)  //更新顶点 j 的最早发生时间 ve[j]
            ve[j] = ve[k] + p->weight;
         p = p->next;                         //p 指向 k 的下一个邻接顶点
      }
   }
   for(i=0; i<n; i++)                         //给每个事件的最迟发生时间置初值 ve[n-1]
      vl[i]=ve[n-1];
 /*---------------------按逆拓扑次序求每个事件的最迟发生时间---------------------*/
   for(i = n - 1; i >= 0; i--)
   {
      k = topo[i];                            //取得拓扑序列中的顶点序号 k
      ArcNode *p = G.vertices[k].first;  //p 指向 k 的第一个邻接顶点
      while(p != NULL){                       //根据 k 的邻接点，更新 k 的最迟发生时间
         j = p->adjvex;                       //j 为邻接顶点的序号
         if(vl[k] > vl[j] - p->weight)    //更新顶点 k 的最迟发生时间 vl[k]
            vl[k] = vl[j] - p->weight;
         p = p->next;                                  //p 指向 k 的下一个邻接顶点
```

```
        }
    }
    /*----------------------判断每一活动是否为关键活动----------------------*/
    for(i = 0; i < n; i++)
    {   //每次循环针对 vi 为活动开始点的所有活动
        ArcNode *p = G.vertices[i].first;              //p 指向 i 的第一个邻接顶点
        while(p != NULL)
        {
            j = p->adjvex;                             //j 为 i 的邻接顶点的序号
            e = ve[i];                                 //计算活动<vi, vj>的最早开始时间
            l = vl[j] - p->weight;                     //计算活动<vi, vj>的最迟开始时间
            if(e == l)                                 //若为关键活动，则输出<vi, vj>
                cout <<G.vertices[i].data << "-->" << G.vertices[j].data << " ";
            p = p->next;                               //p 指向 i 的下一个邻接顶点
        }
    }
    return 1;
}//CriticalPath
```

6.6　实例分析与实现

在本章的 6.1 节引入了实例六度空间理论，下面对该实例做进一步分析并给出算法实现。

【实例分析】

我们把六度空间理论中的人际关系网络图抽象成一个不带权值的无向图 G，用图 G 中的顶点表示人，两个人是否认识，用代表这两个人的顶点之间是否有一条边来表示。那么六度空间理论问题便可描述为在图 G 中，任意两个顶点之间都存在一条路径长度不超过 7 的路径。

在实际验证过程中，可以通过测试把满足要求的数据达到一定的百分比(比如 99.5%)来进行验证。这样我们便把需要验证的六度空间理论问题描述为：在图 G 中，任意个顶点到其余 99.5%以上的顶点都存在一条路径长度不超过 7 的路径。

比较简单的一种验证方案是：利用广度优先搜索方法，对任意一个顶点，通过对图 G 的前 7 层进行遍历就可以统计出所有路径长度不超过 7 的顶点数，从而得到这些顶点在所有顶点中所占的比例。

基于以上分析，可以将算法的主要步骤描述如下：

(1) 初始化：设变量 Visit_Num 用来记录路径长度不超过 7 的顶点个数，初值为 0。Start 为指定的一个起始顶点，置 visited[Start]的值为 true，即将 Start 标记为六度顶点的始点；辅助队列 Q 初始化为空，然后将 Start 进队。

(2) 当队列 Q 非空，且循环次数小于 7 时，循环执行以下操作：

① 队头顶点 u 出队；

② 依次检查 u 的所有邻接顶点 w，如果 visited[w]的值为 false，则将其标记为六度顶点；

③ 路径长度不超过 7 的顶点个数 Visit_Num 加 1；

④ 将 w 进队。

(3) 退出循环时输出从 Start 出发，到其他顶点长度不超过 7 的路径的百分比。

【算法描述】

```
void SixDegree_BS(Greaph G, int start)
{  //通过广度优先遍历 G 来验证六度空间理论，start 为指定的一个起点
   int len
   int Visit_Mum=0;                    //记录路径长度不超过 7 的顶点个数
   visited[Start]=true;                //置顶点 Start 访问标志数组相应分量值为 true
   QueueInitiate (&Q);                 //辅助队列 Q 初始化。置空
   QueueAppend (&Q, Start);            //Start 进队
   for(len=l; len <= 7 &&!QueueNotEmpty(Q); len++)    //统计路径长度不超过 7 的顶点个数
   {
      QueueDelete (Q, u);                         //队头顶点 u 出队
      for (w=FirstAdjVex(G, u);   w>=0;   w=NextAdjVex(G, u, w))
      //依次检查 u 的所有邻接点 w，FirstAdjvex(G, u)为求 u 的第一个邻接点操作
      //NextAdjVex(G, u, w)为求 u 相对于 w 的下一个邻接点的操作，w≥0 表示存在邻接点
          if(!visited[w])                         //w 为 u 的尚未访问的邻接顶点
          {
             visited[w]=true;                     //将 w 标记为六度顶点
             Visit_Mum++;                         //路径长度不超过 7 的顶点个数加 1
             QueueAppend(&Q, w)                   //w 进队
          }
   }                                              //结束至多 7 次 for 循环
   printf(100*Visit Mum/G.vexnum)
   //输出从顶点 Start 出发，到其他顶点长度不超过 7 的路径的百分比
}
```

习　题　6

一、单项选择题

1. 在一个图中，所有顶点的度数之和等于图边数的(　　)倍。

A. 1/2　　　　B. 1　　　　C. 2　　　　D. 4

2. 在一个有向图中，所有顶点的入度之和等于所有顶点的出度之和的(　　)倍。

A. 1/2　　B. 1　　C. 2　　D. 4

3. 已知图的邻接矩阵如图 6-25 所示，则从顶点 v_0 出发按深度优先遍历的结果是(　　)。

A. 0243156　　B. 0136542　　C. 0134256　　D. 0361542

$$\begin{matrix} v_0 \\ v_1 \\ v_2 \\ v_3 \\ v_4 \\ v_5 \\ v_6 \end{matrix}\begin{bmatrix} 0 & 1 & 1 & 1 & 1 & 0 & 1 \\ 1 & 0 & 0 & 1 & 0 & 0 & 1 \\ 1 & 0 & 0 & 0 & 1 & 0 & 0 \\ 1 & 1 & 0 & 0 & 1 & 1 & 0 \\ 1 & 0 & 1 & 1 & 0 & 1 & 0 \\ 0 & 0 & 0 & 1 & 1 & 0 & 1 \\ 1 & 1 & 0 & 0 & 0 & 1 & 0 \end{bmatrix}$$

图 6-25　邻接矩阵

4. 【2009 年统考真题】 下面关于无向连通图特性的叙述中，正确的是(　　)。

Ⅰ. 所有顶点的度之和为偶数。

Ⅱ. 边数大于顶点个数减 1。

Ⅲ. 至少有一个顶点的度为 1。

A. 只有Ⅰ　　B. 只有Ⅱ　　C. Ⅰ和Ⅱ　　D. Ⅰ和Ⅲ

5. 【2010 年统考真题】 若无向图 G = (V，E)中含 7 个顶点，要保证图 G 在任何情况下都是连通的则需要的边数最少是(　　)。

A. 6　　B. 15　　C. 16　　D. 21

6. 【2010 年统考真题】 对图 6-26 所示的有向图进行拓扑排序，可以得到不同的拓扑序列的个数是(　　)。

A. 4　　B. 3　　C. 2　　D. 1

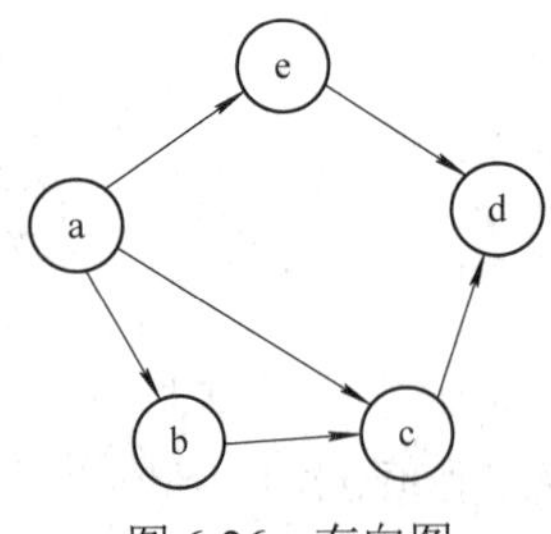

图 6-26　有向图

7. 【2011 年统考真题】 下列关于图的叙述中，正确的是(　　)。

Ⅰ. 回路是简单路径。

Ⅱ. 存储稀疏图，用邻接矩阵比邻接表更省空间。

Ⅲ. 若有向图中存在拓扑序列，则该图不存在回路。

A. 仅Ⅰ　　B. 仅Ⅰ和Ⅱ

C. 仅Ⅲ　　D. Ⅰ和Ⅲ

8. 【2012 年统考真题】 对于有 n 个顶点、e 条边且使用邻接表存储的有向图进行广度优先遍历，其算法的时间复杂度是(　　)。

A. O(n)　　B. O(e)

C. O(n + e)　　D. O(n × e)

9. 【2012 年统考真题】若用邻接矩阵存储有向图，矩阵中主对角线以下的元素均为 0，则关于该图拓扑序列的结论是(　　)。

A. 存在，且唯一　　B. 存在，且不唯一

C. 存在，可能不唯一　　D. 无法确定是否存在

10. 【2012 年统考真题】对图 6-27 的有向带权图，若采用迪杰斯特拉(Dijkstra)算法求源点 a 到其他各顶点的最短路径，则得到的第一条最短路径的目标顶点是 b，第二条最短路径的目标顶点是 c，后续得到的其余各最短路径的目标顶点依次是(　　)。

A. d, e, f　　B. e, d, f　　C. f, d, e　　D. f, e, d

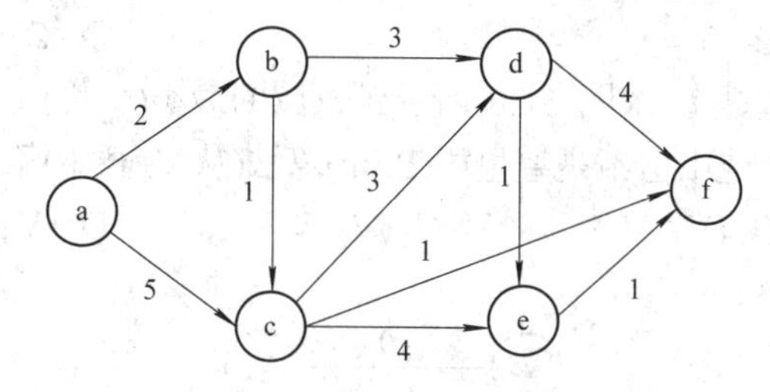

图 6-27　有向带权图

11. 【2012 年统考真题】下列关于最小生成树的说法中，正确的是(　　)。

Ⅰ. 最小生成树的代价唯一。

Ⅱ. 权值最小的边一定会出现在所有的最小生成树中。

Ⅲ. 用普里姆(Prim) 算法从不同顶点开始得到的最小生成树一定相同。

Ⅳ. 使用普里姆和克鲁斯卡尔(Kruskal)算法得到的最小生成树总不相同。

A. 仅Ⅰ　　B. 仅Ⅱ

C. Ⅰ和Ⅲ　　D. Ⅱ和Ⅳ

12.【2013 年统考真题】设图的邻接矩阵 A 如图 6-28 所示，各顶点的度依次是(　　)。

A. 1, 2, 1, 2　　B. 2, 2, 1, 1

C. 3, 4, 2, 3　　D. 4, 4, 2, 2

$$A=\begin{bmatrix}0 & 1 & 0 & 1\\0 & 0 & 1 & 1\\0 & 1 & 0 & 0\\1 & 0 & 0 & 0\end{bmatrix}$$

图 6-28　邻接矩阵

13. 【2014 年统考真题】对如图 6-29 所示的有向图进行拓扑排序，得到的拓扑序列可能是(　　)。

A. 3, 1, 2, 4, 5, 6　　B. 3, 1, 2, 4, 6, 5

C. 3, 1, 4, 2, 5, 6　　D. 3, 1, 4, 2, 6, 5

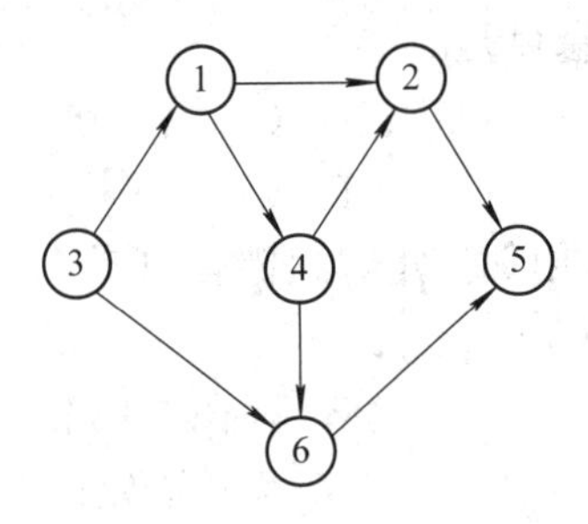

图 6-29　有向图

14.【2015 年统考真题】设有向图 $G = (V, E)$，顶点集 $V = (V_0, V_1, V_2, V_3)$，$E = \{<V_0, V_1>, <V_0, V_2>, <V_0, V_3>, <V_1, V_3>\}$，若从顶点 V_0 开始对图进行深度优先遍历，则可能得到的不同遍历序列个数是(　　)。

A. 2　　B. 3　　C. 4　　D. 5

15.【2015 年统考真题】求图 6-30 所示带权图的最小(代价)生成树时，可能是克鲁斯卡尔(Kruskal)算法第二次选中但不是普里姆(Prim)算法(从 V_4 开始)第 2 次选中的边是(　　)。

A. (V_1, V_3)　　B. (V_1, V_4)　　C. (V_2, V_3)　　D. (V_3, V_4)

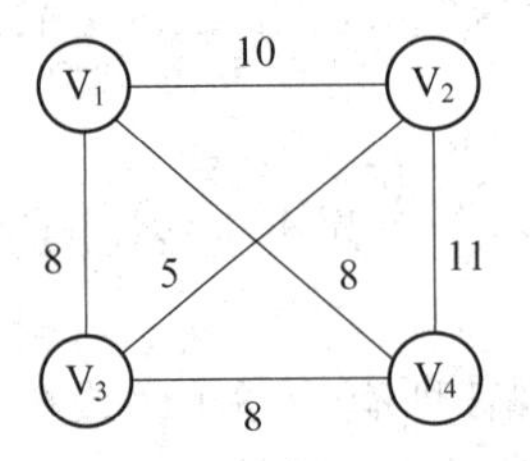

图 6-30　带权图

16.【2016 年统考真题】对于有 n 个顶点 e 条边的有向图采用邻接表存储，则拓扑排序算法的时间复杂度是(　　)。

A. $O(n)$　　B. $O(n + e)$　　C. $O(n^2)$　　D. $O(n \times e)$

17.【2016 年统考真题】使用迪杰斯特拉(Dijkstra)算法求图 6-31 中从顶点 1 到其他各顶点的最短路径，依次得到的各最短路径的目标顶点是(　　)。

A. 5, 2, 3, 4, 6　　B. 5, 2, 3, 6, 4　　C. 5, 2, 4, 3, 6　　D. 5, 2, 6, 3, 4

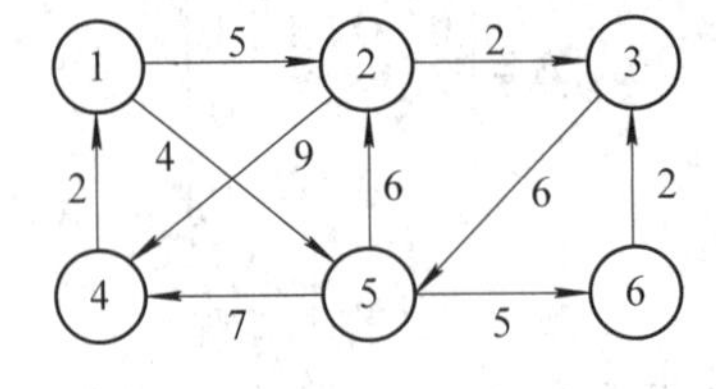

图 6-31　有向图

18.【2017 统考真题】已知无向图 G 含有 16 条边，其中度为 4 的顶点个数为 3，度为 3 的顶点个数为 4，其他顶点的度数均小于 3。图 G 含有的顶点个数至少是(　　)。

A. 10　　B. 11　　C. 13　　D. 15

二、应用题

1. 对 n 个顶点的无向图和有向图，分别采用邻接矩阵和邻接表表示，试问：

(1) 如何判断图中有多少条边。

(2) 如何判别任意两个顶点 i 和 j 是否有边相连。

(3) 任意一个顶点的度是多少？

2. 已知图 G = (V, E)，其中 V = {a, b, c, d, e, f, g}，E = {<a, b>, <a, g>, <b, g>, <c, b>, <d, c>, <d, f>, <e, d>, <f, a>, <f, e>, <g, c>, <g, d>, <g, f>}，要求：

(1) 画出图 G。

(2) 画出图 G 的邻接矩阵。

(3) 画出图 G 的邻接表。

3. 对图 6-32 所示的无向带权图，要求：

(1) 根据普里姆算法思想，画出构造该无向带权图最小生成树的过程。

(2) 根据克鲁斯卡尔算法思想，画出构造该无向带权图最小生成树的过程。

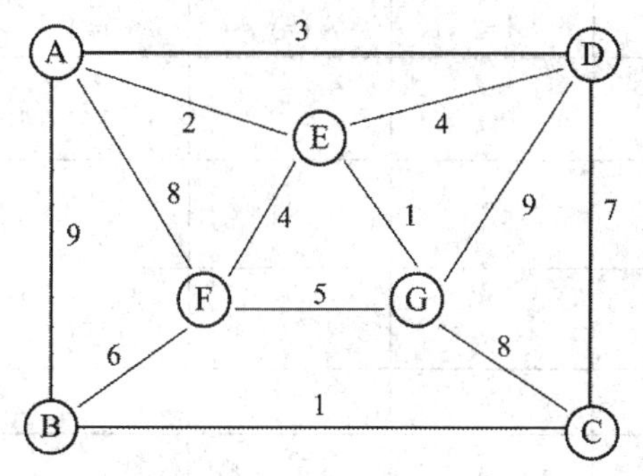

图 6-32　无向带权图

4. 已知一个无向图的邻接表如图 6-33 所示，要求：

(1) 画出该无向图。

(2) 根据邻接表，写出从 v_0 开始进行深度优先遍历得到的遍历序列，并画出用深度优先遍历方法得到的生成树。

(3) 根据邻接表，写出从 v_0 开始进行广度优先遍历得到的遍历序列，并画出用广度优先遍历方法得到的生成树。

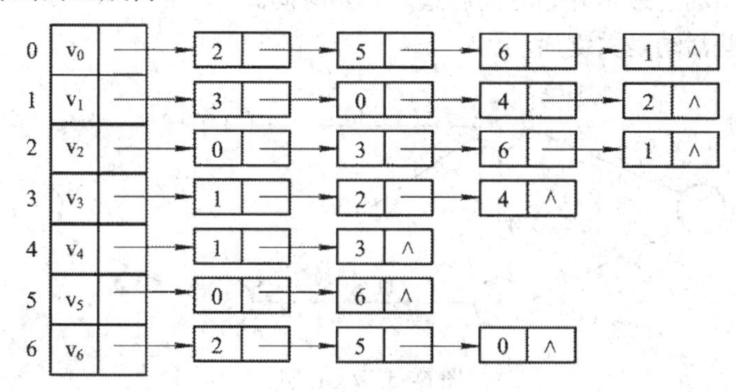

图 6-33　邻接表

5. 有向网如图 6-34 所示，试用迪杰斯特拉算法求出从顶点 a 到其他各顶点间的最短路径，完成表 6-10。

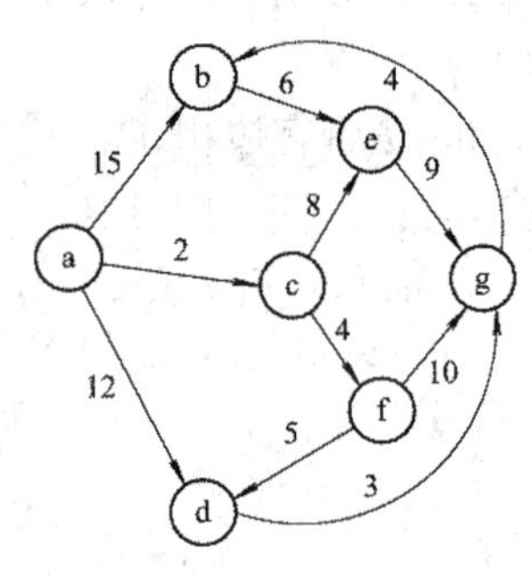

图 6-34 有向网

表 6-10 第 5 题表

终 点	D					
	i=1	i=2	i=3	i=4	i=5	i=6
b	15 (a, b)					
c	2 (a, c)					
d	12 (a, d)					
e	∞					
f	∞					
g	∞					
S 终点集	{a, c}					

6. 试对图 6-35 所示的 AOE 网：

(1) 求这个工程最早可能在什么时间结束。

(2) 求每个活动的最早开始时间和最迟开始时间。

(3) 确定哪些活动是关键活动。

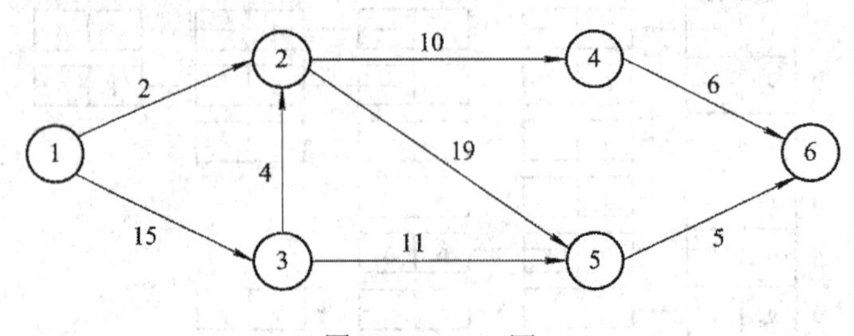

图 6-35 AOE 网

7. 【2015 年统考真题】已知有 5 个顶点的图 G 如图 6-36 所示。

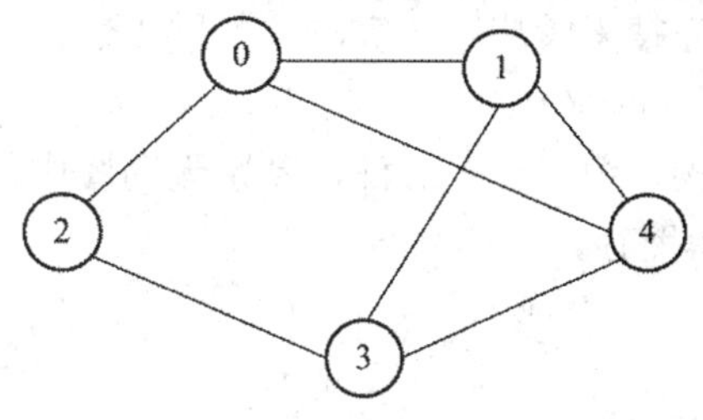

图 6-36　无向图

请回答下列问题：

(1) 写出图 G 的邻接矩阵 A(行、列下标从 0 开始)。

(2) 求 A^2，矩阵 A^2 中位于 0 行 3 列元素值的含义是什么。

(3) 若已知具有 n(n≥2)个顶点的邻接矩阵为 B，则 B^m(2≤m≤n)非零元素的含义是什么。

8.【2011 年统考真题】已知有 6 个顶点(顶点编号为 0～5)的有向带权图 G，其邻接矩阵 A 为上三角矩阵，按行为主序(行优先)保存在如下的一维数组中。

4	6	∞	∞	∞	5	∞	∞	∞	4	3	∞	∞	3	3

要求：

(1) 写出图 G 的邻接矩阵 A。

(2) 画出有向带权图 G。

(3) 求图 G 的关键路径，并计算该关键路径的长度。

9.【2017 统考真题】使用普里姆(Prim)算法求带权连通图的最小(代价)生成树(MST)。请回答下列问题：

(1) 对图 6-37 中的图 G，从顶点 A 开始求 G 的 MST，依次给出按算法选出的边。

(2) 图 G 的 MST 是唯一的吗？

(3) 对任意带权连通图，满足什么条件，其 MST 是唯一的。

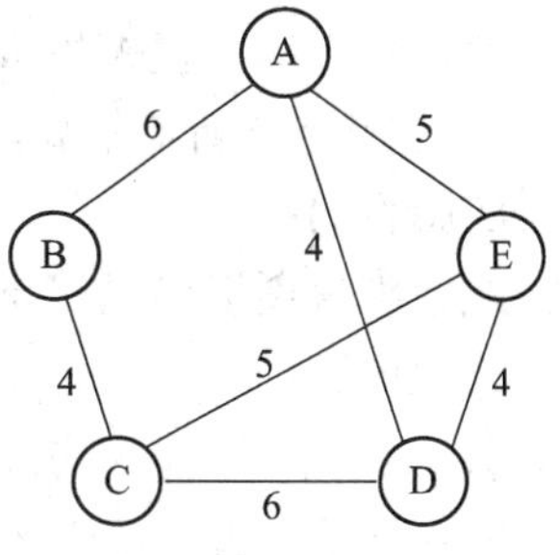

图 6-37　无向图

三、算法设计题

1. 分别以邻接矩阵和邻接表作为存储结构，实现以下图的基本操作：

(1) 增加一个新顶点 v，Insert Vex(G, v)。

(2) 删除顶点 v 及其相关的边，Delete Vex(G, v)。

(3) 增加一条边<v, w>，Insert Arc(G, v, w)。

(4) 删除一条边<v, w>，Delete Arc(G, v, w)。

2. 一个连通图采用邻接表作为存储结构，设计一个算法，实现从顶点 v 出发的深度优先遍历的非递归过程。

3. 设计一个算法，求图 G 中距离顶点 v 的最短路径长度中最大的一个顶点，设 v 可达其余各个顶点。

4. 试基于图的深度优先搜索策略写一算法，判别以邻接表方式存储的有向图中是否存在由顶点 v_i 到顶点 v_j 的路径($i \neq j$)。

5. 采用邻接表存储结构，编写一个算法，判别无向图中任意给定的两个顶点之间是否存在一条长度为 k 的简单路径。

四、上机实验题

1. 图的最小生成树算法设计。

实验目的：

掌握图的存储结构和最小生成树算法。

实验内容：

建立一个无向图的邻接矩阵；以无向图的邻接矩阵为基础实现最小生成树 Kruskal 算法；编写测试主函数。

2. 求连通图的所有深度优先序列。

实验目的：

领会图的深度优先遍历算法。

实验内容：

假设连通图采用邻接矩阵存储，实现求连通图所有深度优先序列的算法；编写测试主函数。

3. 求连通图的深度优先生成树和广度优先生成树。

实验目的：

领会深度优先遍历、广度优先遍历和生成树的概念。

实验内容：

实现输出深度优先生成树和广度优先生成树的算法；编写测试函数。

4. 采用克鲁斯卡尔算法求最小生成树。

实验目的：

领会克鲁斯卡尔算法求连通图中最小生成树的过程和相关算法设计。

实验内容：

实现求连通图最小生成树的克鲁斯卡尔算法；编写测试函数。

5. 求有向图的简单路径。

实验目的：

掌握广度优先遍历和深度优先遍历在求解图路径搜索问题中的应用。

实验内容：

实现求图中任意一对顶点之间的所有简单路径的算法；编写测试函数。

第7章　查　　找

查找是数据处理时最常见的一种运算。所谓查找，就是在一个数据集合中寻找关键字等于某个给定值的数据元素的过程。查找算法的优劣直接影响计算机应用系统的使用效率。在日常生活中查找操作经常发生，例如，在学生成绩表中查找某个学生的成绩，在图书馆的书目文件中查找某编号的图书等。

本章将介绍线性表查找、树表查找和哈希表查找等常用查找技术及具体实现算法，并对其效率进行分析。

7.1　查找的基本概念

查找是在一个数据集合中查找是否存在关键字等于某个给定关键字的数据元素(记录)的过程，查找也称为检索。

由同一类型的数据元素(或记录)构成的集合称为**查找表**。由于集合中的数据元素之间存在着完全松散的关系，因此查找表是一种非常灵活的数据结构，可利用任意数据结构来实现。**关键字**是数据元素(或记录)中某个数据项的值，用它可以标识某一个数据元素(或记录)。若关键字可以唯一地标识一个记录，则称其为**主关键字**；若关键字可以标识若干个记录，则称为**次关键字**。

如果在查找表中寻找到待查记录，则**查找成功**，查找的结果是输出该记录的相关信息，或指示该记录在查找表中位置；否则**查找不成功**，查找的结果是给出一个空记录或空指针。

查找可分为静态查找和动态查找两大类。**静态查找**是指只在数据元素集合中查找是否存在关键字等于某个给定关键字的数据元素，它不改变查找表的结构。**动态查找**除包括静态查找的要求外，在查找的同时还需对查找表进行修改操作。例如，插入数据元素集合中不存在的数据元素，或者从数据元素集合中删除已存在的某个数据元素。我们把静态查找时的查找表称为**静态查找表**，把动态查找时的查找表称为**动态查找表**。也就是说，动态查找表的表结构本身是在查找过程中动态生成的。在创建表时，对于给定值，若表中存在其关键字等于给定值的记录，则查找成功返回；否则插入关键字等于给定值的记录。

对于用不同方式组织的查找表，相应的查找方法也不相同。因此，为了提高查找效率，往往采用某些特定的组织方式来组织需要查找的信息(即查找表)。例如，查找电话号码时，需要先查找电话号码簿的分类目录，找到电话所属类别在号码簿中的开始页数，再到该类号码中顺序查找。这就是分块(索引顺序)查找方法，其组织方式就是索引表。又例如，查找英文单词时，因为英文字典是按英语字母顺序编排的，可以采用折半查找。先在书中间找一个位置，确定一个范围，再逐步缩小这个范围，最后找到需要的单词。

衡量一个查找算法效率的标准是平均查找长度。**平均查找长度**(Average Search Length，ASL)是指在查找过程中，为确定数据元素在查找表中的位置，需要与给定值进行比较的关键字次数的期望值，其定义如下：

$$ASL = \sum_{i=1}^{n} P_i \times C_i$$

其中，n 为查找表中元素的个数，P_i 是查找表中第 i 个元素的概率，且 $\sum_{i=1}^{n} P_i = 1$。C_i 是为找到表中其关键字与给定值相等的第 i 个元素时，与给定值已进行过比较的关键字的个数。

查找有查找成功和查找失败两种情况。通常情况下，如不做特殊说明，平均查找长度指的是查找成功时的平均查找长度。

7.2　基于线性表的查找

在查找表的组织方式中，线性表是最简单的一种。本节将介绍基于线性表的顺序查找、折半查找和索引查找。

7.2.1　顺序查找

顺序查找的查找过程是从表的一端开始，用给定的关键字与线性表中各数据元素的关键字逐个进行比较，若某个数据元素的关键字与给定值相等，则查找成功，返回该数据元素在表中的位置，否则查找失败，返回 -1。

顺序查找既适用于线性表的顺序存储结构(即顺序表)，也适用于线性表的链式存储结构。下面仅介绍以顺序表作为存储结构的顺序查找算法。

数据元素类型的定义如下：

```
typedef struct
{
    KeyType key;                //关键字项
    OtherType other_data        //其他数据项 OtherType 根据具体应用来定义
} DataType;
```

本章的例子中均定义 KeyType 为 int 类型。这里顺序表的定义同第 2 章。

```
typedef struct
{
    DateType list[MaxSize];
    int length;
}SeqList;
```

在此定义下，顺序查找算法的实现如下所述。

【算法描述】

```
int SeqSearch(SeqList S, KeyType key)
/*在顺序表 S 中顺序查找其关键字等于 key 的元素，若找到，则返回该元素在表中的位置，否
则返回 -1*/
{
    int i = 0;
    while(i < S.size && S.list[i].key != key) i++;          //从表头往后找
    if(S.list[i].key == key) return i;
    else return -1;
}
```

例如，一个顺序查找表的数据元素(记录)的关键字序列为(710, 342, 45, 686, 6, 841, 429, 134, 68, 264)，待查找记录的关键字为 686。

由于整个记录序列是无序的，所以查找时只能从前向后或从后向前进行，但无论选择哪种顺序查找其效率都是一样的。上述算法的实现为从前向后进行的顺序查找。

【算法分析】

从顺序查找过程中可以看出，C_i(查找第 i 个数据元素所需比较关键字的次数)取决于该数据元素在表中的位置。例如，查找表中第 1 个数据元素时仅需比较 1 次，查找表中第 2 个数据元素时需比较 2 次，而查找表中第 n 个数据元素时需比较 n 次，因此 $C_i = i$。设要查找的数据元素在顺序表中出现的概率均相等，则顺序查找算法的平均查找长度为

$$ASL_{成功} = \sum_{i=1}^{n} P_i C_i = \frac{1}{n}\sum_{i=1}^{n} i = \frac{n+1}{2}$$

也就是说，顺序查找方法在查找成功时的平均比较次数约为表长的一半。

当给定的 key 不在表中时，则必须进行 n 次比较之后才能确定查找失败，因此当查找不成功时，其平均查找长度为

$$ASL_{失败} = n$$

顺序查找的优点是算法简单，对表结构无特殊要求，既适用于顺序结构，也适用于链式结构，无论数据元素是否按关键字有序均适用。顺序查找的缺点是平均查找长度较大，查找效率较低，因此当 n 很大时不宜采用顺序查找算法。

7.2.2 折半查找

折半查找又称**二分法查找**，它是一种效率较高的查找算法。折半查找要求线性表必须采用顺序存储结构，且表中的元素按关键字有序排列。在后续讨论中，假设有序表均是递增有序的。折半查找算法的基本思想及实现描述如下所述。

【算法思想】

折半查找的基本过程是从表中间位置的记录开始，如果给定值与表中间位置记录的关键字相等，则查找成功；否则，如果给定值大于或小于中间位置记录的关键字，则在表中大于或小于中间位置记录的那一半区间中进一步查找，重复以上过程，直到查找成

功，或者直到某一步中查找区间为空，此时查找失败。

为了标记查找过程中的查找区间，下面用 low 和 high 分别表示当前查找区间的下界和上界，mid 为区间的中间位置。该算法具体步骤如下：

(1) 查找区间赋初值，low 为 0，high 为表长减 1。

(2) 当 low≤high 时，循环执行以下操作：

① mid 取 low 与 high 的中间值。

② 将给定值 key 与中间位置记录的关键字进行比较，若相等则查找成功，返回中间位置 mid。

③ 若不相等，则根据中间位置记录将表分成前、后两个子表。如果 key 比中间位置记录的关键字小，则 high 取为 mid−1，否则 low 取为 mid + 1。

(3) 循环结束，说明查找区间为空，则查找失败，返回−1。

【算法描述】

```
int BinarySearch(SeqList S, KeyType key)
{
    int low = 0, high = S. length-1;                      //确定初始查找区间上下界
    int mid;
    while(low <= high)
    {
        mid = (low + high)/2;                             //确定初始查找区间中心位置
        if(key == S.list[mid].key) return mid;            //查找成功
        else if(key>S.list[mid].key) low = mid + 1;       //继续在后一个子表进行查找
        else high = mid-1;                                //继续在前一个子表进行查找
    }
    return -1;                                            //查找失败
}
```

折半查找算法也可以用递归来实现，递归函数的参数除了上述 S 和 key 外，还需加上 low 与 high 两个参数。折半查找递归函数的实现请读者自行完成。

【例 7-1】 一个有序顺序表记录的关键字序列为(7, 14, 18, 21, 23, 29, 31, 35, 38)，请分别给出查找关键字为 18 和 15 的记录的折半查找过程。

初始时，low = 0，high = 8，即查找区间为[0，8]，mid = (0+8)/2 = 4。

查找关键字 key 为 18 的折半查找过程如图 7-1(a)所示。

第一次查找将给定值 key = 18 与中间位置(即 mid = 4)的记录的关键字 23 进行比较，因 18＜23，则需将查找区间调整为前一个子表，即区间[low, mid−1]。此时令 high 指向第 mid−1 个记录，high = 3，重新求得 mid = (0+3)/2 = 1。

第二次查找仍将 18 与中间位置(即 mid = 1)的记录的关键字 14 进行比较，因 18＞14，则需将查找区间调整为后一个子表，即区间[mid + 1, high]。此时令 low 指向第 mid + 1 个记录，low = 2，重新求得 mid = (2+3)/2 = 2。

第三次查找将 18 与中间位置(即 mid = 2)的记录的关键字 18 进行比较，因为相等，

则查找成功，返回所查记录在表中的序号，即返回 mid 的值 2。

查找关键字 key 为 15 的折半查找过程如图 7-1(b)所示。

查找过程前两次同上，只是在第三次查找时，因 15 < 18，则需将查找区间调整为前一个子表，即区间[low, mid−1]。此时令 high 指向第 mid−1 个记录，high = 1，此时 low > high，查找区间不存在，说明表中没有关键字等于 15 的记录，查找失败，返回−1。

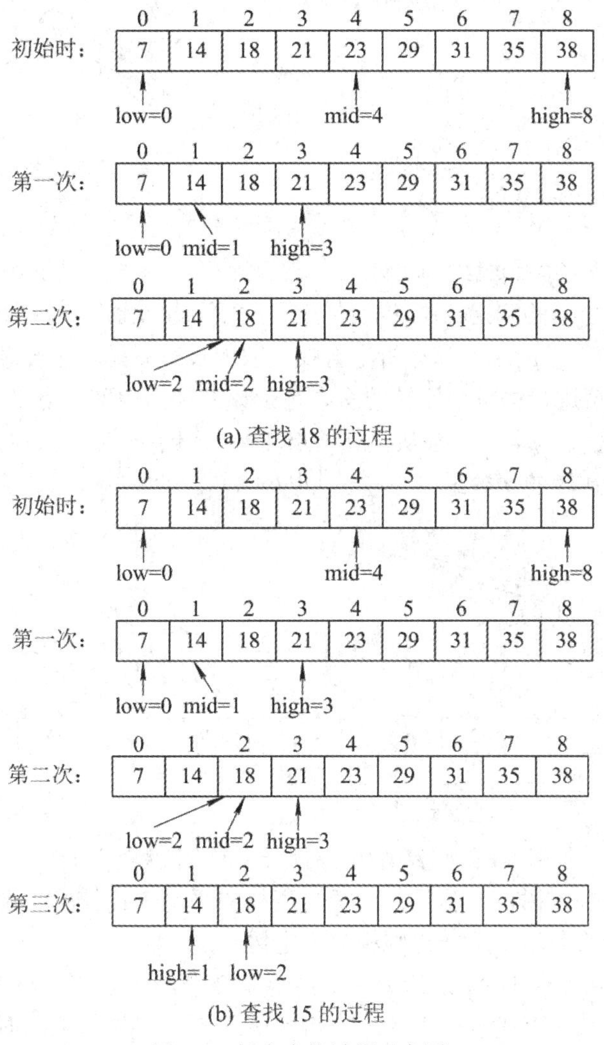

(b) 查找 15 的过程

图 7-1　折半查找过程示意图

【算法分析】

折半查找过程可用一棵二叉判定树来描述，判定树中每一结点对应表中一个记录，但结点值不是记录的关键字，而是记录在表中的位置序号。将当前查找区间的中间位置作为根结点，左子树对应前半部分子表，右子树对应后半部分子表。

例 7-1 中的有序顺序表对应的判定树如图 7-2 所示。从判定树上可见，查找到有序顺序表中任一记录的过程，恰好是在判定树中走了一条从根结点到与该记录相应的结点的路径，而经历比较关键字的次数恰好为该结点在树中的层次数。

例如，查找 18 的过程如图 7-3 所示，恰好走了一条从根结点到与 18 对应结点的路径，经历比较的关键字的次数也恰好为 18 对应结点的层次数 3。因此，折半查找成功时，最多的比较次数不会超过判定树的深度。由于判定树的叶子结点所在层次之差最多为 1，所以含有 n 个结点的判定树的深度与 n 个结点的完全二叉树的深度相等，均为 $\lfloor \text{lb}\, n \rfloor + 1$。因此，折半查找成功时，关键字的比较次数最多不超过 $\lfloor \text{lb}\, n \rfloor + 1$。

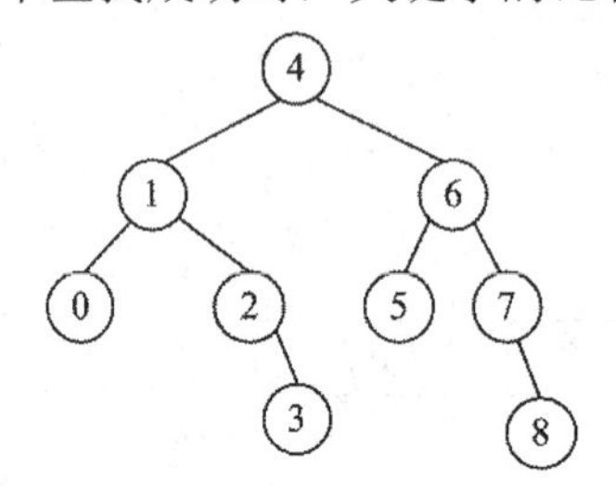

图 7-2　折半查找过程的判定树

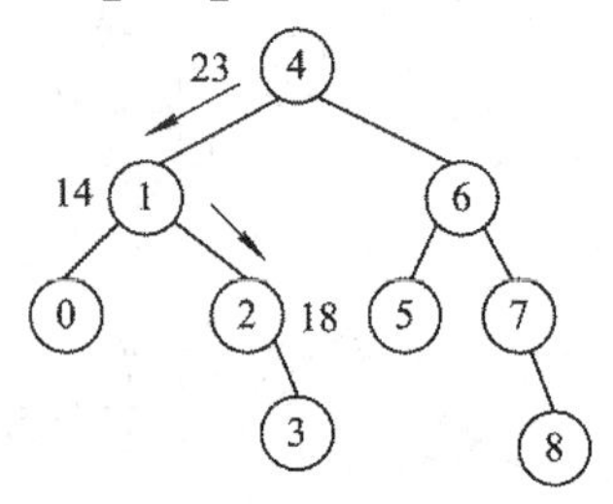

图 7-3　查找成功的过程

如果在图 7-2 所示的判定树中所有结点的空指针均加上一个指向方形结点(称为外部结点)的指针，如图 7-4 所示，那么折半查找失败的过程就是走了一条从根结点到外部结点的路径。与给定值进行关键字比较的次数等于该路径上内部结点(即圆形结点)个数。例如，查找 15 的过程即为走了一条从根到结点 1～2 的路径。因此，折半查找失败时，与给定值进行关键字比较的次数最多不超过 $\lfloor \text{lb}\, n \rfloor + 1$。

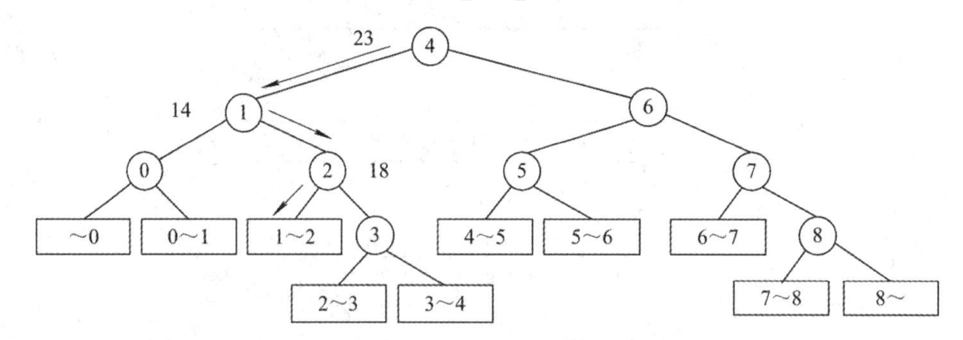

图 7-4　加上外部结点的判定树和查找失败的过程

利用折半查找判定树，很容易得到折半查找的平均查找长度。为了方便讨论，假定有序顺序表中记录的个数 $n = 2^k - 1$，则相应判定树一定是深度为 $k = \text{lb}(n + 1)$ 的满二叉树。显然，层次为 1 的结点有 1 个，层次为 2 的结点有 2 个，…，层次为 k 的结点有 $2^k - 1$ 个。又假设表中每个记录的查找概率相等，即 $P_i = 1/n$，则折半查找成功时的平均查找长度为

$$\text{ASL} = \sum_{i=1}^{n} P_i C_i = \frac{1}{n}\sum_{i=1}^{n} C_i = \frac{1}{n}\sum_{j=1}^{k} j \times 2^{j-1} = \frac{n+1}{n}\text{lb}(n+1) - 1$$

当 n 较大时，可得近似结果 $\text{ASL} \approx \text{lb}(n+1) - 1$。

由以上可知，折半查找的时间复杂度为 $O(\text{lb}\, n)$。折半查找的效率比顺序查找的效率高。

折半查找的优点是关键字的比较次数少，查找速度快。其缺点是要求查找表必须为顺序存储的有序表，这对于插入和删除操作来说比较困难，因此，折半查找不适于数据元素经常变动的线性表。

7.2.3 索引查找

索引查找又称为分块查找，它是一种性能介于顺序查找和折半查找之间的查找方法。索引查找的基本思想如下：

(1) 将线性表分成若干块，每块包含若干个记录，在每一块中记录的存放是任意的，但块与块之间必须有序(分块有序)。

(2) 建立一个索引表：对每一块建立一个索引项，它包含两项内容：关键字项和指针项。其中关键字项存放该块中的最大关键字，指针项用来指示该块的第一个记录在表中的位置。因此，索引表按关键字是有序的。

(3) 索引查找过程分 2 步进行：① 先用待查找的关键字在索引表中查找，确定具有该关键字的记录所在的块(在索引表中查找的方法可采用顺序查找或折半查找法)；② 在相应块中顺序查找，即可得到查找结果。

例如，设有一个线性表采用顺序存储，其中包含 15 个记录，其关键字序列为(24, 14, 15, 10, 11, 35, 44, 40, 26, 50, 60, 76, 51, 88, 64)。假设将 15 个记录分为 3 块，每块中包含 5 个记录，则该线性表的索引查找过程如图 7-5 所示。

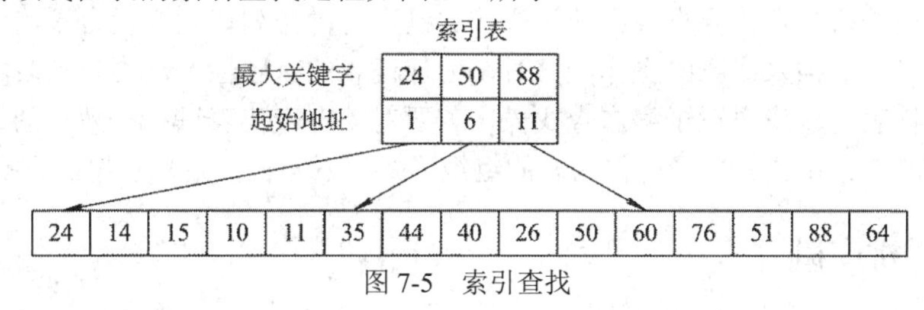

图 7-5 索引查找

从图 7-5 中可以看出，第 1 块的最大关键字 24 小于第 2 块中的最小关键字 26，第 2 块的最大关键字 50 小于第 3 块中的最小关键字 51，即块间有序，但块内未必有序。

若要查找关键字 40，首先用 40 与索引表中的关键字进行比较；因为 24<40<50，所以 40 在第二块中；接下来在第二块中顺序查找，最后在第 7 号记录中找到 40。

索引查找的平均查找长度等于两部分查找的平均查找长度之和，即

$$ASL_{索引} = L_{索引表} + L_{块内}$$

其中，$L_{索引表}$ 为查找索引表确定所在块的平均查找长度，$L_{块内}$ 为在块内查找记录的平均查找长度。

假定线性表的长度为 n，索引查找时将表分成 m 块，且每块含 s 个记录，则 m = n/s。又假定表中每个记录的查找概率相等，则每块查找的概率为 1/m，块中每个记录的查找概率为 1/s。若索引表中用顺序查找法确定待查记录所在的块，则索引查找的平均查找长度为

$$\begin{aligned}ASL_{索引} &= L_{索引表} + L_{块内} = \frac{1}{m}\sum_{j=1}^{m} j + \frac{1}{s}\sum_{i=1}^{s} i = \frac{m+1}{2} + \frac{s+1}{2} \\ &= \frac{1}{2}(m+s)+1 = \frac{1}{2}\left(\frac{n}{s}+s\right)+1\end{aligned}$$

若索引表中用折半查找法确定待查记录所在的块，则索引查找的平均查找长度为

$$ASL_{索引} = L_{索引表} + L_{块内} = \frac{m+1}{m}lb(m+1) - 1 + \frac{1}{s}\sum_{i=1}^{s} i$$

$$\approx lb(m+1) - 1 + \frac{s+1}{2} \approx lb\left(\frac{n}{s}+1\right) + \frac{s}{2}$$

可以看出，索引查找的优点是：在表中插入和删除记录时，只要找到该记录应属于的块就可在该块内进行插入和删除运算。由于块内是无序的，故插入和删除比较容易，无须移动大量记录。若线性表既要快速查找又经常动态变化，则可采用分块查找。其缺点是要增加一个索引表的存储空间，且需要对初始索引表进行排序运算。

7.3　基于树的查找

7.2 节介绍的三种查找方法都是用线性表作为查找表的组织形式，其中以折半查找的效率最高。由于折半查找要求表中的记录按关键字有序排列，且不适合采用链表存储结构，因此，当表的插入或删除操作频繁时，为保证表的有序性，需要移动表中的很多记录。所以线性表的查找更适于静态查找表，若要对动态查找表进行高效率的查找，可采用本节介绍的几种特殊的二叉树作为表的组织形式。下面将介绍基于树的查找方法。

7.3.1　二叉排序树

二叉排序树(Binary Sort Tree)又称为**二叉查找树**，是一种高效的数据结构。

1. 二叉排序树的定义

二叉排序树或者是一棵空树，或者是具有如下性质的二叉树：

(1) 若它的左子树不空，则左子树上所有结点的值均小于根结点的值；

(2) 若它的右子树不空，则右子树上所有结点的值均大于根结点的值；

(3) 它的左、右子树也分别是二叉排序树。

显然，二叉排序树是递归定义的，首先要保证结点的值之间具有可比性，且各结点的关键字是唯一的。但在实际应用中，不能保证被查找记录的关键字互不相同，所以可将二叉排序树定义(1)中的小于改为小于等于，或将(2)中的大于改为大于等于，甚至可同时修改这两个性质。

例如，图 7-6 所示是一棵二叉排序树。在图 7-7 中，虚线框中的结点 16 因大于整棵树的左子树的根结点 14，所以在 14 的右子树上，但它也大于整棵树的根结点 15，因此它应在 15 的右子树，而不是左子树上，所以该二叉树不是一棵二叉排序树。

根据二叉排序树的定义，可以得到二叉排序树的一个重要特性：对一棵二叉排序树进行中序遍历，可以得到一个结点值递增的有序序列。

例如，对图 7-6 所示的二叉排序树进行中序遍历，可得到一个递增的有序序列：10, 12, 13, 14, 15, 16, 17, 18, 19, 20。

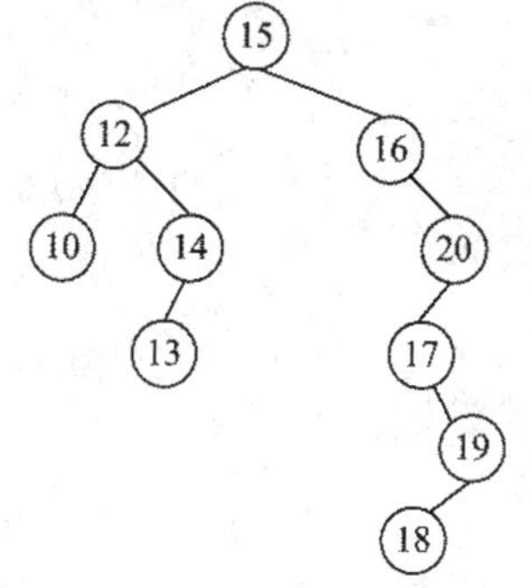

图 7-6　二叉排序树

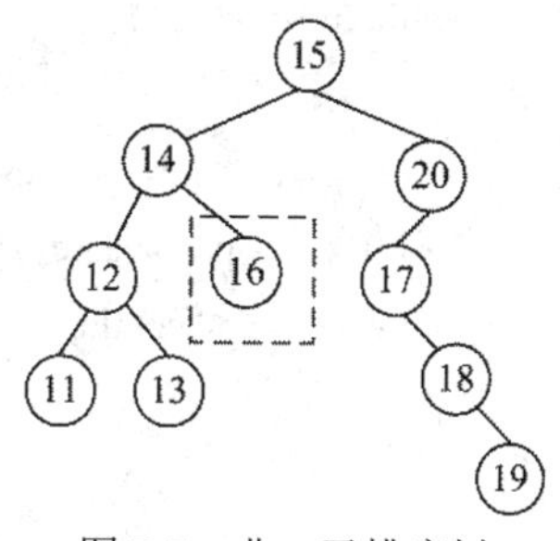

图 7-7　非二叉排序树

二叉排序树可使用二叉链表作为存储结构，其结点的数据类型定义如下：

```
typedef struct
{
    KeyType key;                      //关键字项
    OtherType other_data              //其他数据项，类型 OtherType 根据具体应用来定义
} DataType;                           //结点的数据域类型
typedef struct Node
{
      DataType data;                  //结点数据域
      struct Node *lchild, *rchild;   //左右孩子指针
}BSTNode, *BSTree;
```

2. 二叉排序树的查找

由于二叉排序树可看作一个有序表，所以在二叉排序树上进行查找与折半查找类似，是一个逐步缩小查找范围的过程。

【算法思想】

(1) 若二叉排序树为空，则查找失败，返回空指针。

(2) 若二叉排序树非空，则将给定值与根结点的关键字进行比较：

① 若给定值等于根结点的关键字，则查找成功，返回根结点地址；

② 若给定值小于根结点的关键字，则继续在左子树上进行查找；

③ 若给定值大于根结点的关键字，则继续在右子树上进行查找。

二叉排序树的查找算法有非递归结构(循环结构)和递归结构 2 种。下面分别给出两种结构的查找算法。

【算法描述】

```
BSTree SearchBST (BSTree root，KeyType key)
{  /*在根指针 root 所指二叉排序树中查找某关键字等于 key 的记录，若查找成功，则返回
   指向该记录结点的指针，否则返回空指针*/
    BSTree p;
    if(root != NULL)
    {
```

```
        p = root;
        while(p != NULL)                        //循环查找
        {
            if(p->data.key = = key) return p;   //查找成功
            if(key > p->data.key) p = p->rchild;
            else p = p->lchild;
        }
    }
    return NULL;                                //查找失败
}
```

二叉排序树查找的递归实现如下：

```
BSTree SearchBST(BSTree root, KeyType key)
{
    if (!root) return NULL;
    else if (root ->data.key == key) return root;        //查找结束
    else if (key < root ->data.key) return SearchBST(root->lchild, key); /*在左子树中继续查找*/
    else return SearchBST(root->rchild, key);            //在右子树中继续查找
}
```

例如，在图 7-6 所示的二叉排序树中查找关键字等于 17 的记录(假设树中结点内的数均为记录的关键字)。首先从根结点出发，将 key = 17 与根结点的关键字进行比较，因 17 > 15，故查找以 15 为根的右子树，此时右子树不空，且 17 > 16，则继续查找以结点 16 为根的右子树。由于 17 < 20，因此继续查找以结点 20 为根的左子树。因为 17 与左子树根的关键字 17 相等，所以查找成功，返回指向结点 17 的指针值。

若在图 7-6 所示的二叉排序树中查找关键字等于 8 的记录，则其查找过程与上面的过程类似。在将 key = 8 与关键字 15、12 及 10 相继比较后，继续查找以结点 10 为根的左子树，此时左子树为空，则查找失败，返回空指针 NULL。

3. 二叉排序树的插入

二叉排序树的插入操作要求首先查找待插入记录的关键字是否已在二叉排序树中。若已存在，则不插入；若不存在，则将该记录插入查找失败时结点的左孩子或右孩子上。因此，新插入的结点必定是一个新的叶子结点。

【算法思想】

(1) 若二叉排序树为空，则将待插入结点作为根结点插入空树中。

(2) 若二叉排序树非空，则将给定值与根结点的关键字进行比较：

① 若给定值小于根结点的关键字，则将待插入结点插入左子树；

② 若给定值大于根结点的关键字，则将待插入结点插入右子树。

【算法描述】

```
void InsertBST(BSTree *root, KeyType key)
/*若在二叉排序树中不存在关键字等于 key 的记录，则插入该记录*/
```

```
{
    BSTree p;
    if (*root = = NULL)                       //递归结束
    {
        p = (BSTree)malloc(sizeof(BSTNode)); //申请新的结点 p
        p-> data.key = key;                   //新结点的 key 域置为 key
        p->lchild = NULL;                     //新结点 p 作为叶子结点
        p->rchild = NULL;
        *root = p;                            //新结点 p 链接到已找到的插入位置
    }
    else if (key < (*root)-> data.key)
            InsertBST(&((*root)->lchild), key); //将 p 插入左子树
        else if (key > (*root)-> data.key)
            InsertBST(&((*root)->rchild), key); //将 p 插入右子树
}
```

4. 二叉排序树的建立

二叉排序树的建立是基于插入算法进行的，从一个空树开始，每读入一个关键字，就调用一次插入算法将它插入当前二叉排序树的合适位置。

【算法思想】

(1) 将二叉排序树初始化为一棵空树。

(2) 读入一个关键字。

(3) 若读入的关键字不是输入结束标志，则循环执行以下操作：

① 调用插入算法，将此关键字插入当前已生成的二叉排序树中；

② 读入下一个关键字。

【算法描述】

```
void CreateBST(BSTree *root)
//依次读入记录的关键字，建立相应的二叉排序树
{
    KeyType key;
    * root    = NULL;
    scanf("%d", &key);
    while (key!= ENDFLAG)          //ENDFLAG 为自定义常量，作为输入结束标志
    {
        InsertBST(root, key);      //调用插入算法进行插入
        scanf("%d", &key);
    }
}
```

例如，设关键字输入顺序为 4，5，7，2，1，9，8，11，3，根据上述算法建立二叉

排序树的过程如图 7-8 所示。

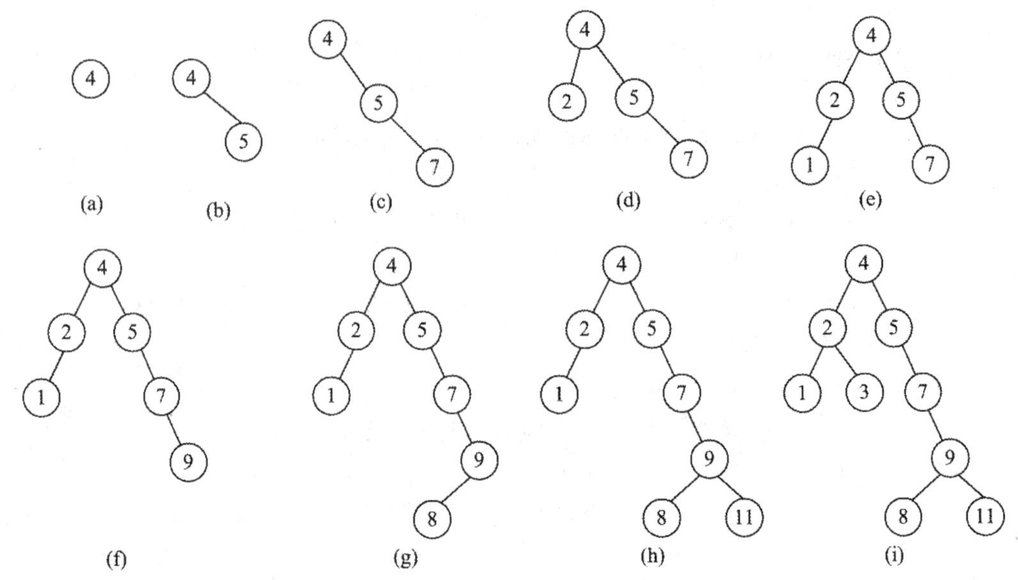

图 7-8　二叉排序树的建立过程

可以看出，二叉排序树的形态完全由输入顺序决定，对于相同的关键字序列，若输入的顺序不同，则会生成不同的二叉排序树。

5. 二叉排序树的删除

对于二叉排序树，删除树上的一个结点时不能直接把以该结点为根的子树都删去，只能删除该结点本身，并且要求删除后仍需保持二叉排序树的特性。也就是说，在二叉排序树中删去一个结点相当于删去有序序列(即该树的中序序列)中的一个元素。

【算法思想】

删除操作要求先要进行查找，以确定被删结点是否在二叉排序树中。若不存在，则不进行任何操作；否则，分下面三种情况进行删除操作。假设要删除的结点由指针 p 指向，其双亲结点由指针 f 指向，P_L 和 P_R 分别表示 p 的左子树和右子树，并假设要删除结点是其双亲结点的左孩子(右孩子的情况类似)，如图 7-9 所示。

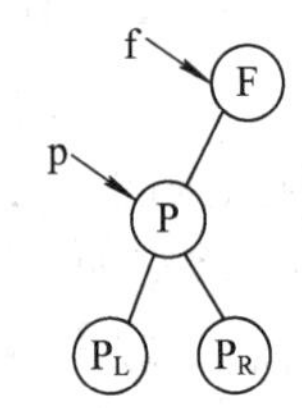

图 7-9　在二叉排序树中删除 P

(1) 若 p 结点为叶子结点，即 P_L 和 P_R 均为空，则可直接将其删除。如图 7-10(a)所示，直接删除结点 10，这是最简单的删除结点的情况。

(2) 若 p 结点只有左子树 P_L，或只有右子树 P_R，则只需将 p 的左子树或右子树直接作为其双亲结点 f 的左子树(若 p 是结点 f 的右孩子，则 p 的左子树或右子树改为 f 的右子树)。

如图 7-10(b)所示，要删除结点 38，只需将其左子树直接作为双亲结点 24 的右子树；如图 7-10(c)所示，要删除结点 5，只需将其右子树直接作为双亲结点 14 的左子树。

(3) 若 p 结点同时存在左、右子树，则根据二叉排序树及其中序遍历的特点，删除结点 p 之后，应保持其他元素在中序遍历序列中的相对位置不变。此时有两种处理方法：一种是用待删除结点 p 的左子树中最后一个被访问的结点 r(左子树中最右下角的那个结点)替换 p，即用中序序列中 p 的直接前驱替换它，并且删除它的直接前驱；另一种方法是用其右子树中第一个被访问的结点 r(右子树中最左下角的那个结点)替换，即用中序序列中 p 的直接后继替换它，并且删除它的直接后继。

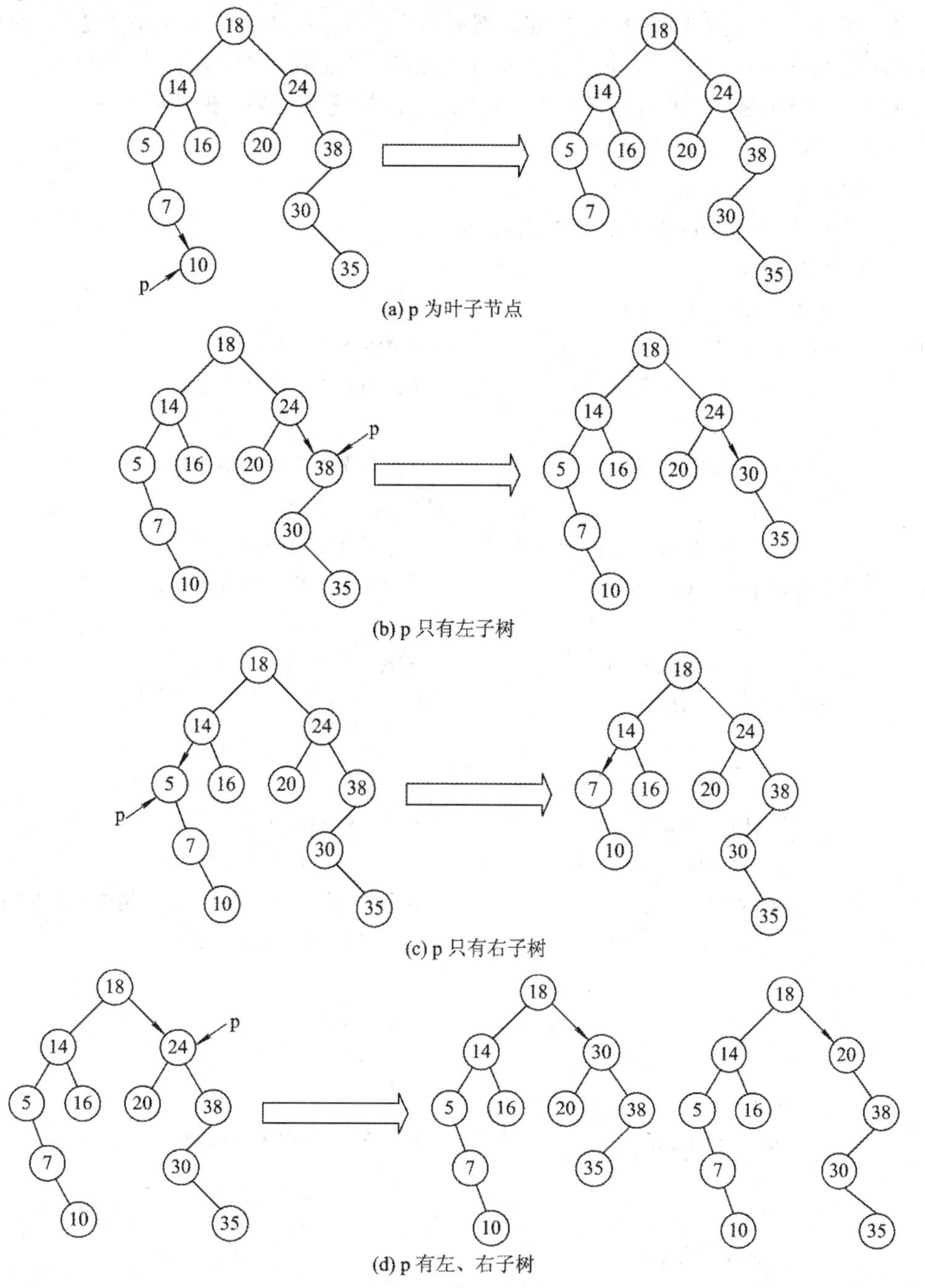

(a) p 为叶子节点

(b) p 只有左子树

(c) p 只有右子树

(d) p 有左、右子树

图 7-10　二叉排序树的删除

例如，在图 7-10(d)左边所示的二叉排序树中删除结点 24。

由该二叉排序树得到的中序序列为 5, 7, 10, 14, 16, 18, 20, 24, 30, 35, 38。可以看出，

替换待删结点 24 的结点可以是直接前驱 20，也可以是直接后继 30。在二叉排序树中，由中序遍历的定义可知，24 的直接后继结点应该是右子树上第一个被访问的结点 30，其直接前驱结点应该是左子树中最后一个被访问的结点 20，由此便确定了可以替换待删结点的位置。接下来用结点 30 替换结点 24，然后删除替换结点 30；或者用结点 20 替换结点 24，然后删除替换结点 20。替换结点的删除方法属于上面讨论的第(1)和第(2)种情况。

对于上述删除操作的第(3)种情况，下面的算法描述采用第 1 种处理方法。

【算法描述】

```
BSTNode * DeleteBST(BSTree root, KeyType key)
//在二叉排序树 root 中删去关键字为 key 的结点
{
    BSTNode *p, *f, *s, *q;
    p = root; f = NULL;                          //初始化
    while(p)                                     //从根开始查找关键字为 key 的待删结点 p
    {
        if(p->data.key == key ) break;           //找到待删结点 p，则跳出循环
        f = p;                                   //f 为 p 的双亲结点
        if(p-> data.key> key) p = p->lchild;     //在 p 的左子树中继续找
        else p = p->rchild;                      //在 p 的右子树中继续找
    }
    if(p = = NULL) return root;                  //若找不到待删结点，则返回原来的二叉排序树根
    if(p->lchild = = NULL)                       //p 无左子树
    {
        if(f = = NULL) root = p->rchild;         //p 的右孩子为原二叉排序树的根
        else if(f->lchild = = p)                 //p 是 f 的左孩子
            f->lchild = p->rchild;               //将 p 的右子树链到 f 的左链上
        else f->rchild = p->rchild;              //p 是 f 的右孩子，将 p 的右子树链到 f 的右链上
            free(p);                                     //释放被删除的结点 p
    }
    else                                         //p 有左子树
    {   q = p;
        s = p->lchild;
        while(s->rchild)                         //在 p 的左子树中查找最右下结点
        {
            q = s;
            s = s->rchild;
        }
        if(q = = p) q->lchild = s->lchild;       //将 s 的左子树链到 q 上
        else q->rchild = s->lchild;
```

```
        p->data.key = s->data.key;                //将 s 的值赋给 p
        free(s);
    }
    return root;
}
```

6. 二叉排序树的性能分析

由前边的讨论可知，二叉排序树的插入和删除算法的主体部分都是查找，因此二叉排序树的查找效率也就代表了二叉排序树上各个操作的效率。对于有 n 个结点的二叉排序树，若每个记录的查找概率相等，则二叉排序树的平均查找长度是结点在二叉排序树中深度的函数，即有：

$$ASL = \frac{1}{n}\sum_{i=1}^{n} C_i$$

式中，C_i 为查找第 i 个记录时的关键字比较次数。

当二叉排序树是一棵完全二叉树时，其查找与折半查找相同，平均查找长度为

$$ASL = \frac{1}{n}\sum_{j=1}^{k} 2^{j-1} \times j \approx \mathrm{lb}(n+1)$$

二叉排序树查找的最坏情况是当二叉排序树是一棵退化的单分支树时，如图 7-11(a)所示，其平均查找长度与有序顺序表的平均查找长度相同，即 ASL = (n+1)/2。

二叉排序树的平均查找长度与树的形态有关。造成二叉排序树形态不同的主要因素是构造二叉排序树时关键字的输入次序不同。例如，图 7-11 中(a)和(b)的两棵二叉排序树中结点关键字的值均相同，但建立树时输入的关键字的次序不同，分别是(3, 4, 5, 6, 7, 8, 10)和(6, 4, 8, 3, 5, 7, 10)。

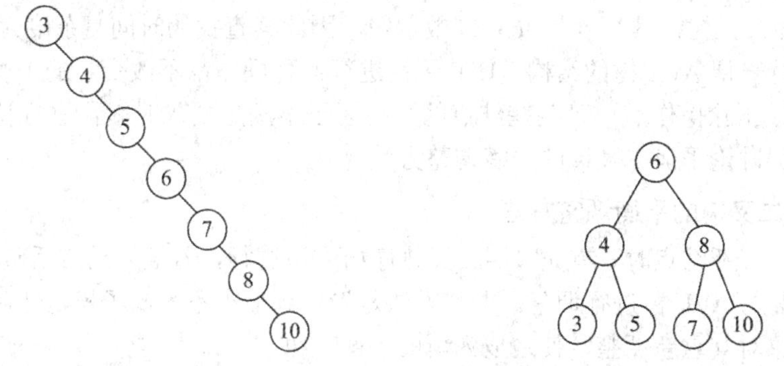

(a) 关键字序列为(3, 4, 5, 6, 7, 8, 10)　　(b) 关键字序列为(6, 4, 8, 3, 5, 7, 10)

图 7-11　两棵不同形态的二叉排序树

若考虑将 n 个记录的关键字按各种可能的次序插入二叉排序树中，则有 n！棵二叉排序树(其中有些形态相同)。可以证明，二叉排序树的平均查找长度仍然是 lb n。因此，在最坏情况下，二叉排序树的平均查找长度为 O(n)。在一般情况下，二叉排序树的平均查找长度为 O(lb n)。

对于二叉排序树的插入和删除操作而言，只需修改某些结点的指针域即可，无须移动大量记录，效率高。

7.3.2　平衡二叉树

1. 平衡二叉树的定义

根据 7.3.1 节中二叉排序树的性能分析可知，其查找效率取决于二叉排序树的形态，而二叉排序树的形态与结点插入的次序有关。结点的插入次序是不确定的，为了防止二叉排序树的最坏情况出现，这就要求找到一种动态平衡的方法，对于任意给定的记录序列都能构造一棵形态均匀的、平衡的二叉排序树，即**平衡二叉树**(Balancing Binary Tree)。它是由 Adelson-Velsky 和 Landis 两位俄罗斯数学家提出的，因此也被称为 AVL 树。

一棵平衡二叉树或者是空树，或者是具有下列性质的二叉排序树：

(1) 任意一个结点的左子树与右子树的高度之差的绝对值不超过 1。

(2) 左子树和右子树也分别是平衡二叉树。

为了方便描述，引入结点的**平衡因子**(Balance Factor，BF)概念，其定义为结点的左子树与右子树的高度之差。显然，在平衡二叉树中，结点的平衡因子只能是-1、0 或 1。

图 7-12 给出了两棵平衡二叉树和一棵非平衡二叉树，结点里的数值为该结点的平衡因子。

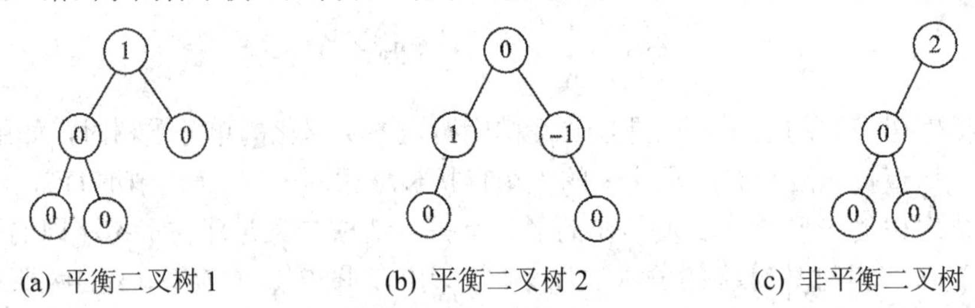

(a) 平衡二叉树 1　　(b) 平衡二叉树 2　　(c) 非平衡二叉树

图 7-12　平衡和非平衡二叉树示例

由于 AVL 树中任何结点的左右子树的高度之差的绝对值均不超过 1，对于一棵具有 n 个结点平衡二叉树，其高度与 lb n 同数量级，因此其查找的时间复杂度为 O(lb n)。但如何始终保持一棵 AVL 树的结构，使其无论进行何种操作都不改变它的平衡特性。这就要求在插入或删除操作后一旦某些结点的平衡因子不满足要求时就需进行调整。下面以插入操作为例讨论平衡二叉树的平衡调整方法。

2. 平衡二叉树的平衡调整方法

当插入一个新结点时，首先按照二叉排序树方法进行，若插入结点后破坏了 AVL 树的特性，则需对 AVL 树进行调整。调整方法是先找到最小不平衡子树，然后以这棵不平衡子树为对象对其重新调整，使之成为新的平衡子树。

最小不平衡子树是指以距离插入结点最近，且平衡因子绝对值大于 1 的结点为根的子树。假设最小不平衡子树的根结点为 A，则调整该子树的操作可归纳为下列 4 种情况。

(1) LL 型：这是由于在 A 结点的左子树根结点的左子树上插入结点，导致 A 的平衡因子由 1 变为 2，致使以 A 为根的子树失去了平衡。

LL 型调整的一般情况如图 7-13 所示。在图中，用长方框表示子树，长方框旁标的 h 或 h + 1 等表示子树的高度，7-13(a)为插入前的 AVL 树。结点 x 插在结点 B 的左子树 B_L 上，见图 7-13(b)。此时调整的方法是进行一次顺时针旋转操作，即将 B 结点向上升替代

A 结点成为根结点，A 结点作为 B 结点的右孩子，而 B 的原右子树 B_R 成为 A 结点的左子树，如图 7-13(c)所示。

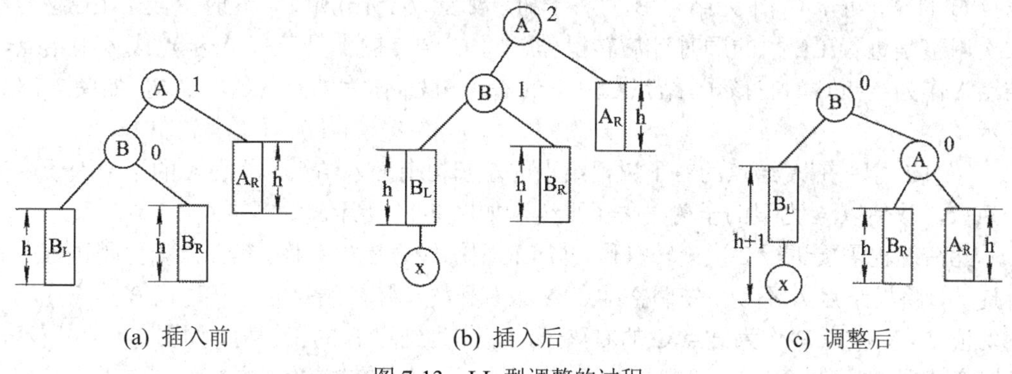

图 7-13 LL 型调整的过程

(2) RR 型：在 A 结点的右子树根结点的右子树上插入结点，导致 A 的平衡因子由−1 变为 −2，致使以 A 为根的子树失去了平衡。如图 7-14 所示。

此情况需要进行一次逆时针旋转操作。将 B 结点向上升替代 A 结点成为根结点，A 结点作为 B 结点的左孩子，而 B 的原左子树 B_L 成为 A 结点的右子树，如图 7-14(c)所示。

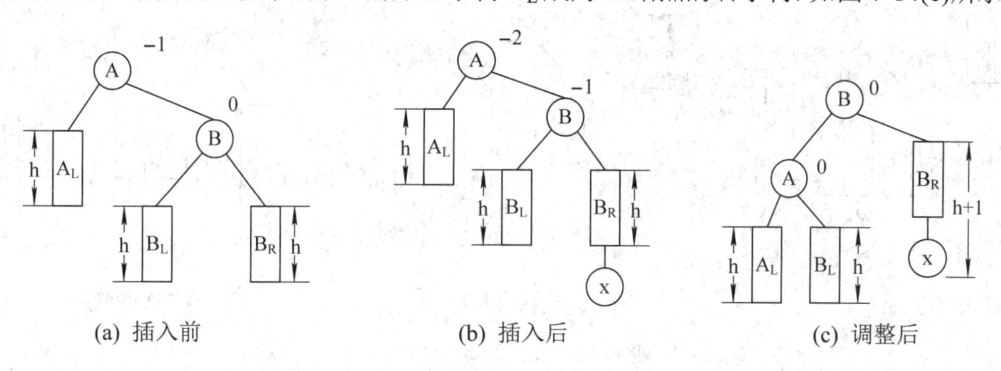

图 7-14 RR 型调整的过程

(3) LR 型：在 A 结点的左子树根结点的右子树上插入结点，导致 A 的平衡因子由 1 变为 2，致使以 A 为根的子树失去了平衡，如图 7-15 所示。

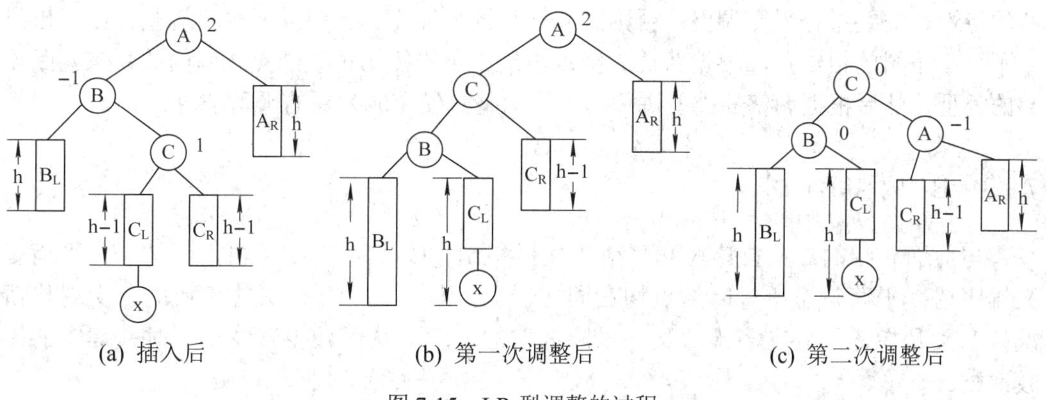

图 7-15 LR 型调整的过程

此情况需要进行 2 次旋转操作。第一次调整是进行逆时针旋转，将根结点 A 不动，先调整结点 A 的左子树。将 C 结点向上升替代 B 结点成为子树的根结点，结点 B 作为结点 C 的左孩子，C_L 作为结点 B 的右子树，如图 7-15(b)所示，这时变成了 LL 型。第二次调整是进行 LL 型的顺时针旋转操作，将 C 结点向上升替代 A 结点成为根结点，结点 A 作为结点 C 的右孩子，结点 C 原来的右子树 C_R 作为结点 A 的左子树，如图 7-15(c)所示。

(4) RL 型：在 A 结点的右子树根结点的左子树上插入结点，导致 A 的平衡因子由−1 变为−2，致使以 A 为根的子树失去了平衡，如图 7-16 所示。

此情况也需要进行 2 次旋转操作，与 LR 型旋转方法相对称。第一次调整是进行顺时针旋转，将根结点 A 不动，先调整结点 A 的右子树。将 C 结点向上升替代 B 结点成为子树的根结点，结点 B 作为结点 C 的右孩子，C_R 作为结点 B 的左子树，如图 7-16(b)所示，这时变成了 RR 型。第二次调整是进行 RR 型的逆时针旋转操作，将 C 结点向上升替代 A 结点成为根结点，结点 A 作为结点 C 的左孩子，结点 C 原来的左子树 C_L 作为结点 A 的右子树，如图 7-16(c)所示。

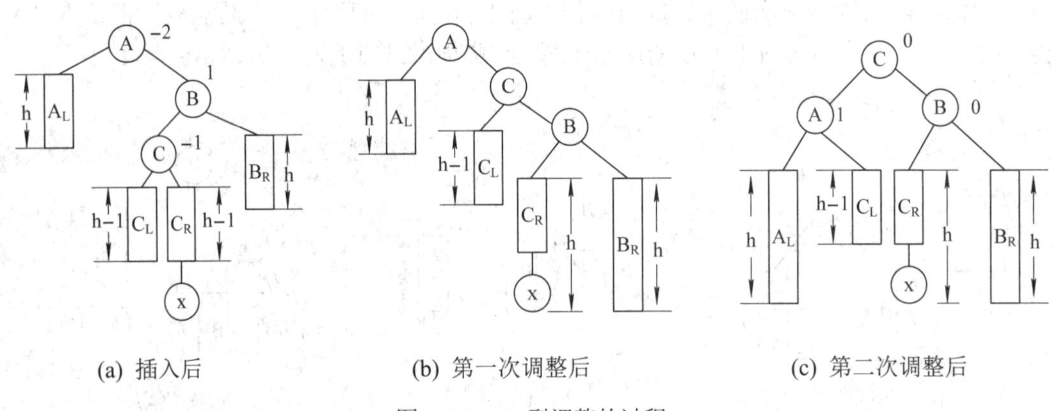

图 7-16　RL 型调整的过程

利用上面讨论的平衡二叉树的平衡调整方法，通过插入操作就可以构造一棵平衡二叉树。其构造过程为每插入一个结点，首先从插入结点开始沿通向根结点的路径计算各结点的平衡因子，如果某结点平衡因子的绝对值超过 1，则说明插入操作破坏了平衡二叉树的特性，需要进行平衡调整；否则继续执行插入操作。如果需要平衡调整，则找出最小不平衡子树的根结点，根据新插入结点与最小不平衡子树根结点之间的关系来判断调整的类型，然后根据调整的类型进行相应的调整，使之成为新的平衡子树。

7.3.3　B- 树和 B+ 树

与前面介绍的二叉排序树和平衡二叉树相比，B−树不是二叉树，而是一种平衡多叉排序树。平衡是指所有叶结点均在同一层上，从而可避免二叉排序树的分支退化情况；多叉是指树的分支多于二叉，以降低树的高度，从而减少查找记录时关键字的比较次数。

1. B- 树的定义

B- 树中所有结点的孩子结点数目的最大值称为 B- 树的**阶**，通常用 m 来表示。从查找效率考虑，通常取 m≥3。m 阶的 B- 树的定义如下：

一棵 m 阶 B- 树，或者为空树，或为满足下列特性的 m 叉树：

(1) 树中每个结点至多有 m 棵子树。

(2) 若根结点不是叶子结点，则至少有两棵子树。

(3) 除根结点之外的所有非终端结点至少有 $\lceil m/2 \rceil$ 棵子树。

(4) 所有非终端结点最多有 m−1 个关键字，结点的结构如下：

n	P_0	K_1	P_1	K_2	P_2	…	K_n	P_n

其中，n 为该结点的关键字个数；K_i 为该结点的关键字，且满足 $K_i < K_{i+1}$；P_i 为指向子树根结点的指针，且指针 P_i 所指子树中所有结点的关键字均大于等于 K_i 同时小于 K_{i+1}；P_n 指针所指子树结点中所有结点的关键字大于等于 K_n。

(5) 所有的叶子结点都出现在同一层次上，并且不带信息，这种结点通常称为失败结点。

引入失败结点是为了便于分析 B- 树的查找性能，失败结点并不存在，指向这些结点的指针为空。

例如，图 7-17 所示为一棵 4 阶的 B- 树。

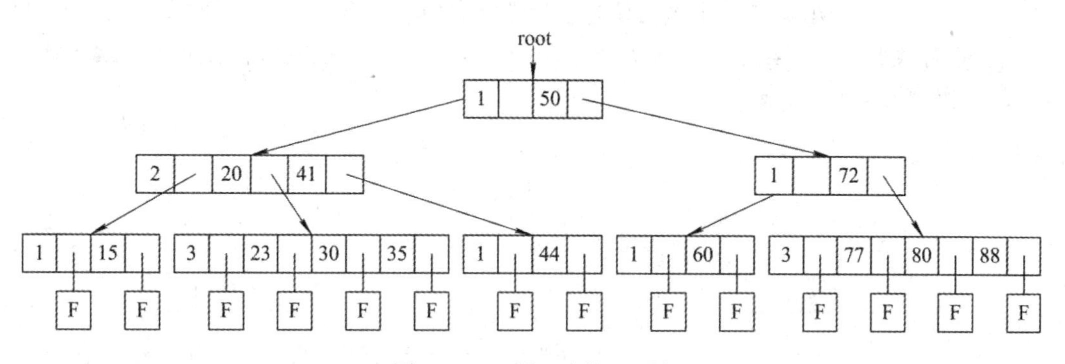

图 7-17　一棵 4 阶的 B- 树

B- 树结点的数据类型定义如下：

```
#define m 10                          //定义阶数
typedef struct Node
{
    int keynum;                       //关键字个数
    KeyType key [m];                  //关键字序列
    struct Node *parent;              //指向双亲结点指针
    struct Node *child[m];            //子结点指针数组
} BTNode, *BTree;
```

2. B− 树的查找

基于 B− 树的查找类似于二叉排序树的查找，不同之处是在每个结点向下查找时，查找的路径不止 2 条，而是至多为 m 条。对根结点内有序存放的关键字序列可以用折半查找，也可以用顺序查找，具体算法如下所述。

【算法思想】

若待查关键字为 key，根结点内第 i 个关键字为 $K_i(1 \leqslant i \leqslant m-1)$，则查找分为以下几种情况。

(1) 若 $key = K_i$，则查找成功。

(2) 若 $key < K_1$，则沿指针 P_0 所指的子树继续向下查找。

(3) 若 $K_i < key < K_{i+1}$，则沿指针 P_i 所指的子树继续向下查找。

(4) 若 $key > K_n$，则沿指针 P_n 所指的子树继续向下查找。

若直至找到叶子结点时也未找到，则查找失败。

【例 7-2】在图 7-17 所示的 4 阶 B− 树中查找关键字 30 和 70 的过程如图 7-18 所示。

图 7-18 的 B− 树中左边箭头所示为查找关键字 30 的过程，首先通过根指针 root，找到根结点，比较关键字 30 < 50，沿 50 的左侧指针找到下一层结点；在此结点中比较关键字 20 < 30 < 41，沿 41 的左侧指针找到下一层结点；最后在此结点中通过比较关键字找到 30，查找成功。

但如果想查找的是关键字 70，其过程如图 7-18 的 B− 树中右边箭头所示。因为在根结点中比较关键字 70 > 50，则沿 50 的右侧指针向下一层查找，又由于 70 < 72，沿 72 的左侧指针找到下一层结点，比较关键字，70 > 60，沿 60 的右侧指针向下一层查找，结果到达失败结点，查找失败。

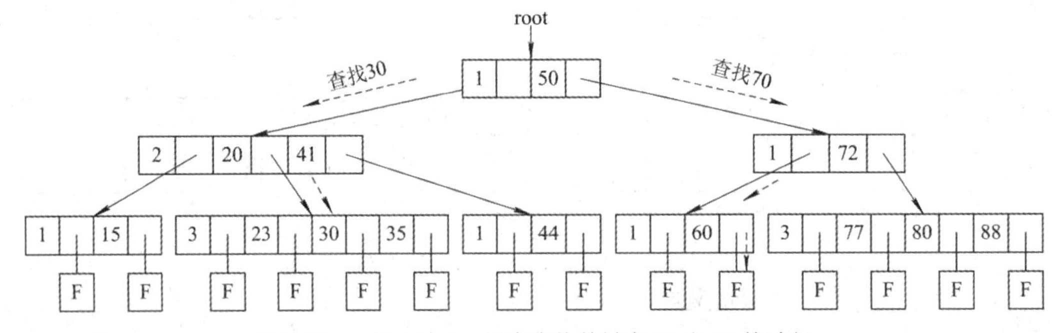

图 7-18　一棵 4 阶 B− 树中查找关键字 30 和 70 的过程

【算法描述】

```
BTNode BTSearch (BTree root, KeyType key, int *pos)
{  /*在 m 阶 B− 树 root 上查找关键字 key，若查找成功，函数返回 key 所在结点的地址，
   pos 返回它所在结点中的序号；若查找失败，函数返回 NULL*/
   int i = 0;
   BTNode *p = root;                          //初始化，p 指向根结点
   while (i <p->keynum && p->key[i] < key )   //在结点内查找
      i++;
```

```
        if (p-> key[i] == key)                          //查找成功
        {
            *pos = i;
            return p;
        }
        if (!root-> child[i]) ruturn NULL;              //查找失败
        return BTSearch (root-> child[i], key, pos);    //沿子树递归查找
    }
```

3. B- 树的插入

B- 树的插入操作，首先利用查找算法查找待插入记录的关键字 key 是否已在 B- 树中。若已存在则不插入；否则插入位置就是查找失败的某个叶结点处，在进行插入时，分以下 2 种情况进行。

(1) 若该叶子结点的关键字总数 n < m−1，说明该结点还有空位置可以插入，则直接将记录插入到该结点的合适位置。

(2) 若该叶子结点的关键字总数 n = m−1，说明该结点没有空位置(结点已满)可插入，此时需将该结点进行分裂，分裂过程如下：

① 以中间位置上的关键字为分裂点，将该结点分裂为两个结点。

② 将中间位置上的关键字向上插入该结点的双亲结点的相应位置上。

③ 若双亲结点已满，则按同样的方法继续向上分裂。

这个分裂过程有可能一直进行到根结点，此时 B- 树的高度增加 1。

【例 7-3】 在图 7-19(a)所示的 3 阶 B- 树(图中略去 F 结点即叶结点)，分别插入 90 和 195 的情况如图 7-19(b)和图 7-19(d)所示。

当要在图 7-19(a)所示的 B- 树插入关键字 90 时，首先通过查找确定应插入的位置。从根结点开始进行查找，当查找到叶结点 a 时仍未找到，则确定 90 应插入的位置在结点 a 中。因结点 a 中关键字数目小于 2(即 m−1)，故将 90 插入到该结点，插入后的 B- 树如图 7-19(b)所示。

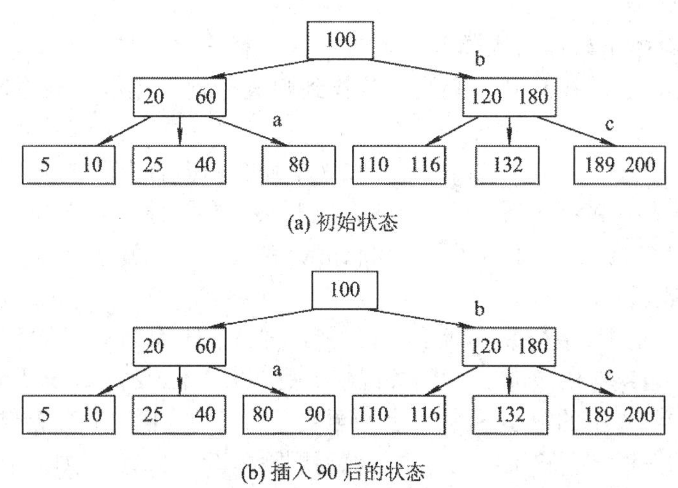

(a) 初始状态

(b) 插入 90 后的状态

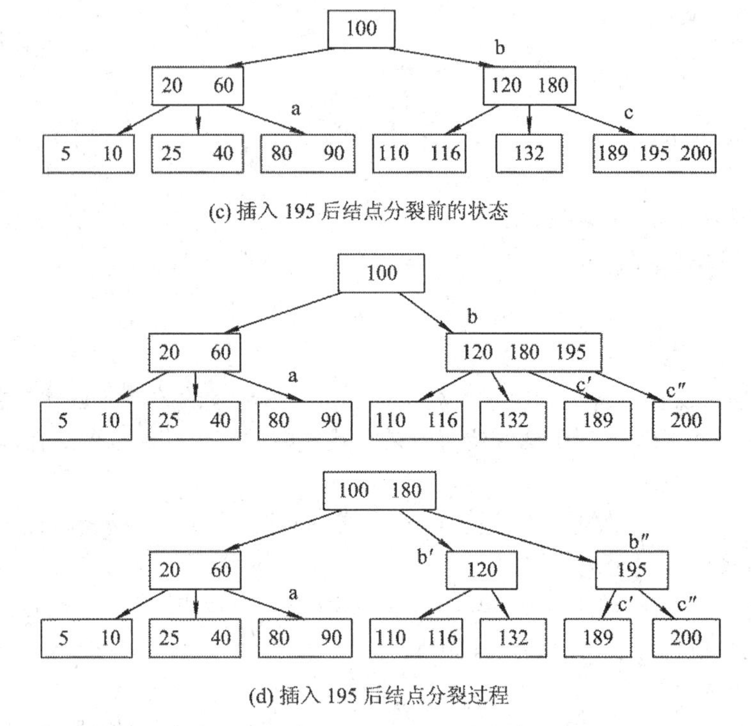

(c) 插入 195 后结点分裂前的状态

(d) 插入 195 后结点分裂过程

图 7-19　一棵 3 阶 B- 树中的插入操作

同样地，通过查找确定关键字 195 应插入在 c 结点中。由于 c 结点中关键字的数目等于 2，若将 195 插入到该结点，如图 7-19(c)所示，此时关键字个数为 3，不满足 3 阶 B- 树的定义，因此需将 c 分裂成两个结点。分裂该结点方法是：先把 195 插入到 c 结点上，然后以中间关键字为界将结点分为两个结点，即 c′结点(包括关键字 189)和 c″结点(包括关键字 200)，并将中间关键字 195 向上插入到双亲结点上，即 b 结点。但此时 b 结点不满足 3 阶 B- 树的定义，因此需要继续分裂该结点。分裂的方法类同，将 b 结点分裂成两个结点 b′和 b″，并将中间关键字 180 向上插入到根结点上，如图 7-19(d)所示。

4. B- 树的删除

B- 树的删除操作与插入操作类似，但比插入操作复杂些。首先利用查找算法找到待删除的结点，若没找到则不必删；若找到则进行删除操作。删除操作分为以下 2 种情况：

(1) 在叶结点上删除关键字 key。这需要按下面 3 种不同情况分别进行处理。

① 若叶结点的关键字个数 n 不小于$\lceil m/2 \rceil$(删去一个关键字后该结点仍满足 B- 树的定义)，则直接删除 key。例如，在图 7-20(a)所示的 B- 树上删除关键字 110，删除后的 B- 树如图 7-20(b)所示。

② 若叶结点的关键字个数 n 等于$\lceil m/2 \rceil-1$，则直接删除 key 后会不满足 B- 树的定义。若叶结点的左(或右)兄弟结点中的关键字个数 n 大于$\lceil m/2 \rceil-1$，则需将左兄弟结点中的最大(或右兄弟结点中的最小)关键字上移至双亲结点中，同时将双亲结点中大于(或小于)上移关键字的关键字下移至叶结点中，然后删除关键字 key。例如，在图 7-20(b)中删

除 80，需将其左兄弟结点中 40 上移至双亲结点，而将双亲结点中的 60 下移至叶结点，如图 7-20(c)所示。

③ 若叶结点及其相邻的左右兄弟中的关键字个数 n 均等于$\lceil m/2 \rceil-1$，在叶结点中删去 key 后，则需将叶结点与其左(或右)兄弟结点以及双亲结点中分割二者的关键字合并。假设叶子结点有右兄弟，在叶结点删除 key 后，将双亲结点中介于叶结点和兄弟结点之间的关键字 k 作为中间关键字，并与两者一起合并为一个新结点。此时新结点中恰有 $2\lceil m/2 \rceil-2$ 个关键字，仍小于 m−1 个关键字，满足 B− 树的定义。但由于双亲结点中删除了关键字 k，若双亲结点中的关键字个数大于$\lceil m/2 \rceil-1$，则删除操作结束；否则，同样要与其左右兄弟合并，此过程有可能一直到根结点。例如，在图 7-20(c)中删除 116，删除后的 B− 树如图 7-20(d)所示。

(2) 在非叶结点上删除关键字 key。用 key 的中序前驱或中序后继取代 key，然后从叶结点中删除该中序前驱或中序后继结点。删除后可能会出现上述情况时，再按照相应的方法进行调整。例如，在图 7-20(d)中删除 180，删除后的 B− 树如图 7-20(e)所示。

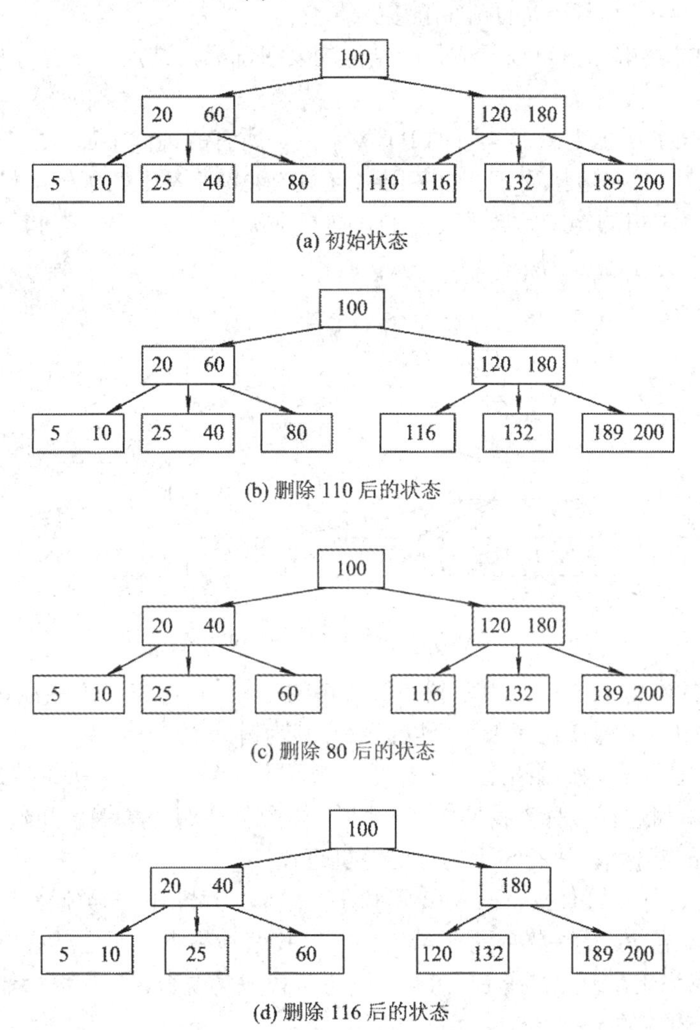

(a) 初始状态

(b) 删除 110 后的状态

(c) 删除 80 后的状态

(d) 删除 116 后的状态

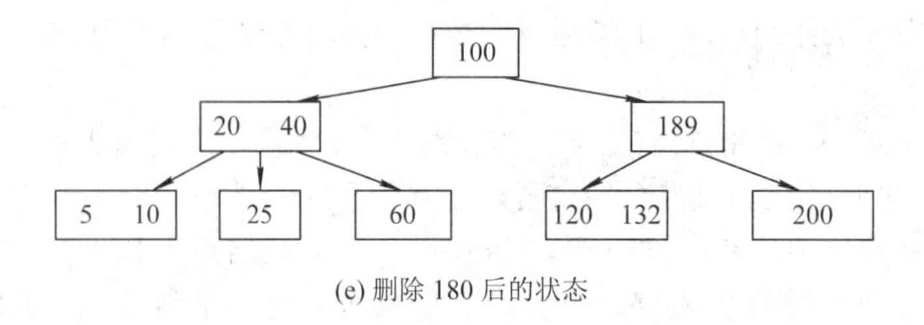

(e) 删除 180 后的状态

图 7-20　3 阶 B− 树中的删除操作

5. B+ 树

B+ 树是 B− 树的一种变形。B− 树主要用于动态查找问题，B+ 树主要用于文件系统。一棵 m 阶 B+ 树与 m 阶 B− 树的主要差异如下：

(1) 在 B+ 树中，有 n 棵子树的结点中含有 n 个关键字。

(2) 所有叶结点中包含了全部关键字信息，以及指向含这些关键字记录的指针，且叶结点本身按关键字值由小到大的顺序链接。

(3) 所有的非终端结点可以看成是叶结点的索引部分，结点中仅含有其子树(根结点)中的最大(或最小)关键字。

例如，图 7-21 所示为一棵 4 阶的 B+ 树示例。所有的关键字都出现在叶结点中，且在叶结点中关键字有序地排列。上面各层结点中的关键字都是其子树上最大关键字的副本。由此可知，B+ 树的构造是自下而上的，阶 m 限定了结点的大小，自下而上把每个结点的最大关键字复写到上一层结点中。

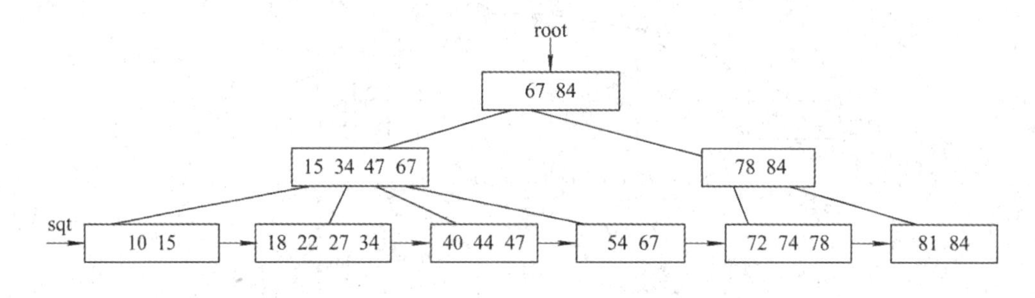

图 7-21　一棵 4 阶 B+ 树

从图 7-21 的结构可以看出，B+ 树不符合树的定义，严格来说不能称其为树结构，只是因为 B+ 树是由 B− 树变化而来，所以仍然称其为树。

在 B+ 树上通常有两个头指针，一个指向根结点，另一个指向关键字最小的叶结点。因此，可以对 B+ 树进行 2 种查找操作：一种是从叶结点中最小关键字开始进行顺序查找，另一种是从根结点开始，进行自上向下的随机查找。

在 B+ 树上进行随机查找、插入和删除的过程基本上与 B− 树类似。只是在查找过程中，如果非终端结点上的关键字等于给定值，查找并不终止，而是沿右指针继续向下查找，直到叶结点为止。因此，在 B+ 树中，无论查找成功与否，每次查找都是走了一条从根结点到叶结点的完整路径。

7.4 哈希表的查找

7.4.1 哈希表的基本概念

前面讨论的各种查找方法的数据结构中，记录在存储结构中的位置与其关键字之间不存在直接关系。其查找均是以关键字的比较为基础，查找效率取决于查找过程中进行关键字比较的次数，也与表的长度有关。当表中记录数很多时，查找过程需要进行大量无效的关键字比较，致使查找效率低。如果能构造一种存储结构，使记录的存放位置与其关键字之间存在某种对应关系，则在查找时就无须或很少去做比较，可以直接由记录的关键字找到它的存放位置。哈希(Hash)首先提出了这样的存储结构，所以这种存储结构称为哈希表。

哈希表(Hash Table)是表示查找结构的另一种有效方法。哈希表的查找是通过对记录的关键字值进行某种运算，直接求出记录的存储地址，从而实现记录的查找。即使用关键字与地址的直接映射方法，无须反复比较。因此，哈希表的查找也称为散列法或杂凑法。

下面给出哈希表的查找中常用的一些术语。

(1) **哈希函数**和**哈希地址**：在记录的关键字 key 和记录的存储位置 p 之间建立一个对应关系 H，使得 p = H(key)，则 H 称为**哈希函数**，p 称为**哈希地址**。

(2) **哈希表**：又称散列表，它是一个有限连续的地址空间，用以存储按哈希函数计算得到哈希地址的数据记录。通常哈希表的存储空间是一个一维数组，哈希地址为数组的下标。

(3) **冲突**和**同义词**：在构造哈希表时可能会出现这种情况：不同的关键字可能得到相同的哈希地址，即 $key_1 \neq key_2$，但 $H(key_1) = H(key_2)$，这种现象称为**冲突**。通常把这种具有不同关键字而具有相同哈希地址的记录称作**同义词**，这种冲突称为同义词冲突。

【例 7-4】 有 6 个记录，其关键字集合为{14, 23, 39, 9, 25, 11}，假设哈希函数为 H(key) = key%7(其中%是除法取余操作)，则哈希表的建立如下：

H(14) = 14%7 = 0　　H(23) = 23%7 = 2　　H(39) = 39%7 = 4

H(9) = 9%7 = 2　　H(25) = 25%7 = 4　　H(11) = 11%7 = 4

通过哈希函数对 6 个记录建立的哈希表如下：

0	1	2	3	4	5	6
14		23		39		
		9		25		
				11		

其中，因为 9 与 23 的哈希地址相同，此时发生同义词冲突，9 无法存放至相应的位置；25、11 与 39 的哈希地址相同，发生同义词冲突，25 和 11 均无法存放至相应的位置。

通常哈希函数是一个多对一的映射，因此在实际应用中很少存在不发生冲突的哈希函数。只能通过选择一个好的哈希函数尽可能减少冲突。所以对哈希表进行查找时，必须解决以下两个问题：

(1) 如何构造哈希函数。

(2) 一旦发生冲突，如何处理冲突。

7.4.2 哈希函数的构造方法

哈希函数的构造原则是简单和均匀，具体要求如下：

(1) 函数本身尽可能简单，便于计算。

(2) 函数值域必须在哈希表长范围内，且计算出的哈希地址分布均匀，尽可能减少冲突。

下面介绍几种常用的哈希函数构造方法。

1. 除留余数法

除留余数法是最为简单而常用的一种方法。设哈希表长 m，p 为不大于 m 的最大素数。除留余数法是用 p 去除记录关键字 key 所得的余数作为哈希地址，即哈希函数为

$$H(key) = key\%p$$

【例 7-5】 对于关键字集合{180, 750, 600, 430, 541, 900, 460}，表长 m 为 13，取 p = 13，哈希函数为 H(k) = k%13。则有：

H(180) = 180%13 = 11　H(750) = 750%13 = 9　H(600) = 600%13 = 2

H(430) = 430%13 = 1　H(541) = 541%13 = 8　H(900) = 900%13 = 3

H(460) = 460%13 = 5

哈希表如下：

0	1	2	3	4	5	6	7	8	9	10	11	12
	430	600	900		460			541	750		180	

若取 p = 11，则有：

H(180) = 180%11 = 4　H(750) = 750%11 = 2　H(600) = 600%11 = 6

H(430) = 430%11 = 1　H(541) = 541%11 = 3　H(900) = 900%11 = 9

H(460) = 460%11 = 9

此时，由于 H(460) = H(900) = 9，因此发生了冲突。

由例 7-5 可知，p 的选择很关键。

2. 直接定址法

直接定址法是以关键字 key 本身或关键字加上某个常量 c 作为哈希地址的方法。直接定址法的哈希函数为 H(key) = key + c。

这种方法的特点是哈希函数计算简单。当关键字的分布基本连续时，可用直接定址法的哈希函数；否则，若关键字的分布不连续，将造成内存单元的大量浪费。例如，在例 7-5 中，若使用直接定址法的哈希函数，因关键字为 3 位整数而需要 1000 个存储单元，而此时需存放的记录却只有 7 个。

3. 数字分析法

数字分析法是指取记录的关键字中某些取值分布较均匀的数字位作为哈希地址。它只适合于所有关键字值事先已知的情况。由于所有记录的关键字都已知，因此，可以对关键字中每位的取值分布情况做出分析。

例如，要构造一个记录数 n = 80，其关键字为 8 位十进制数，哈希表长度 m = 100 的哈希表，则可取两位十进制数组成哈希地址，选取的原则是分析这 80 个记录的关键字，使得到的哈希地址均匀分布，尽量避免产生冲突。

为不失一般性，这里只给出其中 8 个关键字进行分析。8 个关键字的各位从低位到高位对齐，再对它们按位编号，如图 7-22 所示。

位序：	1	2	3	4	5	6	7	8
关键字：	9	2	3	1	7	6	0	2
	9	2	3	2	6	8	7	5
	9	2	7	3	9	6	2	8
	9	2	3	4	3	6	3	4
	9	2	7	0	6	8	1	6
	9	2	7	7	4	6	3	8
	9	2	3	8	1	2	6	2
	9	2	3	9	4	2	2	0

图 7-22　一组关键字

通过对关键字分析可发现：每个关键字的第 1、2 位都是 9、2，第 3 位取值只有 3 或 7，第 6 位取值只有 2、6 或 8，这 4 位取值较集中，因此不宜作为哈希地址；剩余的第 4、5、7 和 8 位取值较均匀，因此，可根据实际需要取其中任意两位作为哈希地址。若取最后两位作为哈希地址，即 $H(key) = d_7d_8$，则哈希地址集合为(2, 75, 28, 34, 16, 38, 62, 20)，这样设计的哈希函数将一个大的数据取值范围映射到一个小的数据取值范围。

4. 平方取中法

此方法是先计算关键字的平方，再按照哈希表大小取中间的若干位作为哈希地址。因为关键字平方的中间几位一般是由关键字中各个位的值决定的，所以对不同关键字计算出的哈希地址较均匀，从而冲突发生的概率较小。

【例 7-6】 将一组关键字(0100, 0110, 1010, 1001, 0111)平方后得

(0010000, 0012100, 1020100, 1002001, 0012321)

如果取表长为 1000，则可取关键字的中间三位数作为哈希地址集(100, 121, 201, 020, 123)。

7.4.3　哈希冲突的解决方法

虽然构造一个性能好的哈希函数可以减少冲突，但在实际应用中冲突是不可避免的，因此，选择一个有效的冲突解决方法十分重要。

解决哈希冲突的方法有很多，主要有开放定址法和链地址法。

1. 开放定址法

开放定址法也被称为再散列法。其基本思想是：当关键字 key 的初始哈希地址 H_0 = H(key)发生冲突时，以 H_0 为基础产生另一个哈希地址 H_1，若 H_1 仍然冲突，再以 H_0 为基础产生另一个哈希地址 H_2，直至找到一个不发生冲突的哈希地址 H_i 为止，则 H_i 作为该记录的哈希地址，将该记录存入其中。这种方法可用如下公式表示：

$$H_i = (H(key) + d_i)\%m \quad (i = 1, 2, \cdots, n)$$

其中，H(key)为哈希函数，m 为哈希表长，d_i 称为增量序列。根据 d_i 的取值方式不同，对应有不同的开放定址方式，下面介绍常用的 3 种。

1) 线性探测法

$$d_i = 1, 2, 3, \cdots, m-1$$

线性探测法是当发生冲突时，从冲突地址的下一单元顺序寻找表中的空单元，如果到表尾也没找到空单元，则回到表头开始继续查找，直到找到一个空闲单元(当 m 不小于记录数 n 时一定能找到一个空单元)为止。这种探测方法将哈希表看成是一个循环表，因为哈希地址使用的是%运算，所以整个表成为一个首尾相连的循环表。

【例 7-7】 建立关键字集合为{47, 7, 29, 11, 16, 92, 22, 8, 3}的哈希表。假设哈希表长度 m = 11，哈希函数为 H(key) = key%p(p 取值 11)，用线性探测法解决冲突。

首先根据关键字和哈希函数确定其哈希地址(0～10)，然后根据哈希地址将关键字存入哈希表。若当前哈希地址已有其他关键字，则发生冲突，此时按照线性探测法查找下一个空位。具体过程如下：

H(47) = 3，H(7) = 7，　　没有冲突，直接存入。
　H(29) = 7，　　与 7 发生冲突。
H_1(29) = (7 + 1)%11 = 8，　　冲突得到解决。
H(11) = 0，H(16) = 5，H(92) = 4，　　没有冲突，直接存入。
H(22) = 0，　　与 11 发生冲突。
　H_1(22) = (0 + 1)%11 = 1，　　冲突得到解决。
H(8) = 8，　　与 29 发生冲突。
　H_1(8) = (8 + 1)%11 = 9，　　冲突得到解决。
H(3) = 3，　　与 47 发生冲突。
　H_1(3) = (3 + 1)%11 = 4，　　仍有冲突。
　H_2(3) = (3 + 2)%11 = 5，　　仍有冲突。
　H_3(3) = (3 + 3)%11 = 6，　　冲突得到解决。

建立的哈希表如下：

0	1	2	3	4	5	6	7	8	9	10
11	22		47	92	16	3	7	29	8	

用线性探测法处理冲突的方法很简单，但同时也引出新的问题。例如，当存入记录 3

时，3 和 92、3 和 16 本来都不是同义词，但 3 和 92 的同义词、3 和 16 的同义词都将争夺同一个后继哈希地址。这种在处理冲突的过程中出现的非同义词之间对同一个哈希地址争夺的现象称为**堆积**，即在处理同义词冲突的过程中又增加了非同义词冲突。显然，堆积会降低查找效率。

2) 平方探测法

$$d_i = 1^2, -1^2, 2^2, -2^2, \cdots, k^2, -k^2 \quad (k \leqslant m/2)$$

这种探测法的特点是：冲突发生时分别在表的右、左进行跳跃式探测，较为灵活，不易产生堆积。但缺点是不能探查到整个哈希地址空间。

例如在例 7-7 中，若采用平方探测法解决冲突，只有关键字 3 与线性探测法不同。$H_1(3) = (3 + 1^2)\%11 = 4$，仍有冲突；$H_2(3) = (3-1^2)\%11 = 2$，找到空位，冲突得到解决。

3) 伪随机数法

$$d_i = \text{伪随机数序列}$$

这种探测法需建立一个伪随机数发生器，并给定一个随机数作为起始点。

2. 链地址法

链地址法解决冲突的基本思想是：将所有具有相同哈希地址的关键字链在同一个单链表中。若哈希表的长度为 m，则可将哈希表定义为一个由 m 个头指针组成的指针数组。哈希地址为 i 的记录均插入到以指针数组第 i 个单元为头指针的单链表中。

【例 7-8】 关键字集合为{16, 74, 60, 43, 54, 90, 46, 31, 29, 88, 77, 66, 55}，设哈希函数为 H(key) = key%13，哈希表长 m = 13，用链地址法解决冲突，试构造这组关键字的哈希表。

根据哈希函数计算各关键字的哈希地址，则有：

H(16) = 3　　H(74) = 9　　H(60) = 8　　H(43) = 4　　H(54) = 2
H(90) = 12　　H(46) = 7　　H(31) = 5　　H(29) = 3　　H(88) = 10
H(77) = 12　　H(66) = 1　　H(55) = 3

建立的哈希表如图 7-23 所示。

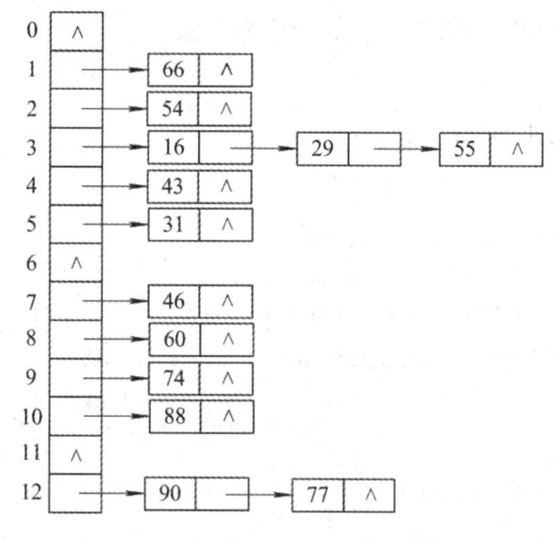

图 7-23　用链地址法解决冲突的哈希表

与开放定址法相比较，链地址法解决冲突时不会产生堆积现象，因为哈希地址不相同的记录存在不同的链表中，所以平均查找长度小于开放定址法；另外，由于链地址法中各单链表的结点空间是动态申请的，无须事先确定表的容量，因此更适于表长不确定的情况，同时易于实现插入和删除操作。

7.4.4 哈希表查找

在哈希表上查找的过程与其创建过程是一致的。但针对不同冲突的解决方法，哈希表的查找操作算法也有所不同。下面以线性探测法解决冲突为例，介绍查找操作的实现。

哈希表的数据类型描述如下：

```
# define HASHSIZE 20                //定义哈希表长
# define NULLKEY -1                 //单元为空的标记，即空记录关键字值
typedef int KeyType;                //关键字类型
typedef struct
{
    KeyType key;                    //关键字项
    OtherType other_data            //其他数据项
} HashTable[m];
```

【算法思想】

(1) 给定待查找的关键字 key，根据设定的哈希函数计算 $H_0 = H(key)$。

(2) 若单元 H_0 为空，则所查元素不存在。

(3) 若单元 H_0 中元素的关键字为 key，则找到所查元素，查找成功。

(4) 否则重复以下解决冲突的过程：

① 按照解决冲突的方法，找出下一个哈希地址 H_i。

② 若单元 H_i 为空，则所查元素不存在。

③ 若单元 H_i 中元素的关键字为 key，则查找成功。

【算法描述】

```
int HashSearch( HashTable ht，KeyType key)
{
    int addr;
    addr = key % HASHSIZE;                          //计算哈希地址
    if (ht[addr].key = = NULLKEY)   return -1;      //单元 addr 为空，没找到
    else if (ht[addr].key = = key)   return addr;   //查找成功
    else                                            //用线性探测再散列法解决冲突
    {
        for (i = 1; i< HASHSIZE - 1; i++)
        {
```

```
            addr = (addr +1) % HASHSIZE;                    //线性探测
            if ht[addr].key = = NULLKEY)    return -1;       //查找失败
            else if (ht[addr].key = = key)    return addr;   //查找成功
        }
        return-1;
    }
}
```

【算法分析】

根据以上哈希查找过程，因为冲突不可避免，哈希表查找过程仍需进行关键字比较，所以，哈希表查找的效率仍然需要用平均查找长度来衡量。影响关键字比较次数的因素有三个：哈希函数、解决冲突的方法以及哈希表的装填因子。

哈希表的**装填因子** α 的定义如下：

$$\alpha=\frac{\text{哈希表中存入的记录数}}{\text{哈希表的长度}}$$

它表示哈希表的装满程度。显然，α 越小，发生冲突的可能性越小，但哈希表中空闲单元的比例就越大，存储空间利用率就越低；而 α 越大，发生冲突的可能性就越大，存储空间利用率越高，但查找时需比较关键字的次数也越多。为了兼顾两者，通常使 α 控制在 0.6～0.9 范围内。

表 7-1 给出了在等概率情况下，采用几种不同方法解决冲突时，得到的哈希表查找成功和失败时的平均查找长度。

表 7-1 用不同方法解决冲突时的平均查找长度

解决冲突的方法	平均查找长度	
	查找成功	查找失败
线性探测法	$\frac{1}{2}\left(1+\frac{1}{1-\alpha}\right)$	$\frac{1}{2}\left(1+\frac{1}{(1-\alpha)^2}\right)$
平方探测法 伪随机探测法	$-\frac{1}{\alpha}\ln(1-\alpha)$	$\frac{1}{1-\alpha}$
链地址法	$1+\frac{\alpha}{2}$	$\alpha+e^{-\alpha}$

从表 7-1 可以看出，哈希表的平均查找长度与装填因子 α 相关，而与记录个数 n 无关。因此，无论记录数 n 多大，关键还是选择一个合适的装填因子 α，以便控制平均查找长度在一定范围之内。

【例 7-9】 用关键字序列(21, 24, 90, 33, 54, 27, 42)构造一个哈希表，哈希表的存储空间是一个下标从 0 开始的一维数组，哈希函数为 H(key) = key%7，处理冲突采用线性探测法，要求装填因子为 0.7。

(1) 画出所构造的哈希表。

(2) 分别计算等概率情况下查找成功和查找失败的平均查找长度。

按顺序计算各关键字的哈希地址，如果没有发生冲突，则将关键字直接存入其哈希地址对应的单元中；否则，用线性探测法解决冲突，直到找到相应的存储单元。这里 $n = 7$，$\alpha = 0.7 = n/m$，则 $m = n/0.7 = 10$。

$H(21) = 0$，$H(24) = 3$，$H(90) = 6$，$H(33) = 5$，　没有冲突，直接存入。

$H(54) = 5$，　发生冲突。

　$H_1(54) = (5 + 1)\%10 = 6$，　仍有冲突。

　$H_2(54) = (5 + 2)\%10 = 7$，　冲突得到解决。

$H(27) = 6$，　发生冲突。

　$H_1(27) = (6 + 1)\%10 = 7$，　仍有冲突。

　$H_2(27) = (6 + 2)\%10 = 8$，　冲突得到解决。

$H(42) = 0$，　发生冲突。

　$H_1(42) = (0 + 1)\%10 = 1$，　冲突得到解决。

构造的哈希表如表 7-2 所示，表中最后一行表示关键字存放时所需进行关键字比较的次数。

表 7-2　哈　希　表

哈希地址	0	1	2	3	4	5	6	7	8	9
关键字	21	42		24		33	90	54	27	
比较次数	1	2		1		1	1	3	3	

在等概率情况下，查找成功的平均查找长度为

$$ASL_{成功}=\frac{1}{7}(1\times4+2\times1+3\times2)=\frac{12}{7}\approx1.71$$

查找失败的情况分两种：一种是单元为空，这只需比较关键字 1 次；另一种是按照解决冲突的方法探测一遍后仍未找到。这需要在探测过程中一直比较，直至遇到空位或全部探测完。

在例 7-9 中，根据哈希函数 key%7，对任一关键字 key，经哈希函数计算后的初始地址只能在 0～6 的位置，因此只需计算出 0～6(即 7 个)位置查找失败时关键字的比较次数。

假设待查关键字不在表中，则 H(key)为 0 时需要比较 3 次，H(key)为 1 时需比较 2 次，H(key)为 2 时需比较 1 次，H(key)为 3 时需比较 2 次，H(key)为 4 时需比较 1 次，H(key)为 5 时需要比较 5 次，H(key)为 6 时需比较 4 次，共 7 种情况。因此，查找失败时的平均查找长度为

$$ASL_{失败}=\frac{1}{7}(3+2+1+2+1+5+4)=\frac{18}{7}\approx2.57$$

习　题　7

一、单项选择题

1. 对 n 个元素的表做顺序查找时，若查找每个元素的概率相同，则平均查找长度为(　　)。

A. (n−1)/2　　B. n/2

C. (n+1)/2　　D. n

2. 适用于折半查找的表的存储方式及元素排列要求为(　　)。

A. 链接方式存储，元素无序　　B. 链接方式存储，元素有序

C. 顺序方式存储，元素无序　　D. 顺序方式存储，元素有序

3. 如果要求一个线性表既能较快的查找，又能适应动态变化的要求，最好采用(　　)查找法。

A. 顺序查找　　B. 折半查找

C. 分块查找　　D. 哈希查找

4. 折半查找有序表(4, 6, 10, 12, 20, 30, 50, 70, 88, 100)。若查找表中元素 58，则它将依次与表中(　　)比较大小，查找结果是失败。

A. 20, 70, 30, 50　　B. 30, 88, 70, 50

C. 20, 50　　D. 30, 88, 50

5. 对 22 个记录的有序表作折半查找，当查找失败时，至少需要比较(　　)次关键字。

A. 3　　B. 4　　C. 5　　D. 6

6.【2010 年统考真题】已知一个长度为 16 的顺序表 L，其元素按关键字有序排列，若采用折半查找法查找一个 L 中不存在的元素，则关键字的比较次数最多是(　　)。

A. 4　　B. 5　　C. 6　　D. 7

7. 设顺序存储的某线性表共有 123 个元素，按分块查找的要求等分为 3 块。若对索引表采用顺序查找法来确定子块，且在确定的子块中也采用顺序查找法，则在等概率情况下，分块查找成功的平均查找长度为(　　)。

A. 21　　B. 23　　C. 41　　D. 62

8. 在平衡二叉树中插入一个结点后造成了不平衡，设最低的不平衡结点为 A。已知 A 的左孩子的平衡因子为 0，右孩子的平衡因子为 1，则应作(　　)型调整以使其平衡。

A. LL　　B. LR　　C. RL　　D. RR

9. 下列关于 m 阶 B− 树的说法错误的是(　　)。

A. 根结点至多有 m 棵子树

B. 所有叶子都在同一层次上

C. 非叶结点至少有 m/2(m 为偶数)或 m/2 + 1(m 为奇数)棵子树

D. 根结点中的数据是有序的

10.【2009 年统考真题】下列叙述中，不符合 m 阶 B− 树定义要求的是(　　)。

A. 根结点最多有 m 棵子树

B. 所有叶结点都在同一层上

C. 各结点内关键字均升序或降序排列

D. 叶结点之间通过指针链接

11.【2014 年统考真题】在一棵具有 15 个关键字的 4 阶 B- 树中，含关键字的结点个数最多是(　　)。

A. 5　　B. 6

C. 10　　D. 15

12.【2016 年统考真题】B+ 树不同于 B- 树的特点之一是(　　)。

A. 能支持顺序查找　　B. 结点中含有关键字

C. 根结点至少有两个分支　　D. 所有叶结点都在同一层上

13. m 阶 B- 树是一棵(　　)。

A. m 叉排序树　　B. m 叉平衡排序树

C. m-1 叉平衡排序树　　D. m+1 叉平衡排序树

14. 下面关于哈希查找的说法，正确的是(　　)。

A. 哈希函数构造的越复杂越好，因为这样随机性好，冲突小

B. 除留余数法是所有哈希函数中最好的

C. 不存在特别好与坏的哈希函数，要视情况而定

D. 哈希表的平均查找长度有时也和记录总数有关

15. 下面关于哈希查找的说法，不正确的是(　　)。

A. 采用链地址法处理冲突时，查找一个元素的时间是相同的

B. 采用链地址法处理冲突时，若插入的规定总是在链首，则插入任意一个元素的时间是相同的

C. 用链地址法处理冲突，不会引起二次聚集现象

D. 用链地址法处理冲突，适合表长不确定的情况

16.【2011 年统考真题】为提高散列表的查找效率，可以采取的正确措施是(　　)。

Ⅰ. 增大装填(载)因子。

Ⅱ. 设计冲突(碰撞)少的散列函数。

Ⅲ. 处理冲突(碰撞)时避免产生聚集(堆积)现象。

A. 仅Ⅰ　　B. 仅Ⅱ

C. 仅Ⅰ和Ⅱ　　D. 仅Ⅱ和Ⅲ

17. 【2014 年统考真题】用哈希(散列)方法处理冲突(碰撞)时可能出现堆积(聚集)现象，下列选项中，会受堆积现象直接影响的是(　　)。

A. 存储效率　　B. 散列函数

C. 装填(装载)因子　　D. 平均查找长度

18. 设哈希表长为 14，哈希函数是 H(key) = key%11，表中已有元素的关键字为 15，38，61，84 共四个，现要将关键字为 49 的元素加到表中，用二次探测法解决冲突，则放入的位置是(　　)。

A. 8　　B. 3　　C. 5　　D. 9

19.【2018 年统考真题】现有长度为 7、初始为空的散列表 HT，散列函数 H(k) = k%7，用线性探测再散列法解决冲突。将关键字 22，43，15 依次插入到 HT 后，查找成功的平均查找长度是(　　)。

A. 1.5　　B. 1.6　　C. 2　　D. 3

20. 采用线性探测法处理冲突，可能要探测多个位置，在查找成功的情况下，所探测的这些位置上的关键字(　　)。

A. 不一定都是同义词　　B. 一定都是同义词

C. 一定都不是同义词　　D. 都相同

二、应用题

1. 假定对有序表：(3, 4, 5, 7, 24, 30, 42, 54, 63, 72, 87, 95)进行折半查找，试回答下列问题：

(1) 画出描述折半查找过程的判定树。

(2) 若查找元素 54，需依次与哪些元素比较。

(3) 若查找元素 90，需依次与哪些元素比较。

(4) 假定每个元素的查找概率相等，求查找成功时的平均查找长度。

2. 若对有 n 个元素的有序顺序表和无序顺序表进行顺序查找，试就下列三种情况分别讨论两者在查找概率相等时的平均查找长度是否相同。

(1) 查找失败。

(2) 查找成功，且表中只有一个关键字等于给定值 k 的元素。

(3) 查找成功，且表中有若干关键字等于给定值 k 的元素，要求一次查找能找出所有元素。

3. 在一棵空的二叉排序树中依次插入关键字序列为 12, 7, 17, 11, 16, 2, 13, 9, 21, 4，请画出所得到的二叉排序树。

4. 已知长度为 12 的表：(Jan, Feb, Mar, Apr, May, June, July, Aug, Sep, Oct, Nov, Dec)。

(1) 试按表中元素的顺序依次插入一棵初始为空的二叉排序树，画出插入完成后的二叉排序树，并求其在等概率的情况下查找成功的平均查找长度。

(2) 若对表中元素先进行排序构成有序表，求在等概率的情况下对此有序表进行折半查找时查找成功的平均查找长度。

(3) 按表中元素顺序构造一棵平衡二叉排序树，并求其在等概率的情况下查找成功的平均查找长度。

5. 【2013 年统考真题】设包含 4 个数据元素的集合 S = {'do', 'for', 'repeat', 'while'}，各元素的查找概率依次为 $p_1 = 0.35$，$p_2 = 0.15$，$p_3 = 0.15$，$p_4 = 0.35$，将 S 保存在一个长度为 4 的顺序表中，采用折半查找法，查找成功时的平均查找长度为 2.2。

(1) 若采用顺序存储结构保存 S，且要求平均查找长度更短，则元素应如何排列？应使用何种查找方法？查找成功时的平均查找长度是多少？

(2) 若采用链式存储结构保存 S，且要求平均查找长度更短，则元素应如何排列？应使用何种查找方法？查找成功时的平均查找长度是多少？

6. 当对一个线性表 R[60]进行索引顺序查找(分块查找)时，若共分成了 10 个子表，每个子表有 6 个表项。假定对索引表和数据子表都采用顺序查找，则查找每一个表项的平均查找长度是多少?

7. 对图 7-24 所示的 3 阶 B- 树，依次执行下列操作，画出各步操作的结果。

(1) 插入 90；(2) 插入 25；(3) 插入 45；(4) 删除 60。

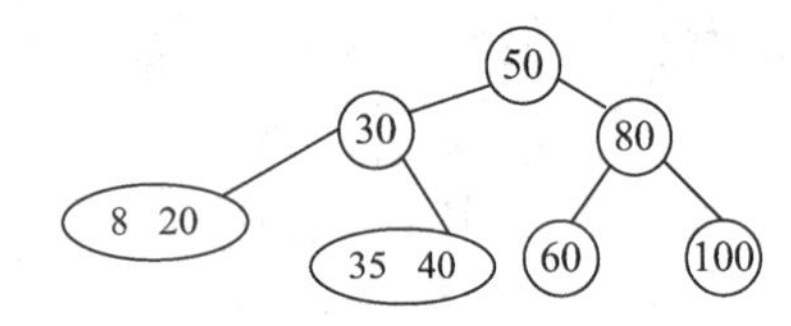

图 7-24　3 阶 B- 树

8. 设哈希表的地址范围为 0～17，哈希函数为 H(key) = key%16。用线性探测法处理冲突，输入关键字序列：(10, 24, 32, 17, 31, 30, 46, 47, 40, 63, 49)，构造哈希表，试回答下列问题：

(1) 画出哈希表的示意图。

(2) 若查找关键字 63，需要依次与哪些关键字进行比较。

(3) 若查找关键字 60，需要依次与哪些关键字比较。

(4) 假定每个关键字的查找概率相等，求查找成功时的平均查找长度。

9. 设有一组关键字(9, 01, 23, 14, 55, 20, 84, 27)，采用哈希函数：H(key) = key%7，表长为 10，用开放地址法的二次探测法处理冲突。要求：对该关键字序列构造哈希表，并计算查找成功的平均查找长度。

10. 设哈希函数 H(K) = 3K mod 11，哈希地址空间为 0～10，对关键字序列(32, 13, 49, 24, 38, 21, 4, 12)，按下述两种解决冲突的方法构造哈希表，并分别求出等概率下查找成功时和查找失败时的平均查找长度 ASL_{succ} 和 ASL_{unsucc}。

(1) 线性探测法。

(2) 链地址法。

11. 【2010 年统考真题】 将关键字序列(7, 8, 30, 11, 18, 9, 14)散列存储到散列表中。散列表的存储空间是一个下标从 0 开始的一维数组，散列函数为 H(key) = (key × 3) MOD 7，处理冲突采用线性探测再散列法，要求装填(载)因子为 0.7。

三、算法设计题

1. 编写折半查找的递归算法。

2. 编写一个算法判别给定二叉树是否为二叉排序树。

3. 已知二叉排序树采用二叉链表存储结构，根结点的指针为 T，请写出递归算法，按从小到大顺序输出二叉排序树中所有关键字值≥x 的数据元素。要求先找到第一个满足条件的结点后，再依次输出其他满足条件的结点。

4. 已知二叉排序树采用二叉链表作为存储结构，且二叉排序树的各元素值均不相同，编写递归算法，按递减次序输出所有左子树非空、右子树为空的结点的数据域的值。

5. 分别写出在哈希表中插入和删除关键字为 K 的一个记录的算法，设哈希函数为 H，解决冲突的方法为链地址法。

6. 编写算法，输出给定二叉排序树中数据域值最大的结点。

7. 编写算法，实现按递增有序输出二叉排序树结点数据域的值，如果有相同的数据元素，则仅输出一个。

8. 已知哈希表的表长为m，哈希函数H(key) = key%m，采用线性探测再散列处理冲突，编写算法计算查找成功时的平均查找长度。

四、上机实验题

1. 实现折半查找的算法。

实验目的：

掌握折半查找的过程和算法设计。

实验内容：

编写一个程序，输出在顺序表(05, 13, 19, 21, 37, 56, 64, 75, 80, 88, 92)中采用折半查找方法查找关键字88的过程。

2. 实现二叉排序树的基本操作算法。

实验目的：

掌握二叉排序树的定义，二叉排序树的创建、查找和删除过程及其算法设计。

实验内容：

编写一个程序完成以下功能。

(1) 由关键字序列(4, 9, 0, 1, 8, 6, 3, 5, 2, 7)创建一棵二叉排序bt并以括号表示法输出。

(2) 判断bt是否为一棵二叉排序树。

(3) 采用递归和非递归两种方法查找关键字为6的结点，并输出其查找路径。

(4) 分别删除bt中关键字为4和5的结点，并输出删除后的二叉排序树。

3. 哈希表设计。

实验目的：

掌握哈希表的构造方法。

实验内容：

已知一个含有1000个数据元素的表，关键字为中国人姓氏的拼音，给出此表的一个哈希表设计方案。要求：

(1) 解决哈希冲突采用链表法。

(2) 编写哈希表的构造算法及其测试主函数。

(3) 求出所设计哈希表在等概率情况下的平均查找长度。

4. 实现哈希表的相关操作算法。

实验目的：

掌握哈希表的构造和查找过程及其相关算法设计。

实验内容：

编写一个程序实现哈希表的相关操作，并完成以下功能：

(1) 建立关键字序列(16, 74, 60, 43, 54, 90, 46, 31, 29, 88, 77)对应的哈希表，哈希函数为H(k) = k%p，并采用开放地址法中的线性探测法解决冲突。

(2) 在上述哈希表中查找关键字为29的记录。

(3) 在上述哈希表中删除关键字为77的记录，再将其插入。

5. 统计一个字符串中出现的字符及其次数。

实验目的：

掌握二叉排序树的构造过程及其算法设计。

实验内容：

编写一个程序，读入一个字符串，统计该字符串中出现的字符及其次数，然后按字符的 ASCII 编码顺序输出结果。要求用一棵二叉排序树来保存处理结果，每个结点包含 4 个域，分别为：字符、该字符的出现次数、指向 ASCII 码值小于该字符的左子树指针、指向 ASCII 码值大于该字符的右子树指针。

第 8 章 排 序

排序是计算机程序设计中的一种重要操作，在很多领域都有广泛的应用。例如，各种升学考试的录取工作、日常生活的各类竞赛活动等都离不开排序。第 7 章介绍的折半查找比顺序查找性能好很多，但是折半查找要求被查找的数据元素有序。因此为了提高数据元素的查找速度，需要对数据元素进行排序。

本章介绍排序的基本概念，并讨论 5 类典型的排序算法。从算法设计的角度看，这些典型的排序算法展示了精妙的程序设计思想与编程技巧，为创新算法设计方法提供了重要基础。

8.1 排序的基本概念

1. 排序

排序(Sorting)是按关键字的非递减(或非递增)顺序对一组数据元素进行重新排列的操作，其确切描述如下：

有 n 个数据元素序列$\{R_1, R_2, \cdots, R_n\}$，其相应关键字序列为$\{K_1, K_2, \cdots, K_n\}$，需要确定其下标序列 1, 2, ⋯, n 的一种排列 $p_1, p_2, \cdots, p_n$，使得相应的关键字满足非递减(或非递增)，即 $K_{p_1} \leqslant K_{p_2} \leqslant \cdots \leqslant K_{p_n}$，从而得到一个按关键字有序的序列$\{R_{p_1}, R_{p_2}, \cdots, R_{p_n}\}$。

2. 内部排序和外部排序

根据在排序过程中数据元素(也称记录)所占用的存储设备不同，可将排序方法分为内部排序和外部排序两大类。**内部排序**是指待排序记录全部存放在计算机内存中进行排序的过程；而**外部排序**则是指待排序记录的数量很大，以致内存一次不能容纳全部记录，在排序过程中需要借助外部存储设备才能完成的排序过程。外部排序算法的原理和内部排序算法的原理在很多地方都类同，但内存的读/写速度与外存的读/写速度差别很大，所以评价标准也差别很大。本章只讨论内部排序，不讨论外部排序。

3. 排序的稳定性

假设在待排序的序列中存在多个具有相同关键字的记录。设 $K_i = K_j (1 \leqslant i, j \leqslant n, i \neq j)$，且在排序前的序列中 R_i 领先于 R_j (即 $i < j$)，若在排序后的序列中 R_i 仍领先于 R_j，则称所采用的排序方法是**稳定的**；反之，若可能使 R_j 领先于 R_i，则称所采用的排序方法是**不稳定的**。注意，排序算法的稳定性是针对所有输入记录而言的。也就是说，在所有可能的

输入记录中，只要有一个实例使得算法不满足稳定性要求，则该排序算法就是不稳定的。

4. 排序算法的性能评价

通常衡量排序算法性能好坏的标准主要有 2 个：时间复杂度和空间复杂度。

(1) 空间复杂度：空间复杂度由排序过程中使用的辅助存储空间的多少决定。当排序算法中使用的辅助存储空间与要排序的记录个数无关时，其空间复杂度为 O(1)，因此排序算法的最好的空间复杂度为 O(1)，较差的空间复杂度为 O(n)。

(2) 时间复杂度：排序算法的时间开销主要有 2 项，即关键字之间的比较和记录之间的移动。记录之间的移动取决于待排序记录的存储方式。

本章在讨论各种排序算法时，将给出有关算法的关键字比较次数和记录的移动次数。有的排序算法其执行时间不仅取决于待排序的记录个数，还与待排序序列的初始状态有关。因此，对于这样的排序算法，还将给出其最好、最坏和平均情况下的 3 种时间性能评价。

在讨论排序算法的平均执行时间时，均假定待排序记录的初始状态随机分布，即出现各种排列情况的概率相等，同时假定各种排序的结果均按关键字非递减排序。

5. 待排序记录的存储方式

(1) 顺序表存储结构：记录之间的次序关系由其存储位置决定，实现排序时需要移动记录的位置。

(2) 链表存储结构：记录之间的次序关系由指针指示，实现排序时不需要移动记录，仅修改指针即可完成排序。

(3) 用顺序表存储结构存储待排序的记录，同时另设一个指示各个记录存储位置的地址向量，在排序过程中不移动记录本身，而移动地址向量中的记录地址，在排序结束后再按照地址向量中的值调整记录的存储位置。

本章除基数排序外，待排序记录均按上述第一种方式存储，且为了讨论方便，设记录的关键字均为整型，即在随后讨论的大部分算法中，待排序记录的数据类型定义如下：

```
# define MAXSIZE 30              //设记录不超过 30 个
typedef int KeyType;             //设关键字为整型
typedef struct{
    KeyType key;                 //关键字
    OtherType other_data;        //其他数据项类型，OtherType 可根据具体应用来定义
}DataType;                       //每个记录(数据元素)的结构
typedef struct{                  //定义顺序表的结构
    DataType r[MAXSIZE+1];       //存储顺序表的数组
    int length;                  //顺序表的长度
}SeqList;                        //顺序表的类型
```

8.2　插 入 排 序

插入排序的基本思想是：在一个已排好序的记录子集的基础上，每一趟排序将下一

个待排序的记录插入已经排好序的记录中，直到所有待排序记录全部插入为止。

例如，在打扑克牌时要求抓过的牌有序排列，则每抓一张牌就插入合适的位置，直到抓完牌为止，即可得到一个有序序列。本节介绍 3 种基本的插入排序方法：直接插入排序、折半插入排序和希尔排序。

8.2.1　直接插入排序

直接插入排序是一种最简单的排序方法，它的基本操作是将第 i 个记录插入前面 i−1 个已排好序的有序记录中，从而得到一个长度为 i 的有序记录。

【算法思想】

设待排序的记录存放在数组 r[1…n]中，r[1]可看作一个长度为 1 的有序序列，循环执行如下操作 n−1 次：

(1) 使用顺序查找法，查找 r[i](i = 2, …, n)在已排好序的序列 r[1…i−1]中的插入位置。

(2) 将 r[i]插入表长为 i−1 的有序序列中，从而得到一个长度为*i*的有序记录。

完成 n−1 趟排序后得到一个长度为 n 的有序序列。

【例 8-1】 已知待排序记录的关键字序列为{64, 5, 7, 89, 6, 21}，请给出采用直接插入排序法进行排序的过程。

直接插入排序过程如图 8-1 所示。图中，下面标有横线的记录(关键字)为本次排序过程后移了一个位置的记录，标有符号□的记录为下一趟排序过程要插入的记录。

初始关键字序列：	[64]	5	7	89	6	24
第一次排序：	[5	64]	7	89	6	24
第二次排序：	[5	7	64]	89	6	24
第三次排序：	[5	7	64	89]	6	24
第四次排序：	[5	6	7	64	89]	24
第五次排序：	[5	6	7	24	64	89]

图 8-1　直接插入排序过程

【算法描述】

```
void InsertSort(SeqList *L)
//对顺序表 L 做直接插入排序
{   int i, j;
    for(i = 2; i <= L->length; i++)
    {   L->r[0] = L->r[i];                  //在 r[0]处设置监视哨
        j = i-1;
        while (L->r[0].key<L->r[j].key)    //寻找插入位置
        {    L->r[j+1] = L->r[j];
             j = j-1;
```

```
        }
        L->r[j+1] = L->r[0];            //将待插记录插入已排序的序列中
    }
}
```

【算法分析】

(1) 空间复杂度。直接插入排序只用了一个记录的辅助空间，所以空间复杂度为 O(1)。

(2) 时间复杂度。从耗时的角度来看，排序的基本操作为：比较两个关键字的大小和移动记录。

对于一趟插入排序，算法中的 while 循环的次数主要取决于待插记录与前 i-1 个记录的关键字的关系。

最好情况是待排序记录本身已按关键字顺序排列，即 r[i].key > r[i-1].key，while 循环只进行一次比较，不需要移动记录。

最坏情况是待排序记录按关键字逆序排列，即 r[i].key < r[i-1].key，while 循环中关键字比较次数和移动记录的次数均为 i-1。

对整个排序过程而言，最好情况是待排序记录本身已按关键字顺序排列，此时总的比较次数为 n-1 次，移动记录的次数也达到最小值 2(n-1)(每趟只对待插记录移动两次)，因此最好情况下时间复杂度为 O(n)；最坏情况是待排序记录按关键字逆序排列，此时总的比较次数为$\sum_{i=2}^{n} i = (n+2)(n-1)/2$，记录移动的次数为$\sum_{i=2}^{n}(i+1) = (n+4)(n-1)/2$，因此最坏情况下时间复杂度为 $O(n^2)$。

若待排序记录中出现各种情况的概率相等，则可取上述最好情况和最坏情况的平均，关键字的比较次数和记录的移动次数约为 $n^2/4$，因此平均时间复杂度为 $O(n^2)$。

(3) 算法的稳定性。由于每次插入记录时总是从后向前比较与移动，所以不会出现相同记录的相对位置发生变化的情况。直接插入排序算法是一种稳定的排序算法。

8.2.2　折半插入排序

直接插入排序采用顺序查找法查找当前记录在已排好序的序列中的插入位置，这个查找操作可利用折半查找来实现，由此进行的插入排序称为**折半插入排序**。

【算法思想】

设待排序的记录存放在数组 r[1…n]中，r[1]可看作一个有序序列。循环执行如下操作 n-1 次：使用折半查找法查找 r[i](i = 2，…，n)在已排好序的序列 r[1…i-1]中的插入位置，然后将 r[i] 插入表长为 i-1 的有序序列 r[1…i-1]中。完成 n-1 趟排序后得到一个表长为 n 的有序序列。

【算法描述】

```
void BInsertSort(SeqList*L)
{   //对顺序表 L 进行折半插入排序
    int i, j, low, high, mid;
    for(i = 2; i <= L->length; i++)
```

```
    {
        L->r[0] = L->r[i];                          /将待插入的记录暂存到缓冲区中
        low = 1; high = i-1;                        //置折半查找区间初值
        while(low <= high)
        {                                           //在 r[low…high]中折半查找插入的位置
            mid = (low+high)/2;                              //折半
            if(L->r[0].key<L->r[mid].key)   high = mid-1;    //插入点在前一子表
            else   low = mid+1;                              //插入点在后一子表
        }
        for(j = i-1; j >= low; j--)   L.r[j+1] = L.r[j];     //记录后移
            L->r[low] = L->r[0];                             //将 r[0]即原 r[i]插入正确位置
    }
}
```

【算法分析】

时间复杂度：采用折半插入排序算法可以减少关键字的比较次数。每插入一个记录，需要比较的次数最多为折半查找判定树的深度。因此，插入 n−1 个元素的关键字比较次数平均为 O(nlb n)。折半查找改善了关键字的比较次数，但并没有改变移动记录的次数，所以折半插入排序的总的时间复杂度与直接插入排序相同，仍然是 $O(n^2)$。

对于空间复杂度、稳定性，折半插入排序算法都与直接插入排序算法的相同。

8.2.3　希尔排序

希尔排序(Shell Sort)是 D. L. Shell 于 1959 年提出的，又称缩小增量排序。

通过分析直接插入排序算法可以发现，当待排序的记录个数较少、待排序序列按关键字基本有序时，直接插入排序效率较高。希尔排序基于以上 2 点，从减少记录个数和记录序列基本有序两个方面对直接插入排序进行改进，提高了排序的效率。

【算法思想】

希尔排序先将整个待排序记录序列分割成几组(由间隔某个增量的记录组成)，对每组记录分别进行直接插入排序，然后增加每组的记录个数，重新分组。这样经过几趟分组排序后，当整个序列中的记录基本有序时，再对全体记录进行一次直接插入排序。该算法的主要步骤如下：

(1) 第一趟用增量 $d_1(d_1 < n)$把全部记录分成 d_1 个组，所有间隔为 d_1 的记录分在同一组，在各个组中进行直接插入排序。

(2) 第二趟取增量 $d_2(d_2 < d_1)$，重复上述分组和排序过程。

(3) 以此类推，直到所取增量 $d_t = 1(d_t < d_{t-1} < \cdots < d_2 < d_1)$，所有记录都在同一组中进行直接插入排序为止。

【例 8-2】 已知待排序记录的关键字序列为{65, 34, 25, 87, 12, 38, 56, 46, 14, 77, 92, 23}，请给出用希尔排序法进行排序的过程(增量取 6、3 和 1)。

排序过程如图 8-2 所示。

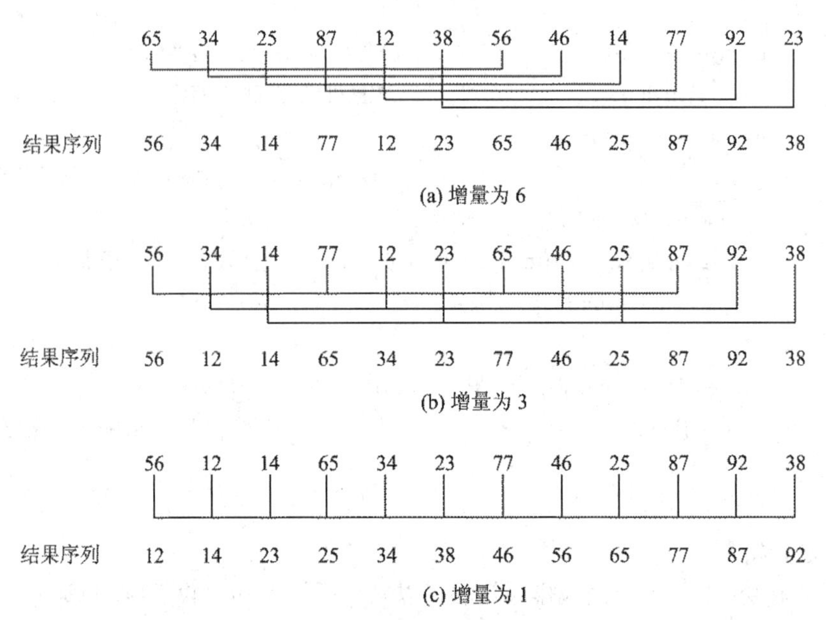

图 8-2　希尔排序的排序过程

(1) 第一趟取增量 $d_1 = 6$，所有间隔为 6 的记录分在同一组，全部记录分成 6 组，在各个组分别进行直接插入排序，排序结果如图 8-2(a)所示。

(2) 第二趟取增量 $d_2 = 3$，所有间隔为 3 的记录分在同一组，全部记录分成 3 组，在各个组分别进行直接插入排序，排序结果如图 8-2(b)所示。

(3) 第三趟取增量 $d_3 = 1$，对整个序列进行一趟直接插入排序，排序完成。

【算法描述】

下面先给出一趟希尔排序的算法描述，然后在此基础上给出整个希尔排序的算法描述。

(1) 一趟增量为 dk 的希尔排序。

当增量为 dk 时，共有 dk 个子序列，需要对 dk 个子序列分别进行直接插入排序。算法在实现时采用的方法是：从第一个子序列的第二个记录开始，顺序扫描整个待排序记录序列，当前记录属于哪一个子序列，就在哪一个子序列中进行直接插入排序。

在上述排序过程中，各子序列的记录将会轮流出现，所以算法将会在每一个子序列中轮流进行插入排序。

```
void ShellInsert(SeqList*L, int dk)
{  //对顺序表 L 进行一趟增量为 dk 的希尔排序
   int i, j;
   for(i = dk+1; i <= L->length; i++)      //dk+1 为第一个子序列的第二个记录的下标
      if(L->r[i].key<L->r[i-dk].key)
      {                                    //需将 L->r[i]插入有序增量子表
         L->r[0] = L->r[i];                //暂存在 L->r[0]
         for(j = i-dk; j>0&& L->r[0].key<L->r[j].key; j- = dk)
            L->r[j+dk] = L->r[j];          //记录后移，直到找到插入位置
```

```
            L->r[j+dk] = L->r[0];    //将 r[0]即原 r[i]插入正确位置
        }
    }
```

(2) 希尔排序：

```
    void ShellSort(SeqList*L, int dt[ ], int t)
    {                                   //按增量序列 dt[0…t−1]对顺序表 L 作 t 趟希尔排序
        int k;
        for(k = 0; k<t; ++k)
            ShellInsert(L, dt[k]);      //一趟增量为 dt[k]的希尔排序
    }
```

【算法分析】

(1) 空间复杂度。该算法仅使用了一个记录的辅助空间，因此空间复杂度为 O(1)。

(2) 时间复杂度。希尔排序在开始时增量较大，分组较多，每组的记录数目少，因此各组内直接插入排序较快。随着增量逐渐缩小，分组数也逐渐减少，各组的记录数目逐渐增多，但由于已经按增量作为距离进行了排序，使记录已比较接近有序状态，所以新的一趟排序过程较快。因此，希尔排序在效率上较直接插入排序有较大的改进。希尔排序的时间复杂度取决于增量序列的函数，其时间复杂度的分析比较复杂，因为这涉及一些数学上尚未解决的难题。研究表明，若增量取值比较合理，则希尔排序算法的时间复杂度约为 $O(n(\text{lb } n)^2)$。

(3) 稳定性。当相同关键字的记录被划分到不同的子表时，可能会改变它们之间的相对次序，因此希尔排序是一种不稳定的排序方法。例如，表 L = {3, 2, 2}经过一趟排序后，L = {2, 2, 3}，最终排序也是 L = {2, 2, 3}。显然，2 与 2 的相对次序已发生了变化。

(4) 适用性。

① 希尔排序算法仅适用于线性表为顺序存储的情况。

② 增量序列可以有各种取法，但应该使增量序列的值没有除 1 以外的公共因子，最后一个增量值必须是 1。

③ 记录总的比较次数和移动次数都比直接插入排序少，且记录总数越大，效果越明显。所以希尔排序适合于初始记录无序、记录总数较大时的情况。

8.3　选 择 排 序

选择排序的基本思想是：每一趟从待排序的记录中选出关键字最小的记录，按顺序放在已排好序的记录序列最后，直到全部排完序为止。本节介绍两种常用的选择排序方法：简单选择排序和堆排序。

8.3.1　简单选择排序

简单选择排序也称为直接选择排序。

【算法思想】

设待排序的记录存放在数组 r[1⋯n]中，简单选择排序的步骤如下：

(1) 第一趟从 r[1]开始，通过 n−1 次比较，从 r[1⋯n]中选出关键字最小的记录，记为 r[k]，交换记录 r[1]和 r[k]。

(2) 第二趟从 r[2]开始，通过 n−2 次比较，从 r[2⋯n]中选出关键字最小的记录，记为 r[k]，交换 r[2]和 r[k]。

(3) 依次类推，第 i 趟从 r[i]开始，通过 n−i 次比较，从 r[i⋯n]中选出关键字最小的记录，记为 r[k]，交换 r[i]和 r[k]。

(4) 经过 n−1 趟上述过程，排序完成。

【例 8-3】 已知待排序记录的关键字为{64, 5, 7, 89, 6, 24}，请给出用简单选择排序法进行排序的过程。

排序过程如图 8-3 所示。图中方括号中的记录为已排好序的记录。

初始关键字序列结果：	64	5	7	89	6	24
第 1 趟排序结果：	[5]	64	7	89	6	24
第 2 趟排序结果：	[5	6]	7	89	64	24
第 3 趟排序结果：	[5	6	7]	89	64	24
第 4 趟排序结果：	[5	6	7	24]	64	89
第 5 趟排序结果：	[5	6	7	24	64]	89
最后结果序列：	[5	6	7	24	64	89]

图 8-3　简单选择排序的过程

【算法描述】

```
void SelectSort(SeqList *L)
{  //对顺序表 L 做简单选择排序
   int i, j, k;
   DataType t;
   for(i = 1; i<L->length; i++)
   {                                        //在 L->r[i⋯L->length]中选择关键字最小的记录
      k = i;
      for(j = i+1; j <= L->length; j++)
         if(L->r[j].key<L->r[k].key)   k = j;  //k 指向此趟排序中关键字最小的记录
      if(k!= i) {t = L->r[i]; L->r[i] = L->r[k]; L->r[k] = t;}      //交换 r[i]与 r[k]
   }
}
```

【算法分析】

(1) 空间复杂度。本算法仅使用了一个记录的辅助空间，因此空间复杂度为 O(1)。

(2) 时间复杂度。在简单选择排序过程中，所需移动次数较少。在每趟排序过程中，记录的移动次数的最好情况为 0 次，最坏情况为 3 次，所以总的移动次数最好为 0 次，最坏为 3(n−1)。

在简单排序过程中，需要进行关键字比较的次数与待排序记录的初始排列状态无关。当 i = 1 时，需要进行 n−1 次比较；当 i = 2 时，需要进行 n−2 次比较；以此类推，总的关键字比较次数 KCN 为

$$KCN = \sum_{i=1}^{n-1} n - i = \frac{n(n-1)}{2}$$

因此，简单选择排序算法的时间复杂度为 $O(n^2)$。

(3) 稳定性。记录的非顺次移动导致简单选择排序是不稳定的排序方法，读者可自己举例分析。

8.3.2　堆排序

堆排序(Heap Sort)是一种树形选择排序，其主要思想是：在排序过程中，将待排序的记录序列 r[1…n]看成一棵完全二叉树的顺序存储结构，利用完全二叉树中双亲结点和孩子结点之间的内在关系，在当前无序区中选择关键字最大(或最小)的记录。

1. 堆的定义

n 个关键字序列$\{k_1, k_2, \cdots, k_n\}$称为堆，当且仅当该序列满足下列条件：

(1) $k_i \geqslant k_{2i}$ 且 $k_i \geqslant k_{2i+1}$；

(2) $k_i \leqslant k_{2i}$ 且 $k_i \leqslant k_{2i+1}$。

满足条件(1)的堆称为大根堆(大顶堆)，满足条件(2)的堆称为小根堆(小顶堆)。

如果将与此序列对应的一维数组(即序列的存储结构)看成一棵完全二叉树，则堆实质上是满足如下性质的完全二叉树：树中所有非终端结点的值不小于(或不大于)其左右子树根结点的值。例如，关键字序列{98, 77, 35, 62, 55, 14, $\underline{35}$, 48}满足堆定义中的条件(1)，为大根堆；关键字序列{14, 48, 35, 62, 55, 98, $\underline{35}$, 72}满足条件(2)，为小根堆，这里加下划线是为了区分重复的记录。它们所对应的完全二叉树及相应的存储结构分别如图 8-4(a)和(b)所示。

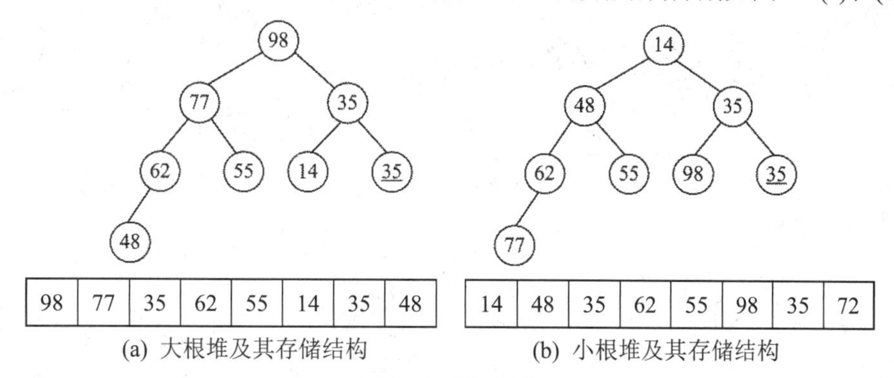

(a) 大根堆及其存储结构　　(b) 小根堆及其存储结构

图 8-4　堆示例

在进行非递减排序时要用到大根堆，而在进行非递增排序时要用到小根堆。下面详细讨论使用大根堆进行非递减排序。读者可自己实现利用小根堆进行非递增排序。

分析图 8-4(a)可知，如果将 98 和 48 交换，便将最大的元素**交换**到了序列的最后，然后将除 98 以外的剩余元素**调整**成大根堆，通过上述多次交换、调整就可完成堆排序。因此，实现堆排序需要解决下面 2 个问题：

(1) 建初始堆：如何将一个无序序列建成一个堆。

(2) 调整堆：在堆顶元素改变后，如何调整剩余元素成为一个新堆。

由于建初始堆要用到调整堆的操作，因此下面先讨论调整堆，然后讨论建初始堆，最后在此基础上给出堆排序算法。

2. 调整堆

当堆顶元素改变后，如何重建堆？此问题可以描述为：假设 r[s+1⋯, m]已经满足最大堆的条件，如何调整 r[s⋯, m]，使其满足最大堆条件。可以采用筛选法调整堆，其主要思想描述如下所述。

【算法思想】

从 r[2s]和 r[2s + 1]中选出关键字较大者，不妨假设 r[2s]的关键字较大，比较 r[s]和 r[2s]的关键字。

(1) 若 r[s].key≥r[2s].key，说明以 r[s]为根的子树已经是堆，不必做任何调整。

(2) 若 r[s].key<r[2s].key，交换 r[s]和 r[2s]。交换后，以 r[2s + 1]为根的子树仍是堆。如果以 r[2s]为根的子树不是堆，则重复上述过程，将以 r[2s]为根的子树调整为堆，直至进行到叶子结点为止。

【例 8-4】 已知关键字序列{98, 77, 35, 62, 55, 14, 35, 48}，交换 98 和 48 后，如何将除 98 以外的剩余记录调整为大根堆。

调整过程如图 8-5 所示。图 8-5(a)是初始堆。将 98 和 48 交换后如图 8-5(b)所示，48 的左右子树均满足堆的性质，因此仅需自上而下一条路径调整。首先将 48 移出，其左右子树的较大者 77 准备上移，如图 8-5(c)所示；77 上移后，如图 8-5(d)所示，需继续向下调整，62 上移，如图 8-5(e)所示；将 48 移入空记录，如图 8-5(f)所示。

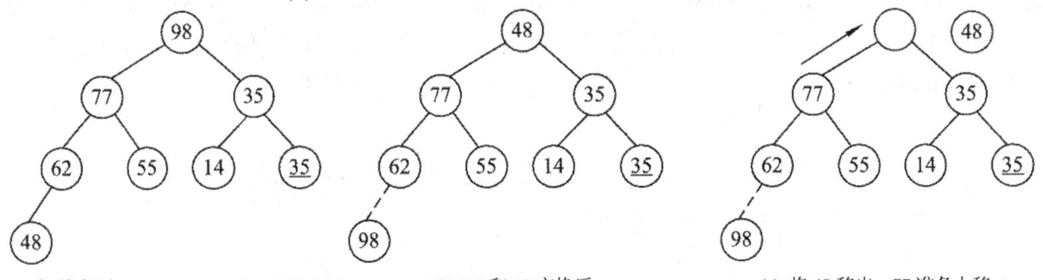

(a) 初始序列{98, 77, 35, 62, 55, 14, 35, 48}　　(b) 98 和 48 交换后　　(c) 将 48 移出，77 准备上移

对应的完全二叉树是大根堆

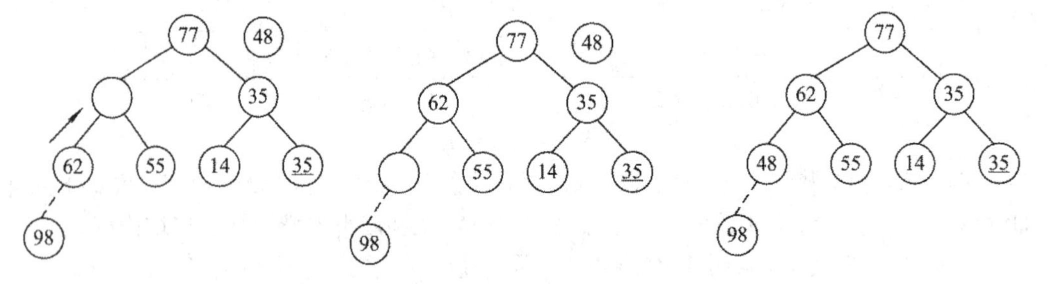

(d) 77 上移后，62 准备上移　　(e) 62 上移后，48 准备移入空记录　　(f) 48 移入空记录，得到筛选后的堆

图 8-5　输出堆顶元素后，调整重建堆的过程

【算法描述】

```
void HeapAdjust(SeqList*L, int s, int m)
{  //假设 r[s+1…m]已经是堆，将 r[s…m]调整为大根堆
   DataType rc;
   int j;
   rc = L->r[s];
   for(j = 2*s; j <= m; j* = 2)
   {                                                   //沿 key 较大的孩子结点向下筛选
      if(j<m&&L->r[j].key<L->r[j+1].key)   ++j;        //j 为 key 较大的记录的下标
      if(rc.key >= L->r[j].key) break;                 //rc 应插入位置 s
         L->r[s] = L->r[j];
         s = j;
   }
   L->r[s] = rc;                                       //插入
}
```

3. 建初始堆

将任意一个序列调整成堆，意味着将其所对应的完全二叉树中以每一个结点为根的子树调整成堆。由于叶子结点可视为单个元素构成的堆，而完全二叉树中所有序号大于$\lfloor n/2 \rfloor$的结点都是叶子结点，因此以这些结点为根的子树已经是堆。所以只需要从最后一个分支结点$\lfloor n/2 \rfloor$开始，依次将以序号$\lfloor n/2 \rfloor$，$\lfloor n/2 \rfloor-1$，…，1 为根结点的子树利用筛选法调整为堆，便可创建初始堆。

【算法思想】

对序列 r[1…n]，从 i =$\lfloor n/2 \rfloor$开始，反复调用筛选法 HeapAdjust(L, i, n)，依次将以 r[i], r[i−1], …, 1 为根的子树调整为堆。

【例 8-5】 已知关键字序列{48, 62, 35, 77, 55, 14, <u>35</u>, 98}，利用筛选法将其调整为大根堆。

由于记录数 n = 8，所以从第 4 个结点开始筛选。图 8-6 给出了完整的建堆过程，其中箭头所指为当前待筛选结点。

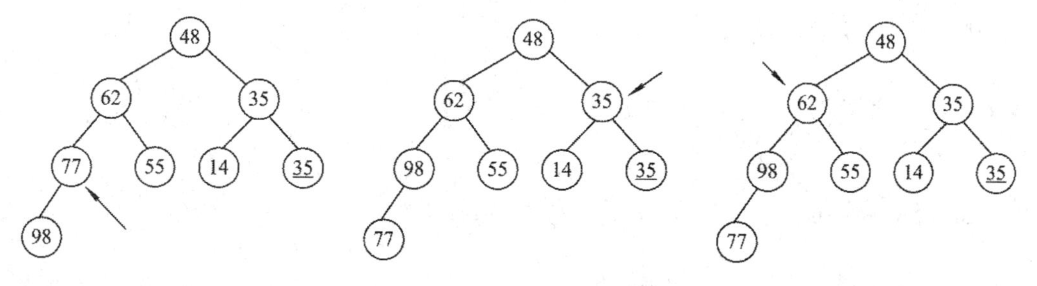

(a) 由初始序列建立的完全二叉树，准备筛选 77　　(b) 筛选完 77，准备筛选 35　　(c) 筛选完 35，准备筛选 62

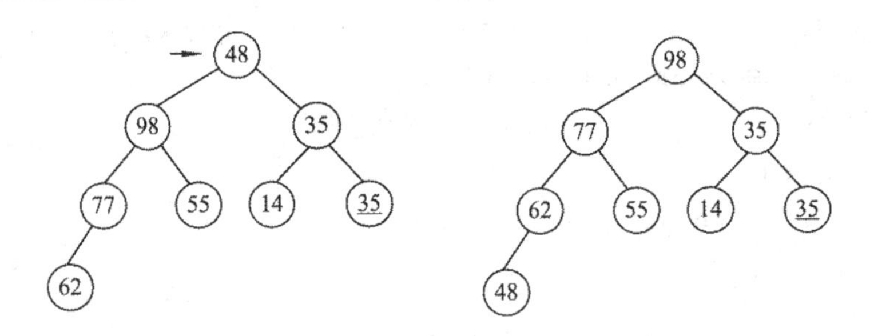

(d) 筛选完 62，准备筛选 48　　(e) 初始序列调整为大根堆

图 8-6　创建初始堆的过程

【算法描述】

```
void CreatHeap(SeqList*L)
{   //将无序序列 L.r[1…n]建成大根堆
    int i, n;
    n = L->length;
    for(i = n/2; i>0;--i)              //反复调用 HeapAdjust
        HeapAdjust(L, i, n);
}
```

4. 堆排序算法的实现

堆排序的核心是将无序序列建成初始堆后，反复进行交换和调整堆。在建初始堆和调整堆算法的基础上，下面给出堆排序的算法实现。

【算法思想】

堆排序算法的主要步骤如下：

(1) 按堆的定义将待排序序列 r[1…n]调整为大根堆。交换 r[1]和 r[n]，r[n]为关键字最大的记录。

(2) 将 r[1…n−1]重新调整为大根堆，交换 r[1]和 r[n−1]，则 r[n−1]为关键字次大的记录。

(3) 循环上述调整、交换 n−1 次，直到交换了 r[1]和 r[2]为止，得到一个非递减的有序序列 r[1…n]。

【例 8-6】 已知关键字序列{98, 77, 35, 62, 55, 14, 35, 48}对应一个初始大根堆，请给出完整的堆排序过程。

排序过程如图 8-7 所示。

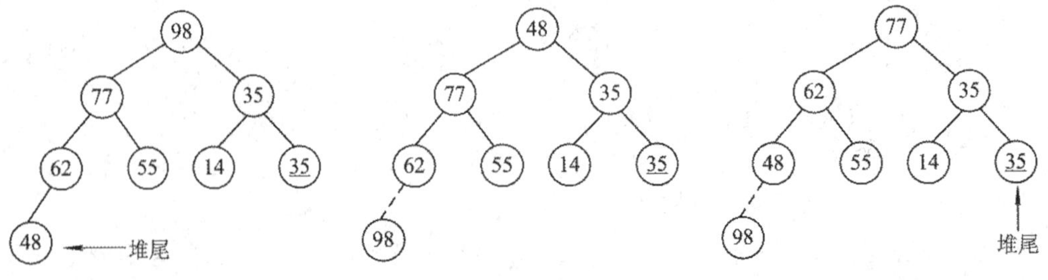

(a) 初始大根堆　　(b) 堆顶元素与堆尾元素交换后　　(c) 将前 7 个元素重新调整为堆

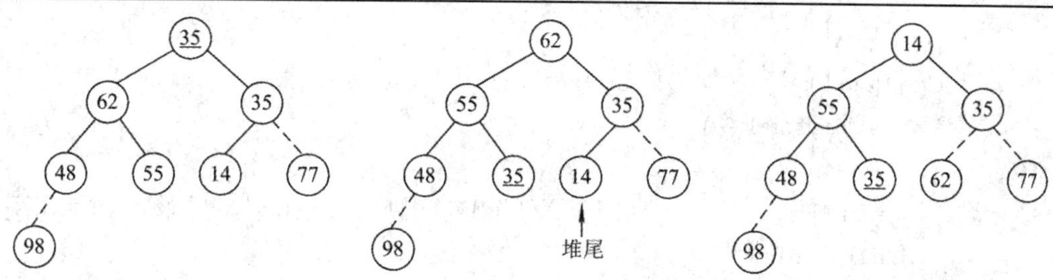

(d) 堆顶元素与堆尾元素交换后 (e) 将前 6 个元素重新调整为堆 (f) 堆顶元素与堆尾元素交换后

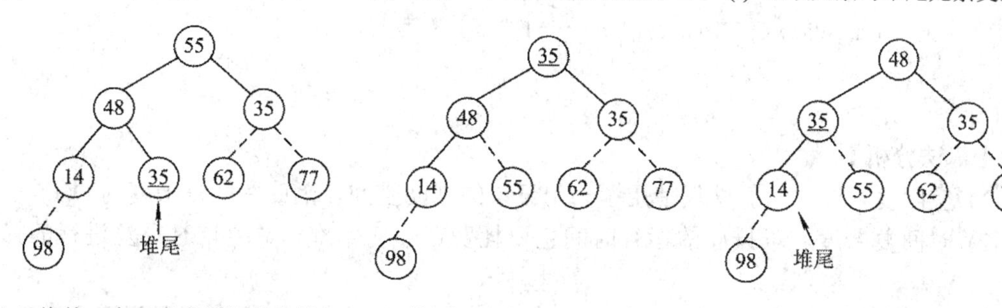

(g) 将前 5 个元素重新调整为堆 (h) 堆顶元素与堆尾元素交换后 (i) 将前 4 个元素重新调整为堆

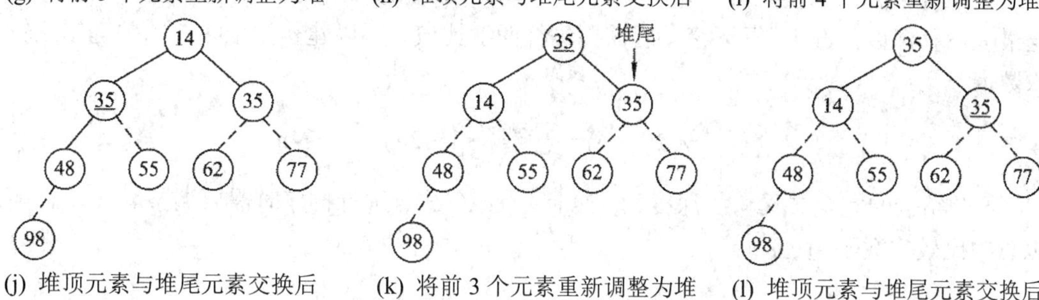

(j) 堆顶元素与堆尾元素交换后 (k) 将前 3 个元素重新调整为堆 (l) 堆顶元素与堆尾元素交换后

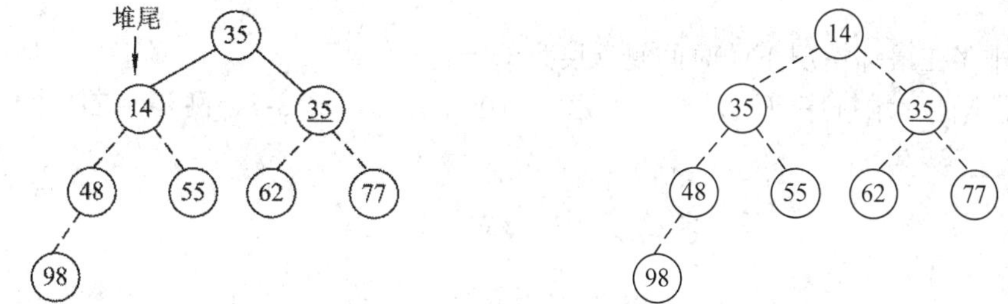

(m) 将前 2 个元素重新调整为堆 (n) 堆顶元素与堆尾元素交换后，原序列成为一个有序序列

图 8-7 完整的堆排序过程

图 8-7(a)为初始大根堆，交换第一个记录和最后一个记录，如图 8-7(b)所示，最后一个为关键字最大的记录；将剩余记录调整为大根堆，如图 8-7(c)所示。通过多次交换、调整，最终得到一个关键字非递减的有序序列，如图 8-7(n)所示。

【算法描述】

```
void HeapSort(SeqList*L)
{   //对顺序表 L 进行堆排序
    int i;
```

```
        DataType x;
        CreatHeap(L);              //把无序序列 L.r[1…L.length]建成大根堆
        for(i = L.length; i>1; --i)
        {
            x = L.r[1];            //将堆顶记录和当前未经排序子序列 L.r[1…i]中最后一个记录互换
            L.r[1] = L.r[i];
            L.r[i] = x;
            HeapAdjust(L, 1, i-1); //将 L.r[1…i−1]重新调整为大根堆
        }
    }
```

【算法分析】

(1) 空间复杂度。该算法仅使用了一个记录的辅助空间，因此空间复杂度为 O(1)。

(2) 时间复杂度。堆排序的运行时间主要耗费在建初始堆和调整堆时反复进行的筛选上。

建立 n 个元素深度为 h 的堆时，第 i 层(1≤i≤h−1)最多有 2^{i-1} 个元素需要筛选，第 i 层最大下移深度为 h−i，每下移一层需要进行两次比较，所以建初始堆时总的关键字比较次数为

$$\sum_{i=h-1}^{1} 2^{i-1} \cdot 2(h-i) = \sum_{j=1}^{h-1} 2^{h-j} \cdot j \leqslant 2n \sum_{j=1}^{h-1} \frac{j}{2^j} \leqslant 4n$$

n 个结点的完全二叉树的深度为$\lfloor \text{lb}n \rfloor+1$，n 个结点进行排序时需要调整 n−1 次，所以总的比较次数不超过：

$$2\left(\lfloor \text{lb}n-1 \rfloor+\lfloor \text{lb}n-2 \rfloor+\cdots+\lfloor \text{lb}2 \rfloor\right) \leqslant 2n\ \text{lb}\ n$$

因此，堆排序在最坏情况下的时间复杂度为 O(n lb n)。

(3) 稳定性。堆排序算法是一种不稳定的排序算法，例 8-5、例 8-6 说明了这一点。

8.4 交换排序

交换排序的基本思想是：通过一系列交换逆序记录进行排序。常用的交换排序有冒泡排序和快速排序法。快速排序法是一种分区交换排序法。

8.4.1 冒泡排序

冒泡排序是一种简单的交换排序法，它是通过对相邻的记录进行比较，如果逆序则交换，逐步将待排序序列变成有序序列的过程。

【算法思想】

设待排序的记录存放在数组 r[1…n]中，冒泡排序法的主要步骤如下：

(1) 第一趟排序：将第一个记录的关键字和第二个记录的关键字进行比较，若为逆序

(即 r[1].key > r[2].key)，则交换两个记录；然后比较第二个记录和第三个记录的关键字。依次类推，直至第 n−1 个记录和第 n 个记录的关键字比较完为止，其结果使得关键字最大的记录被移动到最后一个记录的位置上。

(2) 第二趟排序：对前 n−1 个记录进行同样操作，其结果是使关键字次大的记录被移动到第 n−1 个记录的位置上。

(3) 第 i 趟排序：从 r[1]到 r[n−i+1]依次比较相邻两个记录的关键字，并在逆序时交换相邻记录，其结果是这 n−i+1 个记录中关键字最大的记录被交换到第 n−i+1 的位置上。

(4) 重复上述比较和交换过程，直到在某一趟排序过程中没有需要进行交换记录的操作，说明序列已全部达到排序要求，则排序完成。

由上述步骤可知，冒泡排序法最多进行 n−1 趟排序。

【例 8-7】 已知待排序记录的关键字序列为{38, 5, 26, 49, 97, 1, 66}，请给出用冒泡排序法进行排序的过程。

冒泡排序的过程如图 8-8 所示。

初始关键字序列结果：	38	5	19	26	49	97	1	66
第 1 趟排序结果：	5	19	26	38	49	1	66	[97]
第 2 趟排序结果：	5	19	26	38	1	49	[66	97]
第 3 趟排序结果：	5	19	26	1	38	[49	66	97]
第 4 趟排序结果：	5	19	1	26	[38	49	66	97]
第 5 趟排序结果：	5	1	19	[26	38	49	66	97]
第 6 趟排序结果：	1	5	[19	26	38	49	66	97]
第 7 趟排序结果：	1	[5	19	26	38	49	66	97]
最后排序结果：	[1	5	19	26	38	49	66	97

图 8-8 冒泡排序法的排序过程

【算法描述】

```
void BubbleSort(SeqList *L)
{
    //对顺序表 L 做冒泡排序
    int m, j, flag;
    DataType t;
    m = L->length-1; flag = 1;    //flag 用来标记某一趟排序是否发生交换
    while((m>0)&&(flag = = 1))
    {
        flag = 0;                 //flag 置为 0，若本趟排序没有发生交换，则不会执行下一趟排序
        for(j = 1; j <= m; j++)
            if(L->r[j].key>L->r[j+1].key)
            {
```

```
                flag = 1;          //flag 置为 1，表示本趟排序发生了交换
                t = L->r[j];
                L->r[j] = L->[j+1];
                L->r[j+1] = t;              //交换前后两个记录
            }
        --m;
    }
}
```

【算法分析】

(1) 空间复杂度。两个记录交换位置，需要一个辅助空间，因此空间复杂度为 O(1)。

(2) 时间复杂度。最好情况下初始序列为正序，只需进行一趟排序，比较关键字 n−1 次，不用移动记录，所以最好情况下时间复杂度为 O(n)。

最坏情况下初始序列为逆序，需要进行 n−1 趟排序。总的关键字比较次数 KCN 为

$$\mathrm{KCN}=\sum_{i=1}^{n-1}(n-i)=\frac{n(n-1)}{2}$$

由于每次交换需要移动记录 3 次，所以总的移动记录次数 RMN 为

$$\mathrm{RMN}=\sum_{i=1}^{n-1}3(n-i)=\frac{3n(n-1)}{2}$$

因此，冒泡排序法最坏情况下的时间复杂度为 $O(n^2)$。

(3) 稳定性。因为当 i＞j，且 L.r[i].key = L.r[j].key 时，不会交换两个记录，所以冒泡排序法是一种稳定的排序方法。

8.4.2　快速排序

快速排序是对冒泡排序的改进。在冒泡排序算法中，排序过程只对相邻的两个记录进行比较，因此在交换两个相邻记录时只能消除一个逆序。如果能通过交换两个不相邻的记录，消除排序序列中的多个逆序记录，则可加快排序的速度。快速排序法中一次交换可以消除多个逆序。

【算法思想】

(1) 在待排序的 n 个记录中任取一个记录(通常取第一个记录)作为枢轴(不妨设其关键字为 K)，把关键字小于 K 的记录全部交换到枢轴前面，而把关键字大于 K 的记录全部交换到枢轴后面，经过一趟快速排序后，使待排序记录分成左右两个子表(或称子序列)，枢轴置于两个子表的分界处。

(2) 分别对左、右子表重复上述过程，直至每一个子表只有一个记录时排序完成。

显然，快速排序可以递归进行，其中一趟快速排序的具体步骤如下：

(1) 选择待排序表中的第一个记录作为枢轴，将枢轴记录暂存在 r[0]中。附设 2 个指针 low 和 high，初始时分别指向表的下界和上界(第一趟时，low = 1，high = L->length)。

(2) 从表的右侧向左搜索。当 low＜high 时，若 high 所指记录的关键字大于等于 K，

则向左移动指针 high；否则将 high 所指记录移动到 low 所指位置。

(3) 从表的左侧向右搜索。当 low＜high 时，若 low 所指记录的关键字小于等于 K，则向右移动指针 low；否则将 low 所指记录移动到 high 所指位置。

(4) 重复步骤(2)和(3)，直至 low 和 high 相等为止。

(5) 将变量 r[0]中暂存的记录移动到 low 指针所指的位置。

【例 8-8】 已知待排序记录的关键字序列为{60, 55, 48, 37, 10, 90, 84, 36}，请给出用快速排序法进行排序的过程。

第一趟快速排序的过程如图 8-9(a)所示，整个快速排序的过程如图 8-9(b)所示。

初始关键字序列：

	r[0]							
		60	55	48	37	10	90	84	36
(1)	60	[ ] ↑low	55	48	37	10	90	84	36 ↑high
(2)		36	55 ↑low	48	37	10	90	84	[ ] ↑high
(3)		36	55	48 ↑low	37	10	90	84	[ ] ↑high
(4)		36	55	48	37 ↑low	10	90	84	[ ] ↑high
(5)		36	55	48	37	10 ↑low	90	84	[ ] ↑high
(6)		36	55	48	37	10	90 ↑low	84	[ ]
(7)		36	55	48	37	19	[ ] ↑low	84 ↑high	90
(8)		36	55	48	37	10	[ ] ↑low ↑high	84	90
(9)		36	55	48	37	10	[60] ↑low ↑high	84	90

(a) 第一趟快速排序过程

初始关键字序列：	{60	55	48	37	10	90	84	36}
(1)	{36	55	48	37	10}	60	{84	90}
(2)	{10}	36	{48	37	55}	60	84	{90}
(3)	{10}	36	{37}	48	{55}	60	84	90
最后结果	10	36	37	48	55	60	84	90

(b) 快速排序的全过程

图 8-9　快速排序过程

【算法描述】

下面先给出一趟快速排序的算法描述，然后在此基础上给出整个快速排序的算法描述。

(1) 一趟快速排序。

```
int Partition(SeqList *L, int low, int high)
{
    //对顺序表 L 中的子表 r[low…high]进行一趟排序，返回枢轴位置
    int pivotkey;
    L->r[0] = L->r[low];                        //用子表的第一个记录作枢轴记录
    pivotkey = L->r[low].key;                   //枢轴记录关键字保存在 pivotkey 中
    while(low<high)
    {                                           //从表的两端交替地向中间扫描
        while(low<high&&L->r[high].key >= pivotkey)--high;
        L->r[low] = L->r[high];                 //将比枢轴记录小的记录移到左端
        while(low<high&&L.r[low].key <= pivotkey) ++low;
        L->r[high] = L->r[low];                 //将比枢轴记录大的记录移到右端
    }
    L->r[low] = L->r[0];
    return   low;
}
```

(2) 快速排序：

```
void QSort(SeqList*L，int low，int high)
{
    //对顺序表 L 中的记录序列 L.r[low…high]做快速排序
    int pivotloc;
    if(low<high)
    {                                           //长度大于 1
        pivotloc = Partition(L，low，high);      //将 r[low…high]一分为二，pivotloc 是枢轴位置
        QSort(L, low, pivotloc-1);              //对左子表递归排序
        QSort(L, pivotloc+1, high);             //对右子表递归排序
    }
}
```

【算法分析】

(1) 时间复杂度。快速排序的时间复杂度与选择的枢轴有关。

最好情况：如果枢轴选择合理，初始的 n 个记录序列，每次分割都恰好将记录序列分为长度相等的两个序列，那么快速排序过程是一个完全二叉树结构，树的高度为 lb n，也就是说，快速排序需要进行 lb n 趟。每趟快速排序，关键字比较次数最多为 n−1 次，因此快速排序最好情况下，时间复杂度为 O(n lb n)。

最坏情况：待排序记录序列已按关键字有序，每次分割都将剩余的记录序列全部分到一个子序列中，而另一个子序列为空，那么排序过程是一个单分支树，树的高度为n，所以最坏情况下快速排序算法的时间复杂度是$O(n^2)$。

理论上可以证明，平均情况下，快速排序的时间复杂度为O(n lb n)。

(2) 空间复杂度。快速排序是递归的，执行时需要一个栈来保存相应的数据。最大递归调用次数与排序过程所对应的树的深度一致。因此最好情况下空间复杂度为O(lb n)，最坏情况为O(n)。

(3) 稳定性。记录的非顺次移动导致快速排序方法是不稳定的排序方法。

8.5 归并排序

归并排序(Merging Sort)是将两个或两个以上的有序表合并成一个有序表的过程，其中将两个有序表合并成一个有序表的过程称为**二路归并排序**，二路归并排序最简单，也最常用。本节以二路归并排序为例，介绍归并排序。

二路归并排序的主要思想为：假设初始序列为n个记录，则可以将这n个记录看成n个长度为1的有序子序列，然后两两归并，即将相邻的两个有序表合成一个有序表，得到$\lceil n/2 \rceil$个长度为2或者1的有序序列；重复上述过程，直至得到一个长度为n的有序序列为止。

【例8-9】 已知待排序记录的关键字序列为{72, 73, 71, 23, 94, 16, 5, 68, 64}，请给出用二路归并排序法进行排序的过程。

二路归并排序的详细过程如图8-10所示。

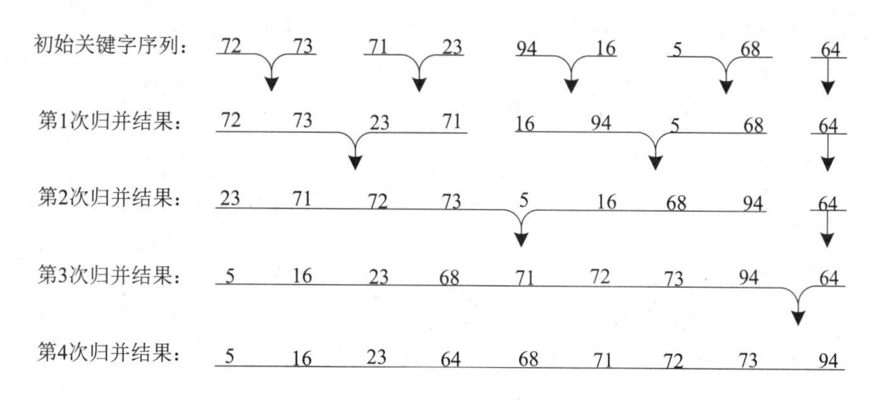

图8-10 二路归并排序的各趟排序过程

二路归并排序可以用递归实现，也可以采用非递归的方式实现。这里给出非递归方式的实现，读者可以自己设计递归实现。下面先讨论一趟二路归并排序算法的实现，然后以此为基础，给出二路归并排序算法的实现。

1. 一趟二路归并排序的实现

【算法思想】

一趟二路归并排序将若干个长度为 k 的相邻有序子序列两两归并，得到个数减半长度为 2k 的相邻有序子序列。若序列个数为 2k 的整数倍，则两两归并正好完成 n 个记录的一趟二路归并；若记录个数不是 2k 的整数倍，则当归并到最后一组时，剩余的记录个数会不足 2k 个，这时的处理方法如下：

(1) 若剩余的记录个数大于 k 而小于 2k，则将前 k 个记录作为一组，而将剩余的记录作为最后一组进行合并。

(2) 若剩余的记录个数小于或等于 k 时，则将剩余的记录作为一组，不用再进行两两归并排序。

【算法描述】

```
void Merge(DataType a[], int n, DataType swap[], int k)
//k 为有序子数组的长度，一次二路归并排序后的有序子序列存于数组 swap 中
{
    int m = 1, u1, l2, i, j, u2;
    int l1 = 1;                          //第一个有序子数组下界为
    while(l1+k <= n)
    {
        l2 = l1 + k;                     //计算第二个有序子数组下界
        u1 = l2-1;                       //计算第一个有序子数组上界
        u2 = (l2+k-1 <= n)? l2+k-1 : n;  //计算第二个有序子数组上界
        //两个有序子数组合并
        for(i = l1, j = l2; i <= u1 && j <= u2; m++)
        {
            if(a[i].key <= a[j].key)
            {
                swap[m] = a[i];
                i++;
            }
            else
            {
                swap[m] = a[j];
                j++;
            }
        }
        //子数组 2 已归并完，将子数组 1 中剩余的元素存放到数组 swap 中
        while(i <= u1)
        {
            swap[m] = a[i];
            m++;
```

```
            i++;
        }
        //子数组 1 已归并完，将子数组 2 中剩余的元素存放到数组 swap 中
        while(j <= u2)
        {
            swap[m] = a[j];
            m++;
            j++;
        }
        l1 = u2 + 1;
    }
    //将原始数组中只够一组的数据元素顺序存放到数组 swap 中
    for(i = l1; i <= n; i++， m++) swap[m] = a[i];
}
```

2. 二路归并排序算法实现

【算法思想】

当一组记录数小于 n 时，循环调用二路归并函数 merge，即可完成二路归并排序。

【算法描述】

```
void MergeSort(SeqList *L)
{
    int i, n, k = 1;                    //归并长度从 1 开始
    DataType *swap;
    n = L->length;
    swap = (DataType *)malloc(sizeof(DataType)*(n+1));  //申请动态数组空间
    while(k <= n)
    {
        Merge(L->r, n, swap, k);
        for(i = 0; i< n; i++)           //将数据元素从数组 swap 放回 a 中
            L->r[i] = swap[i];
        k = 2 * k;                      //归并长度加倍
    }
    free(swap);                         //释放动态数组
}
```

【算法分析】

(1) 空间复杂度。二路归并排序使用 n 个临时内存单元存放记录序列，所以，二路归并排序算法的空间复杂度为 O(n)。

(2) 时间复杂度。对 n 个记录序列进行二路归并排序时，归并的次数约为 lb n，任何一次的二路归并排序元素的比较次数约为 n-1 次，因此，二路归并排序算法的时间复杂

度为 O(n lb n)。

(3) 稳定性。由于二路归并排序算法是相邻有序子表两两归并，对于关键字相同的记录，能够保证原来在前边的记录排序后仍在前边，因此，二路归并排序算法是一种稳定的排序算法。

8.6 基 数 排 序

前面讨论的排序算法均是通过记录的关键字比较来实现的，而**基数排序**(Radix Sort)不需要进行关键字间的比较，它借助多关键字排序的思想，通过分配和收集来实现排序。

一般情况下，假设有 n 个记录序列$\{r_1, r_2, \cdots, r_n\}$，每个记录 r_j 中含有 d 个关键字(k_j^{d-1}, k_j^{d-2}, …, k_j^0)，如果对于序列中任意两个记录 r_i 和 r_j ($1 \leqslant i < j \leqslant n$)都满足：

$$(k_i^{d-1}, k_j^{d-2}, \cdots, k_i^0) < (k_j^{d-1}, k_j^{d-2}, \cdots, k_j^0)$$

则称记录序列对多关键字($k_j^{d-1}, k_j^{d-2}, \cdots, k_j^0$)有序。其中 k_j^{d-1} 称为最高位关键字，k_j^0 称为最低位关键字。$0 \leqslant k_j^i \leqslant r-1$，r 称为基数。例如，对于二进制数 r 为 2，对于十进制数 r 为 10。

实现多关键字排序通常有最高位优先法和最低位优先法 2 种。

最高位优先(Most Significant Digit First，MSD)法：先对 k^{d-1} 进行排序，并按 k^{d-1} 的不同值将记录序列分成若干子序列之后，再对 k^{d-2} 进行排序，以此类推，直至最后对最低位关键字排序完成为止。

最低位优先(Least Significant Digit First，LSD)法：先对 k^0 进行排序，然后对 k^1 进行排序，以此类推，直至对最高位关键字 k^{d-1} 排序完成为止。排序过程中，不需要根据前一个关键字的排序结果将记录序列分割成若干个(前一个关键字不同的)子序列。

本节以最低位优先为例来说明基数排序的思想和实现。

【算法思想】

以 r 为基数的最低位优先基数排序法在排序过程中，使用 r 个队列 Q_0, Q_1, …, Q_{r-1}。具体排序过程如下：

对 $i = 0, 1, \cdots, d-1$，依次做一次分配和收集(即为一趟排序过程)。

分配：开始时，把 Q_0, Q_1, …, Q_{r-1} 各个队列置成空队列，然后依次考察记录序列中的每一个记录 r_j ($j = 1, 2, \cdots, n$)，如果 r_j 的关键字 $k_j^i = k$，就把 r_j 放进 Q_k 队列中。

收集：按 Q_0, Q_1, …, Q_{r-1} 顺序把各个队列中的结点首尾相接，得到新的结点序列，从而组成新的记录序列。

【例 8-10】 已知待排序记录的关键字序列为{75, 23, 98, 44, 57, 12, 29, 64, 38, 82}，请给出用基数排序法进行排序的过程。

这里，n = 10，d = 2，r = 10，先按个位数排序，再按十位数排序，排序过程如图 8-11 所示。

p → 75 → 23 → 98 → 44 → 57 → 12 → 29 → 64 → 38 → 82 ∧

(a) 初始状态

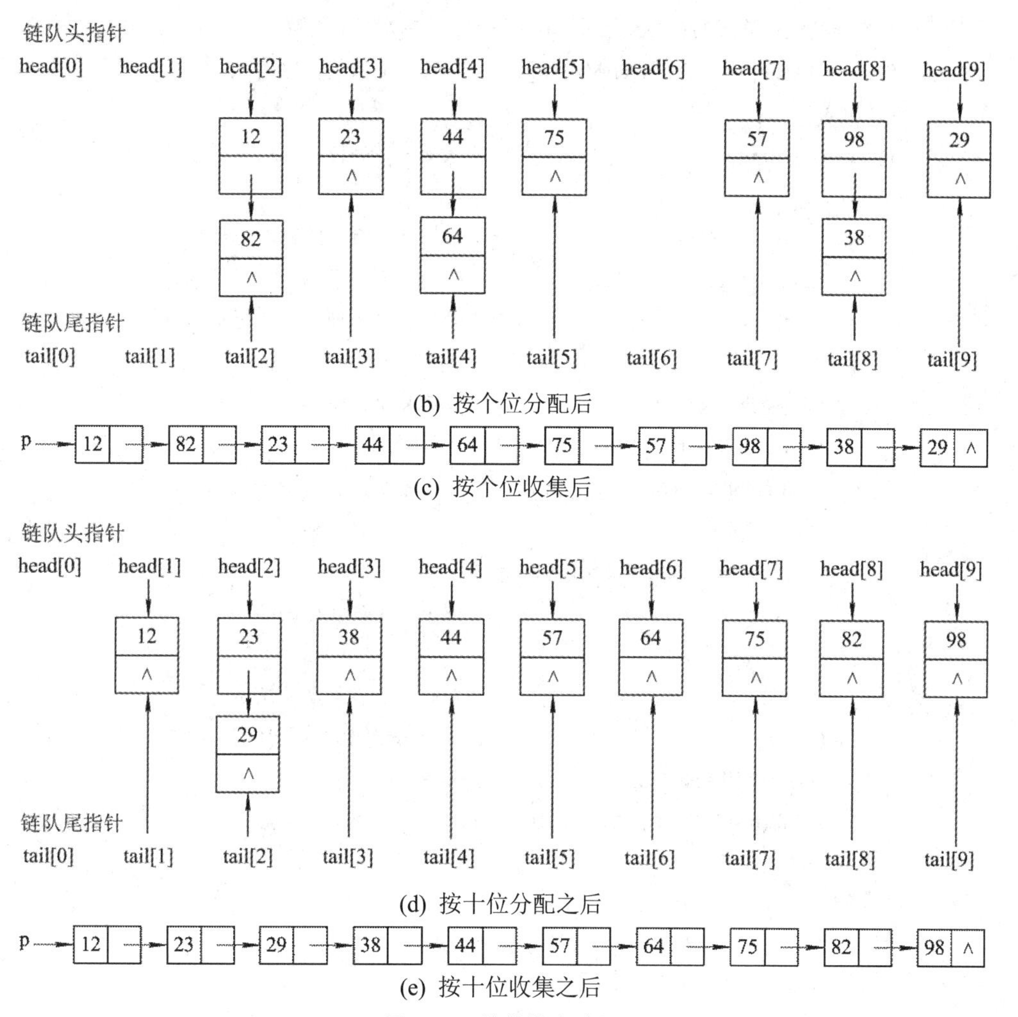

(b) 按个位分配后

(c) 按个位收集后

(d) 按十位分配之后

(e) 按十位收集之后

图 8-11　基数排序过程

在基数排序中每个记录需多次进出队列，如果采用顺序存储结构，需要大量的记录移动；而采用链式存储结构时，只需修改相关指针域。因此，待排序记录采用链式存储结构存储，其结点结构体定义如下：

```
typedef struct{
    int key[MAXD];                  // MAXD 为最大关键字位数
    OtherType other_data;           //其他数据项类型，OtherType 可根据具体应用来定义
}DataType;                          //记录的结构体
typedef struct node {
    DataType data;
    struct node *next;              //指向下一个结点的指针
}SLNode，*SLinkList;                //基数排序结点类型
```

【算法描述】

```
void RadixSort(SLinkList *p, int r, int d)
//p 为待排序序列链表的首结点指针，r 为基数，d 为关键字位数
{   SLNode *front[MAXR], *rear[MAXR], *t; //定义各链队的首尾指针
    int i, j, k;
    for (i = 0; i<d; i--)                  //从低位到高位做 d 趟排序
    {
        for (j = 0; j<r; j++)              //初始化各链队的首、尾指针
            front[j] = rear[j] = NULL;
        while (p!= NULL)                   //分配：对于原链表中每个结点循环
        {
            k = p->data.key[i];            //找第 k 个链队
            if (front[k] == NULL)          //进行分配
                { front[k] = p; rear[k] = p; }
            else
                { rear[k]->next = p; rear[k] = p; }
            p = p->next;                   //取下一个待排序的结点
        }
        p = NULL;                          //重新用 p 收集所有结点
        for (j = 0; j<r; j++)              //对于每一个链队循环进行收集
            if (front[j]!= NULL)
            {   if (p == NULL)
                {   p = front[j];
                    t = rear[j];
                }
                else
                {   t->next = front[j];
                    t = rear[j];
                }
            }
        t->next = NULL;                    //最后一个结点的 next 域置 NULL
    }
}
```

【算法分析】

(1) 空间复杂度。在排序中第一趟排序需要的辅助存储空间为 2r 指针(创建 r 个队列，需要 r 个队头指针和 r 个队尾指针)，以后的各趟排序中重复使用这些队列。另外，相对于其他以顺序结构存储记录的排序方式而言，增加了 n 个指针域的空间。所以总空间复杂度为 O(r + n)。

(2) 时间复杂度。在基数排序过程中共进行了 d 趟的分配和收集。因为每一趟中分配

过程需要扫描所有结点，而收集过程是按队列进行的，所以一趟的执行时间为 O(n + r)，因此基数排序的时间复杂度为 O(d(n + r))。

(3) 稳定性。基数排序中使用的是队列，排在后面的元素只能排在前面相同关键字元素的后面，相对位置不会发生改变，它是一种稳定的排序方法。

8.7　排序算法性能比较

本章总共介绍了 5 类 9 种较常用的排序方法，本节从时间复杂度、空间复杂度和稳定性几个方面对这些排序方法进行比较。表 8-1 中列出了各种排序方法的性能比较。

表 8-1　各种内部排序方法比较

排序方法	时间复杂度			空间复杂度	稳定性
	最好情况	最坏情况	平均情况		
直接插入排序	O(n)	$O(n^2)$	$O(n^2)$	O(1)	稳定
折半插入排序	O(n lb n)	$O(n^2)$	$O(n^2)$	O(1)	稳定
希尔排序			$O(n^{1.3})$	O(1)	不稳定
冒泡排序	O(n)	$O(n^2)$	$O(n^2)$	O(1)	稳定
简单选择排序	$O(n^2)$	$O(n^2)$	$O(n^2)$	O(1)	稳定
快速排序	O(n lb n)	$O(n^2)$	O(n lb n)	O(lb n)	不稳定
堆排序	O(n lb n)	O(n lb n)	O(n lb n)	O(1)	不稳定
归并排序	O(n lb n)	O(n lb n)	O(n lb n)	O(n)	稳定
基数排序	O(d(n + r))	O(d(n + r))	O(d(n + r))	O(r + n)	稳定

习　题　8

一、单项选择题

1. 对 n 个不同的关键字由小到大进行冒泡排序，在下列(　　)情况下比较的次数最多。

A. 从小到大排列好的　　B. 从大到小排列好的

C. 元素无序　　D. 元素基本有序

2. 对 n 个关键字作快速排序，在最坏情况下，算法的时间复杂度是(　　)。

A. O(n)　　B. $O(n^2)$

C. O(n lb n)　　D. $O(n^3)$

3. 若一组记录的排序码为(46, 79, 56, 38, 40, 84)，则利用快速排序的方法，以第一个记录为基准得到的一次划分结果为(　　)。

A. 38, 40, 46, 56, 79, 84　　B. 40, 38, 46, 79, 56, 84

C. 40, 38, 46, 56, 79, 84　　　　　D. 40, 38, 46, 84, 56, 79

4. 堆的形状是一棵(　　)。

A. 二叉排序树　　　　　B. 满二叉树

C. 完全二叉树　　　　　D. 平衡二叉树

5. 下述几种排序方法中，(　　)是稳定的排序方法。

A. 希尔排序　　　　　B. 快速排序

C. 归并排序　　　　　D. 堆排序

6. 数据表中有 10 000 个元素，如果仅要求求出其中最大的 10 个元素，则采用(　　)算法最节省时间。

A. 冒泡排序　　　　　B. 快速排序

C. 简单选择排序　　　　　D. 堆排序

7. 【2009 统考真题】已知关键字序列{5, 8, 12, 19, 28, 20, 15, 22}是小根堆，插入关键字 3，调整后得到的小根堆是(　　)。

A. 3，5, 12, 8, 28, 20, 15, 22, 19

B. 3, 5, 12, 19, 20, 15, 22, 8, 28

C. 3, 8, 12, 5, 20, 15, 22, 28, 19

D. 3, 12, 5, 8, 28, 20, 15, 22, 19

8. 【2010 统考真题】若数据序列{11, 12, 13, 7, 8, 9, 23, 4, 5}是采用下列排序方法之一得到的第二趟排序后的结果，则该排序算法只能是(　　)。

A. 冒泡排序　　B. 插入排序　　C. 选择排序　　D. 归并排序

9. 【2010 统考真题】对一组数据{2, 12, 16, 88, 5, 10}进行排序，若前三趟排序结果如下：

第一趟：{2, 12, 16, 5, 10, 88}；第二趟：{2, 12, 5, 10, 16, 88}；第三趟：{2, 5, 10, 12, 16, 88}。则采用的排序方法可能是(　　)。

A. 冒泡排序法　　　　　B. 希尔排序法

C. 归并排序法　　　　　D. 基数排序法

10. 【2011 统考真题】为实现快速排序算法，待排序序列宜采用的存储方式是(　　)。

A. 顺序存储结构　　　　　B. 散列存储

C. 链式存储　　　　　D. 索引存储

11. 【2012 统考真题】排序过程中，对尚未确定最终位置的所有元素进行一遍处理称为一趟排序。下列排序方法中，每一趟排序结束时都至少能确定一个元素最终位置的方法是(　　)。

Ⅰ. 堆排序　Ⅱ. 希尔排序　Ⅲ. 快速排序　Ⅳ. 堆排序　Ⅴ. 归并排序

A. 仅Ⅰ和Ⅱ和Ⅲ　　　　　B. 仅Ⅰ和Ⅲ和Ⅴ

C. 仅Ⅱ和Ⅲ和Ⅴ　　　　　D. 仅Ⅲ和Ⅳ和Ⅴ

12. 【2012 统考真题】对同一待排序序列分别进行折半插入排序和直接插入排序，两者之间不同之处可能的是(　　)。

A. 排序的总趟数　　　　　B. 元素的移动次数

C. 使用辅助空间的数量　　　　　　D. 元素之间的比较次数

13. 【2013 统考真题】若对给定的关键字序列{110, 119, 007, 911, 114, 120, 122}进行基数排序，则第二趟分配收集后得到的关键字序列是(　　)。

A. {007, 110, 119, 114, 911, 120, 122}

B. {007, 110, 119, 114, 911, 122, 120}

C. {007, 110, 911, 114, 119, 120, 122}

D. {110, 120, 911, 122, 114, 007, 119}

14. 【2018 统考真题】对初始序列(8, 3, 9, 11, 2, 1, 4, 5, 10, 6)进行希尔排序。若第一趟排序结果为(1, 3, 7, 5, 2, 6, 4, 9, 11, 10, 8)，第二趟排序结果为(1, 2, 6, 4, 3, 7, 5, 8, 11, 10, 9)，则两趟排序采用的增量(间隔)依次是(　　)。

A. 3, 1　　　　B. 3, 2　　　　C. 5, 2　　　　D. 5, 3

15. 【2015 统考真题】下列排序算法中元素的移动次数和关键字的初始排序次序无关的是(　　)。

A. 直接插入排序　　　　　　B. 冒泡排序

C. 基数排序　　　　　　　　D. 快速排序

二、应用题

1. 举例说明直接选择排序是不稳定的排序。

2. 举例说明希尔排序、快速排序和堆排序是不稳定的排序。

3. 在堆排序、快速排序和二路归并排序中：

(1) 若只从存储空间考虑，应该首先选择哪种排序算法，其次选择哪种排序算法，最后选择哪种排序算法？

(2) 若只从排序结果的稳定性考虑，则应选哪种排序算法？

(3) 若只从最坏情况下的排序时间考虑，则应选择哪种排序算法？

4. 设待排序的关键字序列为{12, 2, 16, 30, 28, 10, 16*, 20, 6, 18}，试分别写出使用以下排序方法，每趟排序结束后关键字序列的状态。

(1) 直接插入排序。

(2) 折半插入排序。

(3) 希尔排序(增量选取 5、3、1)。

(4) 冒泡排序。

(5) 快速排序。

(6) 简单选择排序。

(7) 堆排序。

(8) 二路归并排序。

5. 给出如下关键字序列{321, 156, 57, 46, 28, 7, 331, 33, 34, 63}，试按链式基数排序方法列出每一趟分配和收集的过程。

三、算法设计题

1. 试以单链表为存储结构，实现简单选择排序算法。

2. 有 n 个记录存储在带头结点的双向链表中，现用双向冒泡排序法对其按上升序进行排序，请写出这种排序的算法。(注：双向冒泡排序即相邻两趟排序向相反方向冒泡)。

3. 编写算法，对 n 个关键字取整数值的记录序列进行整理，使所有关键字为负值的记录排在关键字为非负值的记录之前，要求：

(1) 采用顺序存储结构，至多使用一个记录的辅助存储空间。

(2) 算法的时间复杂度为 O(n)。

4. 试设计一个算法，判断一个数据序列是否构成一个小根堆。

5. 荷兰国旗问题：设有一个仅由红、白、蓝三种颜色的条块组成的条块序列，请编写一个时间复杂度为 O(n)的算法，使得这些条块按红、白、蓝的顺序排好，即排成荷兰国旗图案。

6. 有一种简单的排序算法，叫作计数排序。这种排序算法对一个待排序的表进行排序，并将排序结果存放到另一个新的表中。必须注意的是，表中所有待排序的关键字互不相同，计数排序算法针对表中的每个记录，扫描待排序的表一趟，统计表中有多少个记录的关键字比该记录的关键字小。假设针对某一个记录，统计出的计数值为 c，那么，这个记录在新的有序表中的合适的存放位置即为 c。

(1) 给出适用于计数排序的顺序表定义。

(2) 编写实现计数排序的算法。

(3) 对于有 n 个记录的表，关键字比较次数是多少？

(4) 与简单选择排序相比较，这种方法是否更好？为什么？

7. 【2016 统考真题】已知由 $n(n \geqslant 2)$个正整数构成的集合 $A = \{a_k \mid 0 \leqslant k < n\}$，将其划分为两个互不相交的子集 A_1 和 A_2，元素个数分别为 n_1 和 n_2，A_1 和 A_2 中的元素之和分别为 S_1 和 S_2。设计一个尽可能高效的算法，满足 $|n_1-n_2|$ 最小且 $|S_1-S_2|$ 最大。要求：

(1) 给出算法的基本设计思想。

(2) 根据设计思想，采用 C 或 C++语言描述算法，关键之处给出解释。

(3) 说明你所设计算法的平均时间复杂度和空间复杂度。

四、上机实验题

1. 实现希尔排序算法。

实验目的：

领会希尔排序过程和算法设计

实验内容：

编写一个程序实现希尔排序算法，用相关数据进行测试，并输出各次划分后的结果。

2. 实现基数排序算法。

实验目的：

领会基数排序的过程和算法设计

实验内容：

编写一个程序实现基数排序算法，并用相关数据，例如整数进行测试，并输出各趟排序结果。

3. 实现可变长度的字符串序列快速排序算法。

实验目的：

掌握快速排序算法及其应用。

实验内容：

某个待排序的序列是一个可变长度的字符串序列，这些字符串一个接一个地存储于单个字符串数组中，采用快速排序算法对这个字符串序列进行排序，并编写一个测试函数，测试所实现的算法。

4. 实现学生信息的多关键字排序。

实验目的：

掌握基数排序算法设计及应用。

实验内容：

假设有很多学生记录，每个学生记录包含姓名、性别和班号，设计一算法按班号、性别有序输出，即先按班号输出，同一个班按性别输出。并编写一个测试函数测试所实现的算法。

参 考 文 献

[1] 严蔚敏，李冬梅，吴伟民. 数据结构：C 语言版[M]. 2 版. 北京：人民邮电出版社，2015.
[2] 耿国华，张德同，周明全，等. 数据结构：C 语言描述[M]. 2 版. 北京：高等教育出版社，2015.
[3] 王曙燕，王春梅. 数据结构与算法[M]. 北京：高等教育出版社，2019.
[4] 李春葆，尹为民，蒋晶珏，等. 数据结构教程[M]. 5 版. 北京：清华大学出版社，2019.
[5] 殷人昆. 数据结构：C 语言版[M]. 2 版. 北京：机械工业出版社，2017.
[6] 陈越，何钦铭，徐镜春，等. 数据结构[M]. 2 版. 北京：高等教育出版社，2016.
[7] 王红梅，皮德常. 数据结构：从概念到 C 实现[M]. 北京：清华大学出版社，2017.
[8] 朱战立. 数据结构：使用 C 语言[M]. 5 版. 北京：电子工业出版社，2014.
[9] 李东梅，张琪. 数据结构习题解析与实验指导[M]. 北京：人民邮电出版社，2017.
[10] 王道论坛. 数据结构考研复习指导[M]. 北京：电子工业出版社，2020.
[11] 李春葆. 数据结构教程上机实验指导[M]. 北京：清华大学出版社，2017.